Martin Kappas, Katharina Rorig, Laura Stangier und Daniel Wyss

Waldmonitoring in Deutschland

ERDSICHT - EINBLICKE IN GEOGRAPHISCHE UND GEOINFORMATIONSTECHNISCHE ARBEITSWEISEN

Schriftenreihe des Geographischen Instituts der Universität Göttingen,

Abteilung Kartographie, GIS und Fernerkundung

Herausgegeben von Prof. Dr. Martin Kappas

ISSN 1614-4716

19 *Wahib Sahwan*
Geomorphologische Untersuchungen mittels GIS- und Fernerkundungsverfahren unter Berücksichtigung hydrogeologischer Fragestellungen
Fallbeispiele aus Nordwest Syrien
ISBN 978-3-8382-0094-1

20 *Julia Krimkowski*
Das Vordringen der Malaria nach Mitteleuropa im Zuge der Klimaerwärmung
Fallbeispiel Deutschland
ISBN 978-3-8382-0312-6

21 *Julia Kubanek*
Comparison of GIS-based and High Resolution Satellite Imagery Population Modeling
A Case Study for Istanbul
ISBN 978-3-8382-0306-5

22 *Christine von Buttlar, Marianne Karpenstein-Machan, Roland Bauböck*
Anbaukonzepte für Energiepflanzen in Zeiten des Klimawandels
Beitrag zum Klimafolgenmanagement in der Metropolregion Hannover-Braunschweig-Göttingen-Wolfsburg
ISBN 978-3-8382-0525-0

23 *Daniel Karthe, Sergey Chalov, Nikolay Kasimov, Martin Kappas (eds.)*
Water and Environment in the Selenga-Baikal Basin: International Research Cooperation for an Ecoregion of Global Relevance
ISBN 978-3-8382-0853-4

24 *Hoang Khanh Linh Nguyen*
Detecting and Modeling the Changes of Land Use and Land Cover for Land Use Planning in Da Nang City, Vietnam
ISBN 978-3-8382-1136-7

Martin Kappas, Katharina Rorig, Laura Stangier
und Daniel Wyss

WALDMONITORING IN DEUTSCHLAND

Bibliografische Information der Deutschen Nationalbibliothek
Die Deutsche Nationalbibliothek verzeichnet diese Publikation in der Deutschen Nationalbibliografie; detaillierte bibliografische Daten sind im Internet über http://dnb.d-nb.de abrufbar.

Bibliographic information published by the Deutsche Nationalbibliothek
Die Deutsche Nationalbibliothek lists this publication in the Deutsche Nationalbibliografie; detailed bibliographic data are available in the Internet at http://dnb.d-nb.de.

Coverbild: Stehend abgestorbener Fichtenbestand, umgeben von (noch) gesundem Wald im Wiehengebirge bei Lübbecke (OWL). © Laura Stangier

ISSN: 1614-4716
ISBN-13: 978-3-8382-1729-1
© *ibidem*-Verlag, Stuttgart 2023
Alle Rechte vorbehalten

Das Werk einschließlich aller seiner Teile ist urheberrechtlich geschützt. Jede Verwertung außerhalb der engen Grenzen des Urheberrechtsgesetzes ist ohne Zustimmung des Verlages unzulässig und strafbar. Dies gilt insbesondere für Vervielfältigungen, Übersetzungen, Mikroverfilmungen und elektronische Speicherformen sowie die Einspeicherung und Verarbeitung in elektronischen Systemen.

All rights reserved. No part of this publication may be reproduced, stored in or introduced into a retrieval system, or transmitted, in any form, or by any means (electronic, mechanical, photocopying, recording or otherwise) without the prior written permission of the publisher. Any person who does any unauthorized act in relation to this publication may be liable to criminal prosecution and civil claims for damages.

Printed in the EU

Inhaltsverzeichnis

Abkürzungsverzeichnis xi

Einführung 1

Katharina Rorig
Fallstudie I
Durch Trockenstress verursachte Vitalitätsveränderungen bei Bäumen 11

1 Einleitung **15**
   1.1 Problemstellung 16
   1.2 Forschungsstand 18
   1.3 Fragestellung und Zielsetzung der Studie I 19
   1.4 Aufbau der Fallstudie I 20

2 Theoretische Rahmung **22**
   2.1 Waldstruktur Deutschlands 22
       2.1.1 Historische Entwicklung Deutschlands Wälder 23
       2.1.2 Waldumbau 25
   2.2 Vitalität von Bäumen 27
   2.3 Trockenstress bei Bäumen 28
       2.3.1 Trockenstressreaktionen 29
       2.3.2 Trockenstress nach Baumalter 32
   2.4 Vitalitätsbeurteilung von Bäumen und Wäldern ... 33
       2.4.1 Terrestrische Vitalitätsbeurteilung von Bäumen 34
       2.4.2 Vitalitätsbeurteilung entsprechend dem Bestandesalter 35
       2.4.3 Vitalitätsbeurteilung mittels Fernerkundung und GIS 36
       2.4.4 Trockenstresserkennung mittels multispektraler Satellitenbilder 37

3	**Das Untersuchungsgebiet**	**39**
3.1	Naturräumliche Gliederung und geographische Lage	40
3.2	Klima	41
3.3	Geologie und Böden	42
3.4	Baumartenzusammensetzung	42
3.5	Betreuung der Waldflächen	43
3.6	Historischer Kontext „Industriewald Ruhrgebiet"	44
3.7	Waldzustand Nordrhein-Westfalen	46
4	**Methodik**	**48**
4.1	Datengrundlage	48
4.2	Verwendete Software	52
4.3	Methodisches Vorgehen	52
	4.3.1 Vorbereitung der Daten	53
	4.3.2 Vitalitätsbeurteilung	57
	4.3.3 Ground Thruthing & Gap Fraction Analyse	68
	4.3.4 Statistische Auswertung	70
5	**Ergebnisse**	**73**
5.1	Vorstellung der Schadkarten	73
	5.1.1 Waldzustandskarten 2018, 2019 und 2020	73
	5.1.2 Vitalitätsveränderungskarten 2018-2019, 2019-2020 und 2018-2020	80
5.2	Ground Truthing & Gap Fraction Analyse	86
5.3	Statistische Auswertung	90
6	**Diskussion – Fallstudie I**	**104**
6.1	Interpretation der Ergebnisse	104
	6.1.1 Ergebnisse der Schadkarten	104
	6.1.2 Ergebnisse des *Ground Truthings* & der *Gap Fraction* Analyse	110
	6.1.3 Ergebnisse der statistischen Auswertung	110
6.2	Methodenkritik	116

	6.2.1 Die Schadkarten.. 116
	6.2.2 Ground Thruthing & Gap Fraction Analyse............ 119
	6.2.3 Statistische Auswertung...................................... 120
7	**Fazit der Fallstudie I** **122**
8	**Literaturverzeichnis Fallstudie I** **127**
9	**Anhang**.. **141**

Laura Stangier
**Fallstudie II
Monitoring der Vitalität von Wäldern im Unteren Weser-Leine-Bergland auf Basis von Sentinel-2 Satellitenbildern unter besonderer Berücksichtigung von Buchenbeständen** **161**

1	Einleitung.. 163
2	Theoretische Grundlagen 166
2.1	Beobachtete Klimaänderungen und Klimaszenarien........ 166
2.2	Die Ressource Wald im Klimawandel............................. 168
	2.2.1 Bäume im Trockenstress 170
	2.2.2 Auswirkungen der Trockenperiode 2018-2020...... 172
	2.2.3 Zustand der Wälder in Niedersachsen.................. 174
2.3	Buchen (Fagus sylvatica).. 177
2.4	Anpassung an den Klimawandel: Waldumbau................. 180
2.5	Messbarkeit der Vitalität mit fernerkundlichen Methoden . 182
2.6	Sentinel-2 185
	2.6.1 Anwendung von Sentinel-2 Daten im Waldbereich 188
	2.6.2 Vitalitätsmonitoring auf Grundlage von Vegetationsindizes.. 189
3	**Untersuchungsgebiet Unteres Weser-Leine-Bergland** **193**
3.1	Geographische Lage und naturräumliche Eigenschaften. 193
3.2	Beispielgebiete... 197

Inhaltsverzeichnis

4 Material und Methoden 199
- 4.1 Datengrundlage und Datenaufbereitung 200
  - 4.1.1 Wetterdaten 200
  - 4.1.2 Satellitenbilder 201
  - 4.1.3 Weitere Geodaten 203
  - 4.1.4 Standorts- und Bestandesdaten 204
  - 4.1.5 Waldtypenklassifizierung 205
- 4.2 Auswahl der Vegetationsindizes 206
  - 4.2.1 NDRE 206
  - 4.2.2 DSWI 207
  - 4.2.3 RENDVI 208
  - 4.2.4 Korrelation der Vegetationsindizes 209
- 4.3 Erstellung der Schadkarten 212
  - 4.3.1 Waldzustandskarten 214
  - 4.3.2 Vitalitätsveränderungskarten 216
- 4.4 Ground Truthing 220
- 4.5 Statistische Datenauswertung 222

5 Ergebnisse 227
- 5.1 Wetterdaten 227
- 5.2 Waldzustandskarten 230
  - 5.2.1 Vitalitätszustand des Waldes im Untersuchungsgebiet 2017-2021 231
  - 5.2.2 Beispielgebiet 1 (Bad Salzdetfurth) 237
  - 5.2.3 Beispielgebiet 2 (Buchenbestände) 239
- 5.3 Vitalitätsveränderungskarten 240
  - 5.3.1 Gesamtes Untersuchungsgebiet 240
  - 5.3.2 Beispielgebiet 1 (Bad Salzdetfurth) 243
  - 5.3.3 Beispielgebiet 2 (Buchenbestände) 245
- 5.4 Ground Truthing 246
- 5.5 Statistische Datenanalyse 255

Inhaltsverzeichnis

    5.5.1 Gesamte Waldfläche der NLF 255

    5.5.2 Buchenbestände 257

6 Diskussion – Fallstudie II 266

    6.1 Ermittlung der Waldvitalität auf Basis von Sentinel-2 Satellitenbildern 266

    6.2 Vitalität des Waldes im Unteren Weser-Leine-Bergland ... 270

    6.3 Standortfaktoren Buchenbestände 279

    6.4 Implikationen für die Praxis 284

7 Fazit zur Fallstudie II 286

8 Literaturverzeichnis Fallstudie II 289

9 Anhang 302

Abkürzungsverzeichnis

ALH	Andere Laubbäume mit hoher Umtriebszeit
ALN	Andere Laubbäume mit niedriger Umtriebszeit
ASCII	American Standard Code for Information Interchange
BK	Bodenkarte zur Forstlichen Standortkartierung
BOA	Bottom-of-atmosphere reflectance
CO2	Kohlendioxid
DGM	Digitales Geländemodell
DLR	Deutschen Zentrum für Luft- und Raumfahrt
DOP	Digitales Orthophoto
DSWI	Disease water stress index
DWD	Deutscher Wetterdienst
ESA	European Space Agency
FAO	Food and Agriculture Organization of the United Nations
FBK	Forstbetriebskarte
FM	Festmeter
FNK	Flächennutzungskartierung
FSK	Forstliche Standortkarte
GIS	Geoinformationssystem
IPCC	Intergovernmental Panel on Climate Change
LAI	Leaf Area Index
LIDAR	Light detection and ranging
MSI	Multi-Spectral Imager
NASA	National Aeronautics and Space Administration
NDRE	Normalized Difference Red Edge Index
NDVI	Normalized Difference Vegetation Index
NIR	Nahinfrarot
NLF	Niedersächsische Landesforsten
NRW	Nordrhein-Westfalen

Abkürzungsverzeichnis

OSM	OpenStreetMap
pnV	Potenzielle natürliche Vegetation
RCP	Representative Concentration Pathways
RENDVI	Red edge Normalized Difference Vegetation Index
RVR	Regionalverband Ruhr
SWIR	Short Wave Infrared (kurzwelliges Infrarot)
SNAP	Sentinel Application Plattform
SRTM	Shuttle Radar Topography Mission
TOA	Top-of-atmosphere reflectance
ü. NN.	Über Normalnull
UAV	Unmanned Aerial Vehicles
URL	Uniform Ressource Locator
USGS	United States Geological Survey
UTM	Universal Transverse Mercator (Koordinatensystem)
VI	Vegetationsindex
WMS	WebMapService
ZTV	Zusätzliche Technische Vertragsbedingungen

Einführung

Leitfragen der vorliegenden Fallstudien:
Wie geht es dem Wald in Deutschland nach den Trocken- und Hitzeperioden der Sommer 2018 bis 2020?
und
Wie können die Veränderungen im Wald kostengünstig und nachvollziehbar (Workflows) mit frei verfügbaren Daten beobachtet werden?

Rund 30% der Fläche Deutschlands (11,4 Millionen Hektar) sind mit Wald bedeckt. Die häufigsten Baumarten in Deutschland in den meistens gemischten Wäldern sind die Nadelbäume Fichte (25 Prozent) und Kiefer (23 Prozent). Es folgen die Laubbaumarten Buche (16 Prozent) und Eiche (19 Prozent) (Quelle: Wald in Deutschland – Wald in Zahlen; Kohlenstoffinventur 2017; Schwitzgebel und Riedel 2019).

Die extreme Trockenheit im Jahr 2018 bzw. die anhaltende Dürre in den Jahren 2018 - 2020 führte verbreitet zur Schädigung der Wälder. Insbesondere kam es bei der Fichte zu starkem Befall und Massenvermehrung von Borkenkäfern, wodurch die Absterbe Rate anstieg. Hiervon sind besonders Bäume mit einem Alter von über 60 Jahren betroffen. Insgesamt sind nach diesen Borkenkäfer- und Trockenschäden seit 2018 etwa 380.000 ha wieder zu bewalden.

Deshalb erwuchs in unserer Göttinger Arbeitsgruppe schon früh die Frage, ob wir mit Fernerkundungsmethoden diesen Prozess monitoren können, um begleitend, unterstützende Datensätze und räumliche Informationen über die Vitalität der Wälder zur Verfügung zu stellen. Insbesondere stand hier die Kosten- und Technikfrage im Vordergrund: *Gibt es kostenfreie, geeignete und frei zugängliche Datenquellen, die zum Monitoring des Waldzustands genutzt werden können, um geeignete Informationen über die Vitalität der Wälder als Planungsgrundlagen für den Forstbereich möglichst schnell zu liefern?*

Einführung

Wie komplex darf die angewandte Methode sein, um auch für „Nicht-Fernerkundungsexperten" leicht nachvollziehbar zu sein?

Die Wahl fiel auf die Copernicus Daten (hier insbesondere die Daten der Sentinel-Satelliten), die kostenfrei und flächendeckend für Deutschland zur Verfügung stehen. Der Zugang sowie eine ausführliche Dokumentation findet sich auf dem *„Copernicus Open Access Hub"* (https://www.d-copernicus.de/daten/datenzugang/). Eine bereits für ganz Deutschland durchgeführte Analyse zur Nutzung von Sentinel-Daten zur Waldanalyse findet sich bei Thonfeld et al. (2022).

Es stehen unterschiedliche Datenplattformen zur Verfügung wie zum Beispiel *CODE-DE* (Copernicus Data and Exploitation Platform – Deutschland). Dies ist der nationale Zugang zu den Daten des Copernicus Programms für Deutschland. Hier finden sich sowohl die aktuellen Daten aller operationellen Sentinel-Satelliten wie auch die Daten der sechs Copernicus-Dienste. Diese Daten können kostenlos heruntergeladen und genutzt werden. Es ist lediglich eine Registrierung auf CODE-DE erforderlich.

Weiterhin gibt es die *Copernicus – Data Information and Access Services (DIAS)*. Diese Dienste sind Datenplattformen mit Cloud-basierter Architektur. Diese Plattformen ermöglichen den Zugriff auf Copernicus-Daten und bieten Computerressourcen und Algorithmen, um die Daten verarbeiten zu können, ohne sie vorher herunterladen zu müssen. Diese Dienste sind für Anwender günstig, die keine eigene (Desktop bezogene) Möglichkeit der Datenverarbeitung vorhalten können. Fünf alternative DIAS Plattformen (Mundi Web Services, Sobloo, ONDA DIAS, Creodias, WekEO) ermöglichen die Erkundung, Visualisierung und den Download der Copernicus-Datensätze, sowie die Prozessierung in einer Cloud. Zudem stellen Sie weitere Informationsprodukte auf einem Marktplatz zur Verfügung. Die einzelnen Plattformen unterscheiden sich in ihrem ergänzenden Daten- und Softwareangebot, in der Portal-, Nutzungs- und Prozessierungs-Umgebung. Diese Datenplattformen sind aber nicht kostenlos zu nutzen.

Weiterhin gibt es die *ESA Thematic exploitation platforms (ESA TEPs)*, die auf bestimmte Themen wie zum Beispiel den Waldbereich fokussieren (Forestry TEP; https://www.esa.int/ESA_Multimedia/Sets/Thematic_Exploitation_Platforms/(result_type)/videos).

Im vorliegenden Buch wurden die Daten für beide Fallstudien (Nordrhein-Westfalen, Niedersachsen) über CODE-DE besorgt. Hinzu kamen weitere, frei verfügbare Daten, wie zum Beispiel die digitalen Orthophotos des Regionalverbandes Ruhr (RVR), welche durch das 2017 etablierte Geonetzwerk Ruhr (https://www.geonetzwerk.ruhr/) zur Verfügung gestellt werden. Diese *Orthophotos* werden jährlich für eine *Frühjahrs-Befliegung* (unbelaubt) und eine *Sommer-Befliegung* (volle Belaubung) erstellt.

Bei den vorgestellten Fallstudien wurde darauf Wert gelegt, dass die Schadensermittlung bzw. die Vitalitätsbetrachtung nachvollziehbar ist sowohl im Bereich der einzelnen GIS- und Fernerkundungs- gestützten Analysen als auch im nachgeschalteten statistischen Bereich. Deshalb wurden Diagramme (Workflows) eingefügt, welche die wesentlichen Arbeitsschritte erläutern. Ein „Nacharbeiten" bzw. eine Übertragung der Methoden auf andere Gebiete ist somit auch für „Nicht-Experten" im Bereich GIS und Satellitenfernerkundung möglich.

Weiterhin werden in den einzelnen Fallstudien Grundlageninformationen zu den Themen „Vitalität" und „Trockenstress" sowie Basisinformationen zum Wald in Deutschland gegeben bzw. auf einschlägige Fachliteratur verwiesen.

Der belaubte *Kronenzustand* der Waldbäume gilt als ein *wichtiger Indikator für ihre Vitalität*. Dieser kann sowohl terrestrisch als auch fernerkundungsbasiert ermittelt werden. Nach dem aktuellen Waldschadensbericht ist eine hohe Kronenverlichtung bei allen Arten zu verzeichnen. Obwohl der Anteil der *„deutlichen Kronenverlichtung"* und der *„mittleren Kronenverlichtung"* im Jahr 2021 leicht gesunken ist, weisen rund 25% aller Baumarten bereits eine mittlere Kronenverlichtung auf.

Zusammenfassung der Ergebnisse der Waldzustandserhebung 2021:

Seit den 1980er wird in Deutschland die Waldzustandserfassung durchgeführt. Seit Beginn dient der Kronenzustand als Indikator für die Vitalität der Waldbäume. In den letzten Jahren wurden die Untersuchungen zu einem umfassenden forstlichen Umweltmonitoring erweitert indem Kriterien des Bodenzustandes berücksichtigt wurden und die Stoffflüsse in Waldökosystemen betrachtet werden.

Einführung

Die Waldzustandserfassung erfolgt dabei nach einer international einheitlichen Methode. Die bundesweite Erhebung wird jeweils im Juli und August auf einem systematischen Stichprobennetz (Level I) durchgeführt. Für landesspezifische Aussagen haben die meisten Bundesländer (z.b. NRW) das Stichprobennetz auf 4 km x 4 km verdichtet. An dauerhaft markierten Probebäumen wird durch speziell geschulte Fachleute der Kronenzustand beurteilt. Die wichtigsten Kriterien sind die Verlichtung der Baumkronen und die Vergilbung der noch vorhandenen Nadeln und Blätter. Weitere Indikatoren sind unter anderem Fruktifikation, Insekten- und Pilzbefall, Sturm- und Wetterschäden. Die Ergebnisse werden jährlich veröffentlicht. Die Daten sind bundesweit und im Rahmen des europäischen Waldmonitorings für die Öffentlichkeit zugänglich.

Seit 1984 bis etwa 2000 nahmen die Waldschäden bundesweit kontinuierlich zu und der Waldzustand befindet sich mit jährlichen Schwankungen auf einem hohen Schadensniveau. Die Belastungssituation der Waldböden wurde parallel mit einer bundesweiten Bodenzustandserhebung erfasst (BZE 2; BZE 3 ist in Vorbereitung). Die bundesweite *Bodenzustandserhebung im Wald* (BZE) ist ein zentraler Bestandteil des forstlichen Umweltmonitorings. Die BZE erfasst Zustand und Veränderungen von Waldböden auf einem bundesweiten Stichprobennetz. Die erste BZE wurde im Zeitraum zwischen 1987 und 1993 durchgeführt und zwischen 2006 und 2008 wiederholt.

Seit Beginn der Erhebungen im Jahr 1984 sind die Anteile der Schadstufen 2 bis 4 sowie die mittlere Kronenverlichtung bei den Laubbäumen, v. a. bei der Buche stark angestiegen. Der Kronenzustand der Kiefer und anderer Nadelbäume zeigen im Gegensatz zur Fichte keinen deutlichen Trend. Bei der Fichte ist ab 2020 eine deutliche Zunahme der Kronenverlichtung zu erkennen.

In der BZE 2021 wurden 9904 Probebäume auf 409 Probepunkten untersucht. Dabei wurden 38 Baumarten erfasst, wobei rund 80 % auf die vier Hauptbaumarten Fichte, Kiefer, Buche und Eiche (Stiel- und Trauben-Eiche werden gemeinsam ausgewertet) entfallen. Alle übrigen Baumarten werden für die statistische Auswertung zu den Gruppen „andere Nadelbäume" und „andere Laubbäume" zusammengefasst. Rund 72 % der aufgenommenen Bäume sind älter als 60 Jahre.

Fichte

Die Fichte zeigt einen Anstieg der Klasse „deutliche Kronenverlichtung" von 44 % auf 46 %. Auf diese Warnstufe entfielen 32 % der untersuchten Fichten. Ohne Verlichtungen waren 22 % der Fichten (vgl. 2020: 21 %). Auch die mittlere Kronenverlichtung ist von 29 % auf 30 % leicht gestiegen. Die Fichte weist im Vergleich zu den anderen Baumarten die höchste Mortalitätsrate auf (vor allem aufgrund von Borkenkäferbefall).

Kiefer

Bei der Kiefer hat sich der Anteil der Klasse „deutliche Kronenverlichtung" seit 2018 um 10 % deutlich erhöht. Auf diese Warnstufe entfielen 59 % der Kiefer (vgl. 2020: 54 %). Ohne Verlichtungen waren 16 % (vgl. 2020: 20 %). Die mittlere Kronenverlichtung der Kiefer blieb mit 23 % unverändert. Insgesamt bleibt die Schadentwicklung der Kiefer auf gleichem Niveau.

Buche

Bei der Buche ist der Anteil der Klasse „deutliche Kronenverlichtung" von 55 % auf 45 % gesunken. Auf diese Warnstufe entfielen 39 % der Buchen (vgl. 2020: 34 %). Ohne Verlichtungen waren 16 % der Buchen (vgl. 2020: 11 %). Die mittlere Kronenverlichtung ist von 31 % auf 28 % wieder leicht gesunken.

Eiche

Die Eiche zeigt einen Anteil der Klasse „deutliche Kronenverlichtung" von 41%. Ohne Verlichtungen waren 19 % er Eichen (vgl. 2020: 20 %). Die mittlere Kronenverlichtung ist allerdings von 25 % auf 27 % gestiegen. Die Eiche zeigt somit erste Anzeichen der Regeneration, bleibt jedoch weiterhin auf einem hohen Schadniveau.

Insgesamt hängt der Waldzustand von verschiedenen Faktoren ab, die sich in ihrer Wirkung gegenseitig verstärken oder abschwächen können. Hierzu gehören insbesondere das Baumalter, die Baumart, die gegenwärtige und frühere Bewirtschaftung, Standortfaktoren (insbesondere Bodentyp, Hangneigung, Nähstoffversorgung), das Auftreten von Schadorganismen oder der Eintrag von Luftschadstoffen. Die Witterung spielt eine entscheidende Rolle für die Vitalität unserer Waldbäume. Seit 250 Jahren gab es Mitteleuropa keine dreijährige Sommer-Dürre vom Ausmaß der Jahre 2018, 2019 und 2020; ein wesentlicher Grund für die Durchführung unserer Fallstudien zum Waldmonitoring.

Die **erste Fallstudie** des vorliegenden Buchs beschäftigt sich deshalb mit durch *Trockenstress verursachten Vitalitätsveränderungen bei Bäumen anhand einer GIS-gestützten Vitalitätsanalyse von Waldflächen in Nordrhein-Westfalen (RVR-Waldflächen)* unter Berücksichtigung der Altersstruktur.

Die **zweite Fallstudie** *Monitoring der Vitalität von Wäldern im Unteren Weser-Leine-Bergland auf Basis von Sentinel-2 Satellitenbildern unter besonderer Berücksichtigung von Buchenbeständen* fokussiert insbesondere auf die Beobachtung von Buchenbeständen unter Trockenstress.

Beide Fallstudien enthalten weitere wesentliche Grundlageninformation zur Waldentwicklung sowie zu wichtigen Standortfaktoren.

Seit den 1960er Jahren werden Satelliten- und Luftbilder zur Beurteilung und Modellierung biophysikalischer Vegetationsparameter herangezogen. Heute zählen optische Multispektrale Satellitendaten, neben luftgestützen LIDAR-Daten, zu den in der Forstwirtschaft am häufigsten verwendeten Fernerkundungsdaten. Aktuelle Vitalitätsanalysen in der Fernerkundung werden in erster Linie über multispektrale Satellitenbilder und daraus abgeleiteten *Vegetationsindizes* durchgeführt. Diese spielen aufgrund ihrer Fähigkeit, Veränderungen der biophysikalischen oder chemischen Eigenschaften des Bodens und der Vegetation zu erfassen, in der Vitalitätsbeurteilung eine entscheidende Rolle.

Beide Fallstudien nutzen **kostenfrei verfügbare Satellitendaten** der Copernicus-Satelliten. Die Copernicus Sentinel-Satelliten erzielen eine Bodenauflösung von 10-20 m (je nach gewählten Spektralbereich). Dadurch bleiben diese Daten in ihrer Möglichkeit für eine Einzelbaumkartierung hinter sehr hoch auflösenden Satellitendaten (VHRS und HRS) zurück (z.B. WorldView (1-4) der Firma Digital

Globe, Planet Scope Daten oder neue15 cm HD and 30 cm HD Produkte von GeoEye-1, QuickBird-2 und WorldView (1 – 4)).

Die Satellitendaten von WorldView (1-4), der Planet Scope Mission oder die Produkte von GeoEye-1 und QuickBird-2 ermöglichen Waldstudien unter Berücksichtigung von Einzelbaumattributen. Somit ist mit den „Very High Resolution Stellites" (VHRS) eine satellitengestützte Waldinventur auf Einzelbaumebene möglich. Jedoch fehlen bis jetzt operationelle Methoden, um aus diesen hochauflösenden Daten halbwegs automatisiert Aussagen zur Vitalität von Einzelbäumen zu treffen.

Zudem sind diese Daten nicht kostenfrei erhältlich und somit auf einen kleinen Nutzerkreis eingeschränkt. Zwei neue Produkte, 15 cm HD und 30 cm HD, wurden auf dem Server der European Space Agency (ESA) den Kollektionen von GeoEye-1, QuickBird-2 und WorldView (1 – 4) hinzugefügt. Durch eine Vereinbarung mit European Space Imaging (EUSI) gewährt die ESA Forschern nach erfolgreicher Einreichung und Bewertung eines Projektvorschlags Zugang zu Daten aus diesen Missionen (siehe: https://earth.esa.int/eogateway/news/15-cm-hd-and-30-cm-hd-products-added-to-eusi-esa-archive-collections). Die ESA wird so viele hochwertige und innovative Projekte wie möglich innerhalb der verfügbaren Quotengrenze unterstützen, daher kann aber jedem Projekt nur eine begrenzte Datenmenge zugewiesen werden. Für Forschungszwecke ist dies sehr interessant, für die wiederkehrende praktische Arbeit in den Forstämtern Deutschlands mit festen Erhebungszeiten aber eher ungeeignet.

Ein weiterer interessanter Ansatz zur Waldkartierung in Deutschland wurde im Mai 2022 vorgestellt: Die erste satellitengestützte Baumartenkarte Deutschlands, der *„Waldmonitor"* der Naturwald Akademie und der Remote Sensing Solutions GmbH. Im Waldmonitor werden 7 Hauptbaumarten mit einer Genauigkeit von 77 % bis 94 % kartiert (siehe: https://map3d.remote-sensing-solutions.de/waldmonitor-deutschland/). Weiterhin kann der Biomassetrend der Jahre 2016 bis 2020 basierend auf Sentinel-2 Satellitenbildaufnahmen visualisiert werden. Die Verteilung der dominanten Baumarten wird mit einer Auflösung von 10 m pro Pixel dargestellt. Die relativ grobe räumliche Auflösung gewährleistet somit keine Klassifikation der Baumart für den einzelnen Baum, sondern lediglich der dominanten Baumart in einem 10 m x 10 m Raster. Für die Analysen im Waldmonitor wurden ähnlich zu unseren Studien Sentinel-2 Daten des Europäischen Copernicus Programms verwendet (https://www.copernicus.eu/). Eine neuer Input für das Waldmanagement wird in Zukunft auch durch die Bereitstellung von hyperspektralen Daten (Zugang ab Oktober 2022) des am 01.04.2022 gestarteten Satelliten *EnMAP* (Environmental Mapping and Analysis Program; https://www.enmap.org/) erwartet. EnMAP wird dazu beitragen, wichtige Ökosystemprozesse zu quantifizieren und zu modellieren, verschiedene Auswirkungen menschlicher Interventionen zu untersuchen und natürliche Ressourcen wie unseren Wald in Deutschland zu verwalten. Der breite Spektralbereich von EnMAP mit über 200 Spektralbändern im Bereich von 420 nm bis 1000 nm (VNIR) und von 900 nm bis 2450 nm (SWIR) mit hoher radiometrischer Auflösung (< 1nm) wird eine bessere Quantifizierung von Baumparametern erlauben. Mit einer Swath Breite von 30 km bei hoher räumlicher Auflösung von 30 m x 30 m wird zudem eine hohe zeitliche Ziel-Wiederholungsrate von 4 Tagen erreicht. Die neuartigen EnMAP Daten lassen sich zukünftig aufgrund ihrer räumlichen Auflösung hervorragend mit den Sentinel Daten in unserem Forschungsansatz verbinden.

Der Austausch von Daten rund um das Thema Wald soll sowohl in der Administration, als auch für das operative Geschehen draußen im Wald erleichtert werden. Gerade für ein funktionierendes Wald-Management sind aktuelle Basisdaten zum Waldzustand entscheidend. Die schnelle und serviceorientierte Bereitstellung solcher Basisdaten stellt einen wichtigen Schritt in eine zukunftsfähige Waldbewirtschaftung dar.

In unseren beiden Fallstudien wird gezeigt, wie basierend auf kostenfreien Daten (Copernicus Daten, Orthophotos, OpenStreetMap Daten, Klimadaten, Bodendaten, Topographie Daten, Forstbetriebskarten etc.) Informationen zur Vitalität der Wälder abgeleitet werden können. Methodisch werden hier nur frei zugängliche Daten und Software (z.B. SNAP) genutzt. Die methodischen Schritte bzw. die Datenquellen sind dokumentiert und in Flowcharts nachvollziehbar, so dass die Ableitung der Waldschadenskarten leicht nachvollziehbar und auf andere Wuchsgebiete in Deutschland übertragbar ist.

Einführung

Weitere Projekte im Waldmonitoring der Arbeitsgruppe „GIS und Fernerkundung" an der Universität Göttingen finden sich unter folgenden Links:

Projekt:
Fernerkundliches und mikrometeorologisches Monitoring von Schad- und Wiederbewaldungsflächen im Südharz
Link: https://www.uni-goettingen.de/de/651809.html

oder

Projekt:
KLIMNEM – Forschung für internationale nachhaltige Waldwirtschaft Nachhaltige Waldbewirtschaftung temperater Laubwälder (nordhemisphärische Buchen- und südhemisphärische Südbuchenwälder)
Link: https://www.uni-goettingen.de/de/652894.html

Literatur zur Einführung:

Schwitzgebel F, Riedel T (2019) Die Kohlenstoffinventur 2017 - Methode, Durchführung, Kosten. AFZ Wald 74(14):19-21

Thonfeld, F.; Gessner, U.; Holzwarth, S.; Kriese, J.; da Ponte, E.; Huth, J.; Kuenzer, C. A First Assessment of Canopy Cover Loss in Germany's Forests after the 2018–2020 Drought Years. Remote Sens. 2022, 14, 562. https://doi.org/10.3390/rs14030562

Fallstudie I
Durch Trockenstress verursachte Vitalitätsveränderungen bei Bäumen

Eine GIS-gestützte Vitalitätsanalyse der RVR-Waldflächen in NRW unter Berücksichtigung der Altersstruktur

Katharina Rorig

Unser Dank gilt dem Regionalverband Ruhr Grün für die Bereitstellung der Flächennutzungskartierung und der Forstbetriebskarte sowie der fachkundlichen Auskunft.

Kurzfassung

Wälder stellen komplexe terrestrische Ökosysteme dar, die unter anderem als Kohlenstoffspeicher, Temperaturausgleicher und Luftfilter fungieren, weshalb sie als eine unserer wichtigsten Ressourcen gelten. Ebendiese Ressource ist jedoch zusehends gefährdet. Neben dem globalen Klimawandel stellen insbesondere die in den letzten Jahren vermehrt auftretenden Extremwetterereignisse, wie Hitzewellen, Trockenzeiten und schwere Stürme die Wälder vor große Herausforderungen. Infolgedessen hat der Flächenanteil an gesunden Wäldern bereits stark abgenommen, weshalb es von größter Wichtigkeit ist, die Trockenstressreaktionen der Bäume genauestens zu beobachten und auf diese Weise Schäden zu minimieren.

Ein bedeutendes Instrument stellt in diesem Zusammenhang das Waldmonitoring dar, welches die Feldforschung durch das Überwinden räumlicher Einschränkungen sowie einer schnelleren und weitläufigeren Informationserfassung ergänzt. Da aktuell noch keine standardisierten Schadklassengrenzwerte zur Waldzustandsbeurteilung in der Fernerkundung existieren, fallen sowohl die Grenzwerte als auch die darauf beruhende Beurteilung stets unterschiedlich aus. Die vorliegende Fallstudie knüpft demnach an den akuten Forschungsbedarf bezüglich einer flächendeckenden und zuverlässigen Methode zur Vitalitätsbeurteilung von Wäldern an. Ziel der Fallstudie ist es, gebietsübergreifende Vitalitätsklassengrenzwerte für eine flächendeckende Waldzustandsbeurteilung zu entwickeln und damit eine Unterstützung für die forstliche Anwendung zu gewährleisten. Im Rahmen dessen wurden mit Hilfe von Sentinel-2-Satellitenbildern diverse Vegetationsindizes berechnet und zur Erstellung von Schadkarten herangezogen. Dabei handelt es sich um zwei verschiedene Schadkartentypen - eine *Waldzustandskarte* und eine *Vitalitätsveränderungskarte* - welche sowohl den aktuellen Vitalitätszustand der einzelnen Jahre als auch die zwischen zwei Jahren stattfindende Vitalitätsveränderung visualisieren. Der Untersuchungszeitraum beläuft sich entsprechend der starken Wärme und Trockenheit der vergangenen Jahre, auf den Zeitraum von *2018 bis 2020*. Zur Überprüfung und Optimierung der Ergebnisse wurde zudem ein *Ground Thruthing* sowie eine damit verbundene *Gap Fraction* Analyse durchgeführt.

Abschließend wurde im Rahmen einer statistischen Analyse der Einfluss des Bestandesalters sowie verschiedener anderer Einflussfaktoren auf die Vitalitätsveränderungen geprüft.

Das Ergebnis dessen sind repräsentative Schadklassengrenzwerte der Waldzustandskarten und Vitalitätsveränderungskarten, welche mit den Ergebnissen des *Ground Thruthings* und der *Gap Fraction* Analyse übereinstimmen. Diese zeigen zunächst vor allem eine Erholung der Waldflächen nach 2018, während ein verhältnismäßig kleinerer Anteil deutliche Vitalitätsverschlechterungen aufweist. Durch die statistische Analyse kann zudem ein Zusammenhang zwischen den stattgefundenen Vitalitätsveränderungen und diversen Einflussfaktoren, wie der Hangneigung, der Exposition, der Baumart und den Altersklassen festgestellt werden.

1 Einleitung

Wälder stellen eine der weltweit wichtigsten natürlichen Ressourcen dar, sowohl aus ökologischer als auch wirtschaftlicher und sozialer Sicht (vgl. ELLENBERG & LEUSCHNER 2010; KOMMUNALVERBAND RUHRGEBIET 1984). Sie dienen als Lebengrundlage sowie als Rohstofflieferant und gelten insofern in vielerlei Hinsicht als wichtig für das menschliche Überleben. Wälder verkörpern, mit wenigen Ausnahmen, die potenzielle natürliche Vegetation Deutschlands und bedecken heute 32 % der Bundesrepublik, was einer Fläche von rund 11,4 Millionen Hektar entspricht (vgl. BMEL 2017, 231). Somit ist der Wald nach wie vor ein prägender Faktor der Kulturlandschaft und erfüllt außerdem verschiedene Nutz-, Schutz- und Erholungsfunktionen (vgl. KOMMUNALVERBAND RUHRGEBIET 1984). Insbesondere unter Berücksichtigung des voranschreitenden Klimawandels sind die globalen Klimafunktionen der Waldökosysteme von größter Wichtigkeit (vgl. ROLOFF 2018). Wälder stellen komplexe terrestrische Ökosysteme dar, die unter anderem als Kohlenstoffspeicher, Temperaturausgleicher und Luftfilter fungieren (vgl. FAO 2020). Das Ausmaß dieser Funktionen hängt jedoch unmittelbar von dem Zustand des Waldes ab - von seiner Vitalität.

Sowohl globale als auch regionale Veränderungen der hydrologischen Zyklen und Temperaturregime wirken sich auf die Gesundheit, Funktionsweise und das Wachstum der Wälder aus und damit auch auf die Kohlenstoffbindung. Insbesondere Extremwetterereignisse, wie Hitzewellen, extreme Trockenzeiten und schwere Stürme, stellen für die Vitalität der Bäume eine große Herausforderung dar. Die ungewöhnlich heißen und trockenen Sommer der Jahre 2018, 2019 und 2020 führten bei vielen Bäumen zu Trockenstress, welcher mit einer Vielzahl von Trockenstressreaktionen einhergeht (vgl. ANJUM et al. 2011). Die dadurch hervorgerufenen Reaktionen der Waldbäume machen die zentrale Bedeutung der Wasserversorgung von Bäumen im Klimawandel deutlich. Ein erhöhtes Auftreten von Dürren bringt ersthafte Auswirkungen auf die Vitalität der Wälder mit sich, von der regionalen bis zur globalen Ebene. Die Massenvermehrung von Schädlingen, wie dem Borkenkäfer, wird durch Vitalitätseinbuße zusätzlich erhöht, wodurch die Waldgesundheit insgesamt wiederum einem höheren Risiko ausgesetzt ist.

Es ist anzunehmen, dass durch den voranschreitenden Klimawandel eine Veränderung der Wälder in ihrer Bestandsstruktur und Biodiversität stattfinden wird (vgl. HICKLER et al. 2014; CHRISTENSEN & CHRISTENSEN 2004). Welche Waldökosysteme und Lebensgemeinschaften dadurch besonders stark gefährdet sind und welche weniger, kann noch nicht mit Sicherheit gesagt werden. Umso wichtiger ist das Bemühen um den Erhalt der Wälder mitsamt ihrer Vielfalt. Da sich die Klimawandelfolgen für Wälder über den Waldumbau alleine nicht verhindern werden lassen, ist es, um die Vitalität der Bäume in Zukunft möglichst zu erhalten, von großer Wichtigkeit die Trockenstressanpassung und -Toleranz von Bäumen genauestens zu beobachten und auf diese Weise Schäden zu minimieren. Eine wichtige Aufgabe in diesem Zusammenhang stellt das *Waldmonitoring* dar, wodurch die Fernerkundung zunehmend an Bedeutung gewinnt. Sie ergänzt die Feldforschung durch das Überwinden der räumlichen Einschränkungen durch eine schnellere und weitläufigere Erfassung. Unter Betrachtung der zunehmenden Bedrohung gegenüber der Ressource Wald, steigt der Bedarf an quantitativen, als auch qualitativen und vor allem zeitnahen Informationen über den Vitalitätszustand der Wälder. Die Fernerkundung bietet im Zusammenhang mit Satellitenbildern eine wirksame und dennoch kostengünstige Methode Waldgebiete großflächig zu überwachen und zu messen.

1.1 Problemstellung

Der globale Klimawandel wirkt sich zusehends auf die Wälder unserer Erde aus. Die mittlere Jahrestemperatur steigt an, während die Niederschläge innerhalb der Vegetationsperiode zurückgehen (vgl. IPCC 2021). So konnte im Jahr 2020, entsprechend des langjährigen Mittels von 1850 bis 1900, ein Anstieg der globalen Durchschnittstemperatur von 1,2 °C gemessen werden (vgl. IPCC 2021, 5). Hinzukommt das vermehrte Auftreten von Extremwetterereignissen wie Hitzewellen, Starkregenereignissen und Dürren, deren Häufigkeit und Wahrscheinlichkeit in Zukunft weiter zunehmen könnten (vgl. IPCC 2021). Diese extremen und schwankenden Witterungsbedingungen haben einen direkten Einfluss auf den Gesundheitszustand der Wälder und stellen im Zusammenhang mit dem Klimawandel die gegenwärtig größte Bedrohung der deutschen Wälder dar (vgl. SCHLOSSMACHER 2019). Der Anteil gesunder Wälder in Deutschland ist bereits stark gesunken, sodass lediglich 22 % der Waldflächen keine *Kronenverlichtung* aufweisen. Weitere 42 % zeigen leichte Schäden, wohingegen 36 % bereits als stark geschädigt gelten (vgl. BMEL 2020a, 60). Ursächlich für die Vitalitätseinbuße sind in erster Linie die sich wiederholenden Hitze- und Dürreperioden, welche den Befall durch Schädlinge begünstigen (vgl. IPCC 2021; SCHULDT et al. 2020; SMUL 2019). Temperaturbedingt kommt es zu einer erhöhten Verdunstungsrate bei zeitweise ausbleibenden Niederschlägen, wodurch das Auffüllen der Bodenwasserspeicher ausbleibt. Das im Boden gespeicherte Wasser ist jedoch besonders in Dürre- und Hitzeperioden von größter Wichtigkeit, da es temporär den einzigen Wasserzugang der Bäume darstellen kann (vgl. SKIADAREIS et al. 2021). Vereinzelt auftretende Wetterextreme gefährden die Stabilität der Wälder für Gewöhnlich nicht (vgl. BMEL 2020b). Die zunehmende Häufigkeit und Schwere von sowohl biotischen als auch abiotischen Störungen im Zusammenhang mit dem Klimawandel hingegen, gehen mit diversen Veränderungen des Ökosystems einher, welche wiederum zu einer Verringerung der verschiedenen Funktionen und Dienstleistungen des Ökosystems Wald führen (vgl. UNESCO 2013).

Wälder fungieren als Kohlenstoffsenke und üben somit einen positiven, also hemmenden, Einfluss auf den Klimawandel aus. Sie nehmen CO_2 auf, tragen mittels Transpiration zur Verdunstungskühlung bei und sorgen durch ihre Kronen für Beschattung. Das kontinuierliche Erfüllen der Klimafunktionen steht jedoch in direktem Zusammenhang mit der Vitalität des Waldes. Je geringer die Vitalität eines Baumes, desto schlechter kann er seine Funktionen erfüllen, wodurch weniger CO_2 gebunden werden kann. Dies wiederum führt zu einer Erhöhung der CO_2-Konzentration in der Atmosphäre und fördert die globale Erwärmung, was den Stress der Bäume weiter verstärkt (vgl. SKIADAREIS et al. 2021). Nehmen die Klimawandelfolgen wie prognostiziert weiter zu, ist mit enormen gesundheitlichen Beeinträchtigungen, Wachstumseinbußen und Sterblichkeitsraten in den Wäldern zu rechnen (vgl. ZANG et al. 2014). Aus diesem Grund ist es von größter Wichtigkeit den Gesundheitszustand und die Widerstandsfähigkeit der Wälder nach besten Kräften zu erhalten, sodass sie gegenüber den sich summierenden Stressfaktoren weitestgehend geschützt und weniger anfällig sind.

1.2 Forschungsstand

Seit den 1960er Jahren werden Satelliten- und Luftbilder zur Beurteilung und Modellierung biophysikalischer Vegetationsparameter herangezogen (vgl. JENSEN 2007). Heute zählen optische Multispektrale Satellitendaten, neben luftgestützen LIDAR-Daten, zu den in der Forstwirtschaft am häufigsten verwendeten Fernerkundungsdaten (vgl. ADJOGNON et al. 2019). Aktuelle Vitalitätsanalysen in der Fernerkundung werden in erster Linie über multispektrale Satellitenbilder und daraus abgeleiteten Vegetationsindizes durchgeführt. Diese spielen aufgrund ihrer Fähigkeit, Veränderungen der biophysikalischen oder chemischen Eigenschaften des Bodens und der Vegetation zu erfassen, in der Vitalitätsbeurteilung eine entscheidende Rolle.

Viele Studien zur Vitalitätsbestimmung mit Hilfe von Satellitenbildern basieren auf Landsat 8-Daten, wie die Untersuchung von KLINGE et al. aus dem Jahr 2018 zur Ermittlung von Klimafolgen auf die Vitalität borealer Wälder in der Mongolei und der von HAIS et al. im Jahr 2019 veröffentlichen Studie zur Ermittlung von Vitalitätsveränderungen durch Dürreauswirkungen. Durch die Einführung der höher auflösenden Sentinel-2-Satelliten im Jahr 2015 werden zunehmend Untersuchungen auf Grundlage der Sentinel-2-Bilder durchgeführt. So prüften NAVARRO et al., in ihrer 2019 veröffentlichten Studie, die Eignung von Sentinel-2-Bildern zur Untersuchung von Vitalitätsveränderungen anhand von Korkeichen in Portugal, mit positivem Ergebnis. Ähnliches untersuchten PULETTI et al. 2019 in Waldbeständen Mittelitaliens. Sie beurteilten die Fähigkeit multitemporaler Sentinel-2-Bilder zur Erkennung von Dürreauswirkungen auf die Waldgesundheit mit gleichem Ergebnis.

Weitere Forschungsarbeiten zur Vitalitätserfassung von Wäldern beziehen sich auf durch Schädlinge, wie dem Borkenkäfer, verursachte Kalamitäten. Das Hauptaugenmerk dieser Studien liegt primär auf der Früherkennung von befallenen Einzelbäumen oder Waldgebieten, wobei sich die Methodik oftmals auf die Erkennung von

Vitalitätsveränderungen beschränkt und somit ebenfalls für die vorliegende Arbeit von Relevanz ist. HAGHIGHIAN et al. (2020) stellten einen Vergleich von aus Sentinel-2-Bildern berechneten Index-Werten mit In-situ-Daten auf, wobei eine 99% Übereinstimmung festgestellt werden konnte. Eine weitere Studie von BÁRTA et al., veröffentlicht 2021, beschäftigte sich explizit mit der Früherkennung von Borkenkäfer befallenen Waldgebieten in der Tschechischen Republik, durch den Vergleich der Kronenreflexion vor und nach dem Befall. Die Grundlage der Untersuchung bildeten auch hier Sentinel-2-Daten in Kombination mit verschiedenen multispektral Indizes sowie eine Random-Forest-Klassifizierung. Die Ergebnisse zeigen die starke Bedeutung der SWIR-Bänder zur Erkennung von Vitalitätseinbußen.

Die Mehrzahl der Untersuchungen bezieht sich derzeit noch auf Wälder arider Gebiete. Aussagekräftige Studien bezüglich der Vitalitätsbeurteilung von Wäldern der gemäßigten Breiten, wie sie in Deutschland zu finden sind, fehlen derzeit noch. Nur wenige Ausnahmen, wie die von FERNANDEZ-CARRILLO et al. im Jahr 2020 veröffentlichte Studie zur frühzeitigen Erkennung von durch Borkenkäfer verursachten Vitalitätsverlusten anhand von Sentinel-2-Daten, oder die von MONTZKA et al. veröffentliche Arbeit zur Beurteilung der sich akkumulierenden Baumkronenlücken infolge extremen Sommerdürren in der Eifel mit Hilfe von Vegetationsindizes, basieren auf ähnlichen klimatischen und geographischen Bedingungen. Aus diesem Grund besteht akuter Forschungsbedarf bezüglich einer flächendeckenden und zuverlässigen Methode zur Vitalitätsbeurteilung deutscher Wälder, woran in dieser Fallstudie angeknüpft werden soll.

1.3 Fragestellung und Zielsetzung der Studie I

Die vorliegende Fallstudie soll dazu beitragen die forstlichen Zwecke der Fernerkundung im aktuellen Problemfeld des Waldsterbens aufzuzeigen. Durch das Aufgreifen bereits bekannter Methoden sollen funktionale Lösungen für das Waldmanagement entwickelt und dadurch eine Unterstützung für die forstliche Anwendung gewährleistet werden. Anknüpfend an den aktuellen Forschungsbedarf an flächendeckenden Waldzustandsinformationen ist es das Ziel

1 Einleitung

gebietsübergreifende Vitalitätsklassengrenzwerte für eine *flächendeckende Waldzustandsbeurteilung* zu entwickeln. Durch die Berücksichtigung einer thematisch eng verwandten Fallstudie II, und damit auch eines weiteren Untersuchungsgebiets, soll eine übertragbare Gültigkeit der Vitalitätsklassen gewährleistet werden. Dabei handelt es sich um die von Laura Stangier verfasste Fallstudie mit dem Titel „*Monitoring der Vitalität von Wäldern im Unteren Weserleinebergland auf Basis von Sentinel-2-Satellitenbildern unter besonderer Berücksichtigung von Buchenbeständen*", welcher dieser Fallstudie I folgt.

Im Rahmen des sich stätig verschlechternden Vitalitätszustandes der deutschen Wälder soll zunächst eine Zeitreihe der Vitalitätsveränderungen und -zustände des Untersuchungszeitraums erstellt werden. Aufgrund der ungewöhnlichen Wärme und Trockenheit der vergangenen Jahre sowie der Aktualität des Themas beläuft sich der Untersuchungszeitraum auf die Jahre 2018 bis 2020. Mittels der Zeitreihen sollen die Vitalitätsveränderungen der vergangenen drei Jahre modelliert und überprüft werden. Die Modellierung beruht auf der Verrechnung von Vegetationsindizes basierend auf Sentinel-2-Daten. Als Untersuchungsgebiet fungieren dabei die *Waldflächen des Regionalverbands Ruhr Grün*. Im Rahmen eines *Ground Truthing* sollen die in der Arbeit gewonnene Ergebnisse überprüft und fotografisch dokumentiert werden, worauf eine *Gap Fraction*-Analyse folgt. Durch das Hinzuziehen diverser Einflussfaktoren, wie dem Bestandesalter, soll zudem im Rahmen einer statistischen Analyse überprüft werden, ob und inwiefern Zusammenhänge zwischen den Vitalitätsveränderungen und den jeweils prägenden Faktoren, wie den Baumaltersklassen, bestehen.

1.4 Aufbau der Fallstudie I

Die Fallstudie I gliedert sich in insgesamt 7 Kapitel. Kapitel 2 umfasst die Theoretischen Rahmung und dient zur Erörterung der waldbaulichen Situation Deutschlands sowie der Erläuterung relevanter forstökologischer Begrifflichkeiten, welche im weiteren Verlauf der Fallstudie von Relevanz sind.

Aufgrund der thematischen Kontextualisierung, werden im Folgenden zunächst die Begriffe *Trockenstress* und *Vitalität* erörtert. Da die Vitalität von Bäumen traditionell im Feld erfasst wird, wird kurz auf die Unterschiede zwischen der terrestrischen und der fernerkundungsbasierten Vitalitätsbeurteilung eingegangen. In Kapitel 3 erfolgt die Vorstellung des Untersuchungsgebiet, wobei neben den forstlichen und naturräumlichen Gegebenheiten der historische Kontext der RVR-Waldflächen berücksichtigt wird. Kapitel 4 beschreibt die zur Klärung der Forschungsfragen angewandte Methodik. Dies umfasst eine Auflistung der verwendeten Software und Daten sowie das methodische Vorgehen. Die daraus resultierenden Ergebnisse sind in Kapitel 5 zu finden. Das darauffolgende Kapitel 6 dient zur Interpretation und Diskussion der gewonnenen Ergebnisse sowie zur kritischen Reflexion der angewandten Methodik. Kapitel 7 bildet den Abschluss der Fallstudie und fasst die wichtigsten Ergebnisse und Erkenntnisse des Forschungsprozesses zusammen und leitet zu Fallstudie II über.

2 Theoretische Rahmung

Im Folgenden wird zunächst auf die aktuelle und historisch vorherrschende Waldstruktur Deutschlands und den damit zusammenhängenden Waldumbau eingegangen. Es folgt die Erörterung grundlegender Begrifflichkeiten des thematischen Zusammenhangs, wie Vitalität und Trockenstress, wobei auf die verschiedenen Trockenstressreaktionen entsprechend ihres Auftretens eingegangen wird. Anschließend folgt eine Einführung in die Vitalitätsbeurteilung von Wäldern, sowohl in die terrestrische als auch fernerkundungsbasierte Beurteilung, unter Berücksichtigung der Altersstruktur.

2.1 Waldstruktur Deutschlands

Etwa ein Drittel Deutschlands ist mit Wald bedeckt. Die häufigsten Baumarten stellen dabei zunächst die Nadelbäume Fichte (25 %) und Kiefer (23 %) dar. Darauf folgen die Laubbaumarten Buche (16 %) und Eiche (11 %) (vgl. BWI 2017, o.S.). Große Flächen Deutschlands sind demnach heute von Fichten und Kiefern besetzt, auch wenn der Standort naturgemäß eher für Laubbäume wie die Buche geeignet wäre. Diese Monokulturen, welche in sich oftmals gleichaltrig sind, stellen insbesondere unter Berücksichtigung des Klimawandels leichte Angriffsflächen dar. Im Speziellen sind Sturm- und Insektenschäden häufig, da es den Wäldern an Struktur und Diversität fehlt. Eine Vielzahl von Insekten ist auf bestimmte Baumarten spezialisiert, weshalb sie sich in Monokulturen so rasant ausbreiten können. Durch Sturm- und Insektenschäden bedingtes *Totholz* fördert den Schädlingsbefall durch die Bereitstellung von Brutstätten zusätzlich und erhöht das Risiko für Waldbrände. Mischwälder hingegen zeichnen sich durch eine höhere Stabilität und Struktur im Wurzel- und Kronenraum aus. Auch die Massenvermehrung von Insekten ist dort wegen der hohen Diversität seltener (vgl. WALDHILFE 2018).

2.1.1 Historische Entwicklung Deutschlands Wälder

Während die Wälder in der Vergangenheit vornehmlich durch natürliche Faktoren, wie Klima, Boden und Vegetation beeinflusst wurden, stehen heute anthropogene Einflüsse im Vordergrund (vgl. FITZ 2006). Durch den Bevölkerungszuwachs seit dem frühen Mittelalter wurden immer mehr Wälder gerodet, so dass wir heute nur noch ein Drittel der damaligen Waldfläche vorfinden. Seit dem späten Mittelalter und der frühen Neuzeit, werden Wälder in Form von Waldgewerbe, Handwerk sowie Energie- und Ernährungsversorgung zur Existenzsicherung genutzt (vgl. SCHMIDT 2003). Durch den menschlichen Eingriff in das Waldökosystem mittels Rodung für die Schaffung von Landwirtschaft, Siedlung und Transport, war das Waldökosystem Ende des 18. Jahrhunderts bereits massiv beeinträchtigt und geschädigt (vgl. FITZ 2006, 11).

Übernutzung und verschiedene Nutzungsinteressen führten zur degradierten und devastierten Walflächen, teilweise sogar zur Zerstörung ganzer Waldkomplexe (vgl. SCHMIDT 2001). Die damals vorwiegend durch Laubbäume geprägten Wälder konnten der hohen Nachfrage der Industrialisierung nicht gerecht werden (vgl. FRITZ 2006). Infolgedessen entwickelte sich in den Jahren zwischen 1750 und 1850 die geregelte Forstwirtschaft und es entstanden durch künstliche Begrünung angelegte Nadelbaummonokulturen um der aus der Übernutzung resultierenden Ressourcenknappheit entgegenzuwirken (vgl. FRITZ 2006, 22; SCHMIDT 2003). So entstanden zwischen 1860 und 1910 zwei Drittel der derzeitigen Kiefernforste Deutschlands. Der Anbau gleichaltriger Nadelbaumarten in Reihenbeständen begründet die Entwicklung einer bis dato neuen künstlichen Form des Waldes, der *Forstgesellschaften* (vgl. FRITZ 2006). Die Nadelbaumforste waren wirtschaftlich gut geeignet, da sie hohe Erträge bringen und außerdem schnellwüchsig sowie leicht kultivierbar sind (vgl. BAUMGARTEN & VON TEUFFEL 2005). Außerdem waren die für die Aufforstung vorgesehenen Böden zu diesem Zeitpunkt stark beansprucht - fruchtbares Land war der Landwirtschaft vorbehalten - sodass die anspruchsvollen Laubbäume deutlich schlechter wuchsen als Fichte und Kiefer. Vor allem aber waren schnell wachsende Bäume gefragt.

Auf trockenen und armen Standorten wurde auf die Kiefer zurückgegriffen, in den Mittelgebirgsregionen und dem Tiefland vorwiegend auf die Fichte (vgl. FRITZ 2006). Die Fichte, welche vielzählig kultiviert wurde, produziert im Jahr auf einem Hektar Wald durchschnittlich 15 fm (Festmeter) Holz und damit fünf Festmeter mehr Holz als die heimische Buche, welche unter dem heimischen Laubbaumarten als am wüchsigsten gilt (vgl. HENNING 2017, 11). Letztendlich erwiesen sie sich unter den gegebenen Standortbedingungen jedoch als unflexibel, instabil, schadensanfällig sowie schädlingsempfindlich und bodenzehrend (vgl. FITZ 2006; BAUMGARTEN & VON TEUFFEL 2005).

In der Baumartenzusammensetzung von Naturwäldern borealer Regionen entsprechend, sind die Nadelbaumforste nicht an mitteleuropäische Standortbedingungen angepasst. Da die Saatguternte in Tieflagen weniger beschwerlich als in Hochlagen war, wurden Hochlagen mit Samen aus Tieflagen aufgeforstet, so dass sich die genetische Struktur stark von den Ursprungswäldern unterschied. Des Weiteren wurden bei der Samenernte nur wenige Bäume einbezogen, wodurch es zu einer genetisch-strukturellen Vereinheitlichung kam. Die ursprüngliche Idee sah es vor, die Nadelbäume mittels Laubbäume zu ergänzen oder gar zu ersetzen, sobald sich die Waldböden und das Waldklima regeneriert haben. Tatsächlich wurden die meisten Nadelforste jedoch fortgeführt. Eine erneute Welle der Wiederaufforstung entstand im Anschluss an den Zweiten Weltkrieg. Es galt enorme Kahlflächen rasch zu bestocken, wobei erneut auf Fichte und Kiefer zurückgegriffen wurde (vgl. FRITZ 2006).

Ohne die menschlichen Eingriffe, wäre Mitteleuropa nahezu vollständig bewaldet, in Deutschland durch das subatlantisch geprägte Klima insbesondere durch Buchenwälder. Fichten und Kiefern dagegen treten in Deutschland auf natürliche Weise nur kleinräumig auf. Während die Fichte in erster Linie in dem boreal geprägten Klima Schwedens und des Baltikums auftritt, sind Kiefern vor allem auf den nährstoffarmen und trockenen Böden der Taiga verbreitet (vgl. FITZ 2006). Fichten wären in Deutschland nur in Alpenregionen sowie in Mittelgebirgen, wie dem Harz, naturgegeben. Der sich verschärfende Klimawandel bringt höhere Temperaturen und damit auch eine länger andauernde Vegetationsperiode mit sich, was für viele Bäume Trockenstress bedeutet – insbesondere für standortfremde Baumarten (vgl. HENNING 2017).

2.1.2 Waldumbau

Ziel des Waldumbaus sind klimaplastische Wälder. Instabile, für Klimafolgen anfällige Wälder, sollen unter Einbringung weiterer Baumarten gegenüber den klimatischen Veränderungen widerstandsfähiger gemacht werden. Davon betroffen sind insbesondere Nadelbaummonokulturbestände, wie sie in Deutschland vielzählig vorhanden sind (vgl. FITZ 2006; WALDHILFE 2018). Fritz (2006, 34) beschreibt den Waldumbau als einen auf einer „[...] großen Fläche angestrebte Umwandlung naturferner Nadelbaum-Reihenbestände in leistungsfähige und stabile Mischbestände mit hohem Laubbaumanteil, von denen zugleich eine höhere landeskulturelle und naturschutzfachliche Wirkung und Leistung ausgehen soll". Unter Berücksichtigung des deutschen Nadelwaldanteils von 1930, welcher bei circa 75 % lag (heute bei 54 %), ist bereits ein großer Teil umgebaut worden (vgl. HENNING 2017, 14). Bis 2002 verringerte sich der Fichten-, Kiefern- und Lärchenbestand um über 5 %, während der Anteil der Buchen um knapp 2 % zunahm (vgl. FITZ 2006, S. 35).

Möglichkeiten zum Waldumbau bestehen, neben dem Umbau von Reinbeständen durch diverse Baumarten unterschiedlichen Alters, in der Reduktion von Fichten und dem Beifügen von Mischbaumarten in Monokulturen. Eine geeignete Maßnahme stellt die *Waldverjüngung* dar. Insbesondere die *Naturverjüngung*, welche an den Standort angepasste Bäume hervorbringt, ist eine geeignete Waldumbaumethode. Durch die zusätzliche Entnahme einzelner alter Bäume kann Licht und Raum für Jungbäume geschaffen werden, die dem Wald zu mehr Stabilität und Strukturreichtum verschaffen. Gleiches gilt für die Verjüngung unter Schirm, sowohl künstlich als auch natürlich, bei welchen jungen Bäumen im Schutz des Altbestandes wachsen und somit weniger anfällig gegenüber Trockenstress sind, als bei Verjüngungen auf Kahlflächen. In Walbeständen ohne Naturverjüngung können Mischwälder durch die gezielte Pflanzung neuer Baumarten erfolgen. Eine Möglichkeit dieser Art der Waldverjüngung stellt der *Voranbau* dar, bei welchem auf schattentolerante Arten zurückgegriffen wird. Diese können unter Schirm des bereits bestehenden Waldes wachsen (vgl. WALDHILFE 2018). Eine erfolgreiche Waldverjüngung geht mit einer langfristig heterogenen Bestandsfläche einher und bedingt somit den Erfolg von Waldumbaumaßnahmen in hohem Maß.

Um einen klimaplastischen Wald zu erzielen, muss bei der Auswahl der Arten jedoch stets auf standortgerechte Baumarten geachtet werden, da nur so ein gesunder und stabiler Wald entstehen kann (vgl. KRETSCHMER 2005).

Zusätzlich bietet der Anbau fremder, dafür jedoch nach wie vor standortangepasster Baumarten eine Chance. Diese sollten stets in Mischwälder integriert und nicht als Reinbestand angepflanzt werden. Die Douglasie, welche Trockenstress gegenüber resistenter ist als die Fichte, ist eine häufig verwendete Baumart. Wichtig ist in jedem Fall, dass auf entsprechend der jeweiligen Waldgesellschaft und standörtlichen Bedingungen angepasste Baumarten zurückgegriffen wird, da ansonsten auch Mischwälder keine guten Überlebenschancen aufweisen. Dies bedeutet keineswegs, dass die Fichte beim Waldumbau gänzlich vermieden werden sollte, sondern dass sie ausschließlich auf geeigneten Standorten, wie dem Gebirge, angebaut werden sollte (vgl. HENNING 2017). Die Einführung von Baumarten aus wärmeren und trockeneren Klimazonen an trockenen Standorten der gemäßigten Zone stellt ebenfalls eine Anpassungsmöglichkeit an die sich ändernden klimatischen Bedingungen dar. Dabei müssen jedoch zunächst die Empfindlichkeiten der einzelnen Baumarten gegenüber Wintertemperaturen und Spätfrost überprüft werden, da diese trotz Erwärmung nicht auszubleiben scheinen (vgl. KREYLING et al. 2011).

Von vielen Seiten als negativ betrachtet, wird der deutlich langsamere Profit von Mischwäldern. Im Gegensatz zu Nadelbäumen wachsen Laubbäume langsamer. Unter Berücksichtigung des erhöhten Risikos von Nadelbaum-Monokulturen stellen Mischwälder langfristig gesehen allerdings die profitversprechendere Variante dar (vgl. WALDHILFE 2018). Darüber hinaus produzieren Nadelbäume, wie die Fichte, zwar mehr Festmeter pro Jahr, sind jedoch auch weniger dicht als viele Laubbaumarten. So kommt es, dass ein Festmeter Fichte oder Tanne, bei einer Restfeuchte von 20 Prozent, durchschnittlich 510 kg wiegt, während ein Festmeter Buche bei gleichem Restfeuchteanteil durchschnittlich 760 kg wiegt (vgl. HENNING 2017, 12). Auch die Holzpreise dürfen nicht vernachlässigt werden. Edellaubholzarten wie Eiche, Kirsche, Esche und Spitzahorn weisen deutlich höhere Preise als Fichten auf (vgl. HENNING 2017). Das größte Problem jedoch, stellt die hohe Anfälligkeit der Fichte dar, nicht nur gegenüber Laubbaumarten, sondern auch gegenüber stabileren Nadelbäumen wie der Kiefer und Tanne. Kaum ein Fichtenbestand bleibt von etwaigen Kalamitäten unberührt. Dazu zählen besonders häufig Windwurf, Schneebruch und Borkenkäferbefall. Ursache dessen liegt vor allem in den ungeeigneten Standorten. Fichten sind Flachwurzler und verfügen insbesondere auf schlecht durchlüfteten Böden über ein deutlich weniger stark ausgeprägtes und tief in den Boden reichendes Wurzelsystem als beispielsweise die Tanne, Kiefer und Lärche (vgl. HENNING 2017). Auch vertragen Fichten kaum Trockenstress, da sie ursprünglich in kühlen Klima beheimatet sind und meist nur über ein flaches Wurzelsystem verfügen, wodurch sie bereits frühzeitig durch Wassermangel beeinträchtigt sind (vgl. HENNING 2017; MULNV NRW 2018).

2.2 Vitalität von Bäumen

Der Begriff Vitalität hat seinen Ursprung im lateinischen Wort „vitalitas", was Lebenskraft bedeutet. Er beschreibt den Gesundheitszustand eines Baumes und äußert sich in einer Vielzahl von Indikatoren, wie insbesondere dem Wachstum, der Kronenstruktur und dem Belaubungszustand. Weitere Indikatoren sind die Anpassungsfähigkeit an die Umwelt, die Widerstandsfähigkeit gegenüber Krankheiten und Schädlingen sowie das Regenerationsvermögen (vgl. FLL 2010, 45; FLL 2017, 71). KLUG (2005, 2) beschreibt die Vitalität eines Baumes als Lebenskraft, welche sich „[...] in seiner Leistungsfähigkeit bezüglich seiner Stoffwechselaktivitäten, also der Energieumwandlung mit Hilfe der Photosynthese und damit dem Aufbau und dem Erhalt einer stabilen Baumgestalt" äußert. Erbanlagen und Umweltfaktoren, wie das Klima, der Standort, die Nährstoffversorgung und der Infektionsdruck, beeinflussen die Vitalität eines Baumes. Sinkt die Vitalität, ist er anfälliger gegenüber Krankheiten und Schädlingen. Den wichtigsten Einflussfaktor auf die Vitalität eines Baumes stellt sein Standort dar. Im Speziellen das Bodensubstrat, der Wurzelraum und die standortspezifische Nutzbare Feldkapazität zeigen direkte Auswirkungen auf die Vitalität. So kommt es, dass die Vitalität auch kurzfristigen Schwankungen unterlaufen kann, zum Beispiel durch erschwerende Wetterbedingungen (Schwächung der Vitalität) oder sich verbessernde Bodenbedingungen (Steigerung der Vitalität) (vgl. KLUG 2017).

2.3 Trockenstress bei Bäumen

Der Wasserhaushalt eines Baumes hat einen entscheidenden Einfluss auf seine Vitalität. So gehören Wassermangelsituationen zu den häufigsten Stressfaktoren vom Bäumen (vgl. ROLOFF 2018). Trockenstress beschreibt einen durch Wassermangel verursachten Belastungszustand, der Trockenstress-Anpassungen auslöst. Die Anpassungen stellen die Reaktionen des Baumes auf den Wassermangel dar und können sowohl langfristig als auch kurzfristig sowie sichtbar als auch unsichtbar sein. Intensität, Folgen und Reaktionen bezüglich Trockenstress fallen divers aus.

Die Folgen von Trockenstress reichen von leichten Schäden bis zum Absterben einzelner Kronenteile oder des ganzen Baumes und können zum Entstehen weitere Schäden beitragen (vgl. ROLOFF 2021a). Dazu zählen häufig das Verschlechtern der Baumkrone, anormale Fruchtansätze sowie Anomalien in der Laubfarbe (vgl. SOUSA-SILVA et al. 2018; NUSSBAUMER et al. 2020; EICHHORN et al. 2016). Durch die Erhöhung der Kronentransparenz kommt es wiederum zu einer Verringerung der Photosyntheseleistung und einer geringeren Kohlenstoffaufnahme durch die Verlangsamung des Wachstumes (vgl. GOTTARDINI et al. 2020; SOLBERG & TVEITE 2000). Bei großflächigeren Kronenverlichtungen auf Bestandsebene kann die geringere Kronendachdichte zu Veränderungen des Mikroklimas oder sogar zur *Thermophilisierung* der Unterholzvegetation führen (vgl. ZELLWEGER et al. 2020). (Trocken-)Stress entsteht infolge einer Abweichung vom optimalen Zustand und schadet dem Baum nicht nur direkt, sondern kann auch Folgeschäden mit sich tragen, wie eine stärkere Anfälligkeit gegenüber Pilzen und Insekten (vgl. ROLOFF 2012; ROLOFF 2018).

Ursachen für Trockenstress können unter Anderem trockene und warme Wetterbedingungen, starke Solarstrahlung sowie ausbleibende Niederschläge sein. Auch verdichtete Böden sowie ein eingeschränkter Wurzelraum und durch Freistand gering ausfallender Schatten können zu den Ursachen von Trockenstress gehören (vgl. Roloff 2018). Insbesondere das Wasserangebot während der Vegetationsperiode (März bis September) ist für Bäume von großer Bedeutung. Dies betrifft in erster Linie das Bodenwasser, welches wiederum durch Niederschläge gespeist wird. Bei ausfallenden Niederschlägen fungiert der Boden als Puffer, welcher die Bäume problemlos temporär versorgen kann. Je nach Bodenart und –typ fällt dieser potenzielle Puffer unterschiedlich groß aus. In der Regel führen ausbleibende oder zu gering ausfallende Niederschläge in Kombination mit hohen Temperaturen früher oder später zu einer Absenkung des Füllstands des Bodenwasserspeichers. Je niedriger der Füllstand absinkt, desto mehr Saugspannung muss von den Wurzeln aufgebracht werden um das Bodenwasser aufnehmen zu können. Sinkt der Füllstand unter 40 % der nutzbaren Feldkapazität kommt es zum Trockenstress, ab weniger als 30 % zu starkem Trockenstress (vgl. RASPE et al. 2020).

An Trockenstress angepasste Bäume werden als Trockenstress tolerant bezeichnet. Diese Toleranz kann entweder durch Vermeidung oder Durchhaltevermögen erreicht werden (vgl. ROLOFF 2021a). Trockenstress Vermeidung erfolgt durch morphologische Anpassungen wie das Entwickeln von Kurztrieben oder Blattbehaarung, während das Ertragen von Trockenstress durch die Fähigkeit des Baumes dem Wasserstress standzuhalten, mit Hilfe verschiedener physiologischer Aktivitäten, wie die Absenkung des Wasserpotenzials oder dem Schließen der Stomata, erfolgt (vgl. ROLOFF 2021a; KNIESEL 2021). Nadelbäume gehören für gewöhnlich zu den Bäumen, die Trockenstress ertragen, während Laubbäume vermehrt zum Vermeiden neigen (vgl. KNIESEL 2021). Das Trockenstress-Anpassungspotenzial unterscheidet sich je nach Baumart, Herkunft, Ökozone und Sorte. Durch die Kombination von Trockenstress mit anderen Stressfaktoren wie Krankheitserreger oder Insekten sind jedoch selbst robuste Baumarten anfälliger (vgl. ROLOFF 2021a).

2.3.1 Trockenstressreaktionen

Neben dem bekannten Verbraunen der Blätter und Nadeln sowie einem verfrühten Laubabwurf, besteht noch eine Vielzahl anderer Symptome, welche im Folgenden entsprechend ihres Auftretens vorgestellt werden. Diese lasse sich nach ROLOFF in unmittelbare kurzfristige Trockenstressreaktionen, mittelfristige Trockenstressreaktionen und –Anpassungen sowie langfristig genetisch fixierte Trockenstressanpassungen untergliedern.

Unmittelbare kurzfristige Trockenstressreaktionen

Die erste Reaktion eines Baumes auf Trockenstress besteht in der Schließung der Spaltöffnungen der Blätter um die *stomatäre Leitfähigkeit* und die Transpiration zu mindern. Die Wasserabgabe sowie die CO_2-Aufnahme sinken (vgl. ANJUM et al. 2011; ROLOFF 2012). Eine weitere Maßnahme besteht in dem Absenken des osmotischen Potenzials, dem Wasserpotenzial, wodurch zusätzliche Bodenwasservorräte verfügbar werden. Diese Maßnahme tritt ein, wenn der Boden austrocknet und seine hydraulische Leitfähigkeit sinkt. Daraufhin muss das Wasserpotenzial des gesamten Baumes, von den Wurzeln bis in die Blätter, ebenfalls sinken, da nur so eine weitere Wasseraufnahme durch die Wurzeln möglich ist. Der Gradient muss bis in die Krone aufrechterhalten werden. Damit das Wasserpotenzial nicht weiter absinkt, wurden die Spaltöffnungen geschlossen und somit die Reduktion des Wasserpotenzials gebremst. Es besteht jedoch die Gefahr vor Embolien, wodurch ein Teil des Xylems, je nach Größe der Embolie, vorübergehend oder dauerhaft hinsichtlich der Wasserleitung funktionslos sein kann (vgl. ROLOFF 2012; ROLOFF 2021b). Außerdem führt eine Schließung der Spaltöffnungen automatisch auch zu einem Aufnahmestopp von Kohlendioxid und damit zum Erliegen der Photosynthese (vgl. DOBBERTIN 2006).

Sollten die Wirkung der getroffenen Maßnahmen ausbleiben oder der Wassermangel länger anhalten, kommt es bei einigen Baumarten zum Einrollen, Einfalten oder Herabhängen der Blätter, wodurch die Einstrahlung und somit auch die Blatttemperatur und Verdunstung verringert werden. Da selbst durch die Schließung der Spaltöffnungen ein Wasserverlust nicht gänzlich unterbunden werden kann, kommt es bei länger anhaltender Trockenstress unumgänglich zu Schäden an den Blättern. Um die Verdunstungsfläche zu reduzieren, können diese zudem abgeworfen werden. Einige Bäume wie die Eiche sind unterdessen zu Zweigabsprüngen in der Lage, wobei ganze Zweige mitsamt der Belaubung abgegliedert werden. Das Resultat ist eine verringerte Blattfläche in der folgenden Vegetationsperiode. Weitere Optionen bestehen im Ausrichten der Blätter parallel zur Sonnenstrahlung sowie dem Blattwedeln und –zittern, wozu jedoch nur einzelne Baumarten in der Lage sind (vgl. ANJUM et al. 2011; ROLOFF 2021b). Durch die Nutzung des Stammwassers, kann es außerdem zu einer messbaren Abnahme des Stammumfangs kommen. Diese Trockenstressreaktion tritt oftmals fast sofort ein, da der Stammwasservorrat nicht unmittelbar lebensnotwendig ist, während der Rückgang des Laubes zumeist erst Monate später sichtbar wird (vgl. DOBBERTIN 2006).

Die Konzentration des Hormons Abscisinsäure (ABA9), der Kohlenhydrate (Glukose) und der Aminosäuren Prolin, Alanin und Asparagin steigen an (vgl. SCHRADER 2021; ROLOFF 2021b;). Abscisinsäure gehört den Stresshormonen an und hat eine wachstumshemmende Wirkung, während Alanin und Glukose das Hyphenwachstum von Pilzen fördern. Des Weiteren wird die Wundperidermbildung gehemmt, was den Baum anfälliger gegenüber Pathogenen macht. Durch die zusätzliche Produktionsreduktion der antimikrobiell wirkenden Inhaltsstoffe, wird die Erregerverbreitung erleichtert, was den Baum hinzukommend schwächen kann (vgl. KRABEL 2021; SCHRADER 2021). Weiterhin problematisch ist die durch anhaltenden Wassermangel verursachte Einstellung der Harzproduktion, welche es dem Baum unter Anderem ermöglicht Schädlinge, wie den Borkenkäfer, abzuwehren. Weitere Funktionen bestehen in der Wundheilung sowie dem Abtöten von Pilzen und Bakterien um Infektionen zu vermeiden (vgl. SCHALLER 2002).

Nimmt der Trockenstress ab und die Wasserverfügbarkeit steigt, kann es zu einer schnellen Erholung der Bäume kommen, wobei sich die zuvor genannten Effekte wiedereinstellen können.

Mittelfristige Trockenstressreaktionen und -anpassungen

In den darauffolgenden Jahren entwickeln sich in den Kronen der meisten Laubbaumarten Kurztriebe, welche es dem Baum bei verhältnismäßig geringem Energieaufwand ermöglichen, eine relativ hohe Photosyntheserate zu erreichen. Diese Maßnahme schützt den Baum in den meisten Fällen vom Absterben weiterer Kronenteile, insofern die Maßnahme Wirkung zeigt. Die Spaltöffnungen sind weiterhin verringert, die Stomatadichte erhöht und die Blattflächen verkleinert. In einigen Fällen kann es, bei dem Versuch des Baumes zu überleben, außerdem zum Absterben von Fein- und Schwachwurzeln kommen (vgl. ROLOFF 2021b).

Langfristige genetisch fixierte Trockenstressanpassungen

Die Vitalität von Bäumen ist infolge eines Trockenjahres maßgeblich geschwächt, wodurch die Sterblichkeitsrate der Bäume deutlich ansteigen kann. Prozesse und Eigenschaften wie das Zellwachstum, die Zellwandsynthese, die Photosynthese und die Xylemfähigkeit werden durch Trockenheit negativ beeinflusst. Auch die Anfälligkeit gegenüber Insekten steigt, da sich der Insektenabwehrende Harzfluss vermindert (vgl. HENNING 2017).

An Trockenstress angepasste Bäume, weisen eine Vielzahl an Blattmerkmalen auf, die häufig in einer verringerten spezifischen Blattfläche resultieren. Darunter befinden sich Blätter mit einer mächtigeren Wachschicht und Epidermis, wodurch die Blätter insgesamt dicker sind. Auf der Blattunterseite kann eine Behaarung oder weiß-silberne Schuppen auftreten, wodurch eine Verdunstungsbarriere geschaffen wird. Weitere Möglichkeiten bestehen in insgesamt kleineren Blättern, nadelartigen Rollblättern und in einer die Epidermis eingesenkten Stomata. Hauptnerven des Blattes und andere festigungs- und Leitelemente sind oftmals stärker ausgeprägt (vgl. ROLOFF 2021b).

Dauerhafter Trockenstress zieht einen reduzierten Zuwachs der Trieblängen und Jahrringbreiten nach sich. Letztlich kann es zum natürlichen Bonsaiwuchs kommen. An Trockenheit angepasste Baumarten weisen oftmals eine lichtere Krone bei höherer Reiterationsfreudigkeit auf. Sogenannte Pionierbaumarten, welche oftmals an Trockenheit angepasst sind, weisen zwar ein hohen Lichtbedarf auf, sind gleichzeitig aber verhältnismäßig anspruchslos bezüglich der Bodenfaktoren (vgl. ROLOFF 2021b).

2.3.2 Trockenstress nach Baumalter

Die Anfälligkeit für Trockenstress sinkt für gewöhnlich mit zunehmendem Alter. Grund hierfür liegt in der voraschreitenden Ausprägung des Wurzelsystems, welches in Trockenperioden maßgeblichen Einfluss auf die Wasserversorgung des Baumes hat. Altbäume sind aufgrund ihres weitreichenden Wurzelsystems in der Regel am wenigsten anfällig gegenüber Trockenstress. In extremen Mangelsituationen sind sie jedoch aufgrund ihrer großen Krone ebenfalls gefährdet, da sie dadurch unausweichlich mehr Wasser benötigen. Mittelalte Bäume, welche bereits ein ausgeprägtes Wurzelsystem entwickelt und nützliche Mikro-Wasserreservoirs im Boden erschlossen haben, sind zwar stärker anfällig als Altbäume, jedoch weniger anfällig als Jungbäume. Diese weisen aufgrund der noch fehlenden Verwurzelung im Boden, insbesondere unmittelbar nach der Pflanzung sowie in dem darauffolgenden Jahr, die stärkste Anfälligkeit gegenüber Trockenstress auf.

Auch die nächsten vier Jahre gelten als kritisch. Frühjahrspflanzungen sind im ersten Jahr für Trockenstress besonders anfällig. Allerdings zeigen Jungbäume gleichzeitig ein höheres Anpassungspotenzial gegenüber Trockenstress auf als Altbäume und sind nach erfolgten Stresssituationen oftmals wiederstandfähiger bei erneutem Auftreten dieser oder ähnlicher Stressfaktoren. Insofern sich die Veränderungen nicht zu schnell ereignen, weisen Jungbäume gegenüber Altbäumen der gleichen Art ein größeres Anpassungspotenzial gegenüber Trockenstress auf, da sie noch Jahrzehnte Zeit haben, sich darauf einzustellen (vgl. ROLOFF 2021). Trockenstressbedingungen bei Jungbäumen können jedoch zu oberirdischen Wachstumsdepressionen führen während unterirdisch die Ausbildung von Feinwurzeln gesteigert wird. Die hohe Anzahl an für die Wasseraufnahme zuständigen Feinwurzeln kann dem Jungbaum unter Umständen dabei helfen größere Wassermengen zu erreichen. Da dieses Wurzelwachstum viel Energie beansprucht, muss das Wachstum an anderer Stelle, den oberirdischen Pflanzenteilen, eingedämmt werden. Bei Verringerung des Trockenstresses und einer damit einhergehenden Normalisierung der Versorgungssituation gleicht sich das Spross-Wurzelverhältnis wieder aus (vgl. KRABEL 2021).

2.4 Vitalitätsbeurteilung von Bäumen und Wäldern

Des Weiteren stell sich die Frage, wie die Vitalität von Wäldern festgestellt und beurteilt werden kann. Der am häufigsten verwendete Indikator zur Beurteilung der Waldvitalität in Europa ist der Zustand der Baumkrone. Dies liegt an der bedeutenden Rolle des Kronenzustandes bei der Regulierung des Waldökosystems und seiner starken Empfindlichkeit gegenüber natürlichen als auch anthropogenen

Störungen (vgl. ZARNOCH et al. 2004). Darunterfallende Indikatoren stellen unter anderem die Entlaubung und das Kronensterben dar (vgl. ALEXANDER & PALMER 1999). In den folgenden Kapiteln 2.4.1 und 2.4.3 werden sowohl die terrestrische Vitalitätsbeurteilung, als auch jene mit Hilfe von Fernerkundungsdaten und Geographischen Informationssystemen, erörtert, wobei letztere für die in der vorliegenden Fallstudie verwendeten Methoden entscheidend sind.

2.4.1 Terrestrische Vitalitätsbeurteilung von Bäumen

Von großer Bedeutung für die Beurteilung der Vitalität sind die äußeren Symptome in der Baumkrone. Darunter fallen die relativen Kenngrößen Blattfarbe, Blattgröße und Belaubungsdichte sowie Wipfeldürre und Trieblängenzuwachs. Insbesondere die Kronenverlichtung sowie der Grad ihrer Vergilbung werden gewöhnlich für die terrestrische Beurteilung der Kronenvitalität herangezogen, da es sich um relativ einfach zu erfassende Indikatoren handelt. Zwar handelt es sich um unspezifische Indikatoren, welche keinen eindeutigen Rückschluss auf die Schadensursache zulassen, jedoch beinhalten sie eine Signalfunktion und machen auf langfristige Störungen und Veränderungen aufmerksam. Als Referenzbaum dient ein wuchsortbezogener Baum der gleichen Art, welcher stets relativ ist. Auf diese Weise kann zwischen natürlich verursachten Kronenverlichtungen, wie beispielsweise durch das Alter oder den Standort bedingte Veränderungen, von schadensbedingten Kronenverlichtungen durch Insekten oder Trockenstress unterschieden werden (vgl. PRETZSCH 2019). Dabei muss stets die Baumart und das Alter des Baumes berücksichtigt werden (vgl. ROLOFF 2018). Um die Vitalität bestmöglich einstufen zu können, eignet sich die Verwendung von Vitalitätsstufen (siehe Tabelle 1). Jedoch ist die Bewertung zeitaufwendig und rein subjektiv, weshalb es sich bei Vitalitätsbeurteilungen stets um eine individuelle Einschätzung handelt und nur äußerst selten flächendeckende Informationen vorhanden sind (vgl. Klug 2017).

Vitalitätsstufe	Beschreibung
1-vital	Entwickelte Krone, Trieblängen und Blattzuwachs entsprechen dem zu erwartenden Zustand eines gesunden Baumes der jeweiligen Art und des jeweiligen Alters
2-geschwächt	Trieblängenwachstum und Blattentwicklung sind entsprechend der Baumart und des Alters leicht vermindert. In der Krone kann eine leichte Wipfeldürre zu sehen sein.
3-sehr geschwächt	Blattentwicklung und Trieblängenwachstum sind entsprechend der Art und des Alters erkennbar vermindert. Der Kronenmantel weist ein Absterben von Zweigen und Ästen auf. Das Regenerations- und Reaktionsvermögen des Baumes ist nur mittelmäßig und an ehemaligen Schnitten oder Verletzungen ist eine kleine Wundholz- bzw. Kallusbildung erkennbar.
4-abgängig	Blattentwicklung und Trieblängenwachstum sind entsprechend der Art und des Alters stark vermindert oder nicht mehr vorhanden. Der Kronenmantel ist an mehrere Stellen abgestorben.
5-abgestorben	Der Baum weist keine lebenden Triebe und Blätter auf.

Tabelle 1: Vitalitätsstufen von 1-vital bis 5-abgestorben, nach: KLUG 2017, 96.

2.4.2 Vitalitätsbeurteilung entsprechend dem Bestandesalter

Bei der Vitalitätsbeurteilung von Bäumen ist stets auch das Baumalter zu berücksichtigen, da sich das Erscheinungsbild je nach Alter stark unterscheiden kann. Die Kronenverlichtung, welche eine der Hauptkenngrößen bei der Vitalitätsbeurteilung darstellt, wird baumartenspezifisch durch das Alter beeinflusst. (vgl. MULNV NRW 2020). So tritt beispielsweise ab einem gewissen Alter eine Kronenrückbauphase ein, bei welcher eine Sekundärkrone in mittlerer Baumhöhe aufgebaut wird (vgl. ROLOFF 2018). Für die Beurteilung von Altbäumen sollten stattdessen Faktoren wie unter anderem die Abschottung, Belaubung, Blattfarbe sowie das Regenrations- und Reaktionsvermögen herangezogen werden. Baumveterane oder auch Hohlbäume genannt, können im Wesentlichen über ihr Potenzial den Stamm, die Äste und die Zweige durch Zuwachs an den jeweiligen Schwachstellen in Position zu halten, beurteilt werden. Jungbäume hingegen zeichnen sich durch ein gesundes Wurzelwachstum und eine beträchtliche Nährstoffaufnahme als vital aus (vgl. KLUG 2005). Demnach sind die Merkmale hinsichtlich des Vitalitätszustandes eines Baumes je nach Alter divers und sollten bei der Vitalitätsbeurteilung nicht außer Acht gelassen werden.

2.4.3 Vitalitätsbeurteilung mittels Fernerkundung und GIS

Die Fernerkundung stellt eine berührungsfreie Methode der Datenaufnahme und –auswertung dar. So können durch Drohnen, Flugzeuge oder Satelliten Daten aufgenommen und verwendet werden (vgl. HILDEBRANDT 1996). Insbesondere die für die Kronenverlichtungs-Beurteilung entscheidende Lichtkrone ist gewöhnlich gut sichtbar. Der Kronenzustand kann nicht nur wie in Kapitel 2.4.1 terrestrisch erfasst, sondern ebenfalls über hemisphärische Fotos und terrestrische Landscanner beurteilt werden, wobei Luft- und Satellitenbildaufnahmen durch die Vogelperspektive unter Umständen einen besseren Einblick in den Zustand des Waldes zulassen. Weiterhin von Vorteil ist die jahreszeitliche und witterungsbedingte Unabhängigkeit. Vitalitätsbeurteilungen mit Hilfe von Fernerkundungsdaten sind nicht an das Wetter oder die Vegetationsperiode gebunden. Auch der Vergleich von Waldzustandsbeurteilungen aus verschiedenen Jahren kann über Fernerkennungsprogramme vereinfacht werden. Des Weiteren verfügen Satellitenbilder über Informationen, die mit dem menschlichen Auge allein nicht erkennbar sind. Somit lassen sich über Fernerkundungsmethoden Schäden bereits in frühen Stadien erkennen, während diese sonst, ohne sichtbares Anzeichen, unerkannt bleiben würden (vgl. ABDULLAH et al. 2019). Veränderungen in der Kronenstruktur sowie Blatt- und Nadelverluste sind im Nahinfrarot-Bereich klar erkennbar und können mit Hilfe von Vegetationsindizes herausgearbeitet werden (vgl. SCHERRER et al. 1994). Durch die heutige hohe Verfügbarkeit an kostengünstigen bis kostenfreien Satellitenbildern mit hoher zeitlicher und räumlicher Auflösung, bestehen neue kosteneffektive Möglichkeiten zur Waldzustandsbeobachtung und –beurteilung. Die dadurch ermöglichte Datenerfassung und –verarbeitung kann selbst in relativ unzugänglichen Gebieten und Regionen mit unzureichender Datenerfassungskapazität erfolgen (vgl. ADJOGNON et al. 2019). Durch terrestrisch durchgeführte Untersuchungen, wie Feldaufnahmen, kann zwar eine hohe punktuelle Genauigkeit erzielt werden, großflächige Veränderungen hingegen sind deutlich aufwendiger in ihrer Erfassung.

Vegetationsanalytische Zusammenhänge und Beobachtungen in schwer zugänglichen Gebieten sind über Satelliten- und Luftbilder besser und detaillierter erfassbar als bei terrestrischen Erhebungen. Während Felduntersuchungen in der Regel äußerst kosten- und zeitaufwendig sind, stellt die Fernerkundung eine schnelle und kostengünstige Alternative mit einer größeren räumlichen Umfassung dar.

2.4.4 Trockenstresserkennung mittels multispektraler Satellitenbilder

Stressfaktoren wie Wassermangel führen zu sichtbaren oder auch für den Menschen unsichtbaren Symptomen, welche wiederum mit multispektralen Sensoren erfasst werden können. Grüne Pflanzenteile reflektieren die elektromagnetische Strahlung im blauen und roten Bereich nur wenig, im grünen Bereich vermehrt und im nahen Infrarot (NIR) stark. Dies kann auf Blattfarbstoffe wie Chlorophyll, Anthocyane und Carotinoide zurückgeführt werden, welche vorwiegend das blaue und rote Licht absorbieren, jenes im grünen und Infrarot Bereich jedoch reflektieren. Ein verringerter Blatt-Wassergehalt erhöhte im Allgemeinen die Reflektion im gesamten Wellenlängenbereich von 400-2.500 nm (vgl. CARTER 1991). Insbesondere aber nimmt der Anteil an kurzwelliger Infrarotstrahlung bei unter Trockenstress leidenden Pflanzen zu, was unter anderem durch die Verwendung verschiedener Vegetationsindizes ermittelt werden kann (vgl. VOGELMANN 1989). Tatsächlich treten stressbedingte Veränderungen jedoch anfänglich, oft im sichtbaren statt im Infrarot-Bereich auf. Dies ist auf die hohe Empfindlichkeit des Chlorophylls gegenüber Stresssituationen zurückzuführen. Leidet die Vegetation unter Trockenstress, steigt der Reflexionsgrad im sichtbaren als auch im Nahen-Infrarot-Bereich an. Bei zunehmendem Wasserstress steigt außerdem die Reflexion im kurzwelligen Infrarot-Spektrum (vgl. DALEZIOS et al. 2012). Da in der Satellitenfernerkundung keine einzelnen Blätter, sondern ganze Kronen bis Bestände, untersucht werden, erfolgt die Erfassung der spektralen Veränderungen oftmals über Blattflächenverluste, Blattausrichtungsveränderungen sowie Wachstumshemmungen, welche sich wiederum im Infrarotbereich bemerkbar machen (vgl. KNIPLING 1970; HOULÉS et al. 2001). Aus diesem Grund werden zur Waldzustandsbeurteilung insbesondere Infrarotbilder verwendet, welche aufgrund ihrer unterschiedlichen Reflexionsgrade eine Unterscheidung von gesunden und geschädigten Pflanzen ermöglichen. Je röter die Pflanze auf dem Infrarotbild abgebildet ist, desto vitaler ist sie. Andersfarbig erscheinende Pflanzen hingegen weisen auf Vitalitätsschäden hin (vgl. KOMMUNALVERBAND RUHRGEBIET 1984).

3 Das Untersuchungsgebiet

Das Gebiet des Regionalverbands Ruhr nimmt 13 % der Fläche Nordrhein-Westfalens ein und umfasst ein Gebiet von 4.435 km^2. Es setzt sich aus elf kreisfreien Städten sowie vier Landkreisen mit zusammengezählt 53 Gemeinden zusammen und weist eine Bevölkerungszahl von 5,1 Millionen Menschen auf (Stand 2015) (Kießling, R. & W. Reininghaus 2018). Die Waldflächen hingegen nehmen eine Fläche von 77.739 ha ein, also 17,5 % der Gesamtfläche (vgl. Alfken & Iwer 2019, S.35). Für diese Fallstudie von besonderer Bedeutung sind die zum RVR Ruhr Grün gehörenden Waldflächen von insgesamt rund 16.000 ha Fläche, welche sich in neun Forstbezirke untergliedern: Forstbetriebsbezirk Üfter Mark, Hohe Mark, Westliche Haard, Östliche Haard, Kirchheller Heide, West, Mitte, Ost und Süd (vgl. RVR 2020). Die Lage der Untersuchungsflächen kann anhand Abbildung 1 nachvollzogen werden. Bei dem RVR Ruhr Grün handelt es sich um eine Einrichtung des Regionalverbandes Ruhr, einem der größten kommunalen Waldbesitzer Deutschlands, welcher für die Betreuung und Instandhaltung der dem RVR gehörenden Waldflächen zuständig ist (vgl. RVR Ruhr Grün 2019).

3 Das Untersuchungsgebiet

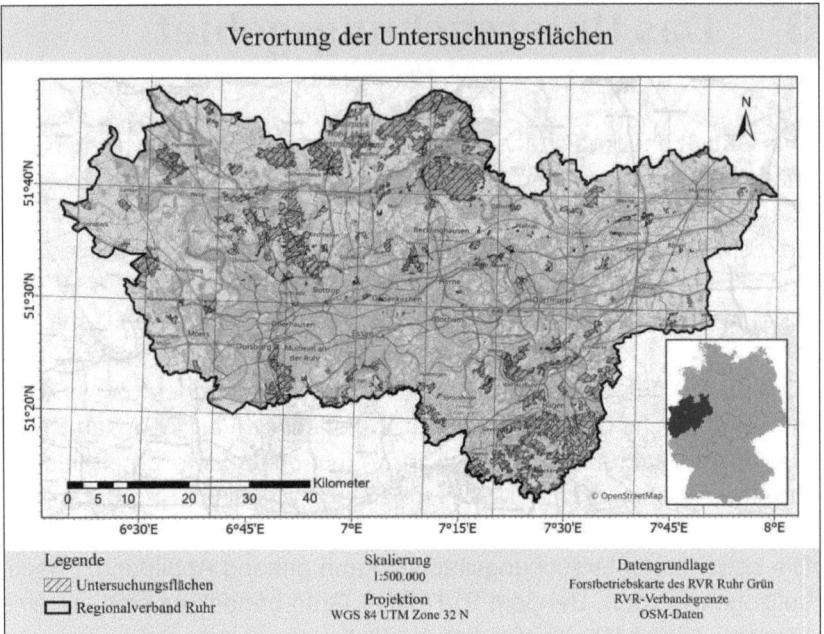

Abbildung 1: Verortung der Untersuchungsflächen innerhalb des RVR-Gebiets sowie in Deutschland, Quelle: Eigene Darstellung.

3.1 Naturräumliche Gliederung und geographische Lage

Die in dem Untersuchungsgebiet liegenden Waldflächen sind in erster Linie dem Norddeutschen Tiefland zugehörig und befinden sich in der Westfälischen Bucht sowie dem Niederrheinischen Tiefland. Darüber hinaus erstreckt sich ein kleinflächigerer Teil der Untersuchungsflächen bis in den Bereich der Mittelgebirgsschwelle - das Süderbergland. Durchflossen wird das Gebiet von Osten nach Westen durch die Flüsse Ruhr (Süden), Rhein (Westen), Emscher (Mitte) und Lippe (Norden) (vgl. DIERCKE WELTATLAS 2002). Eine räumliche Abgrenzung des Ruhrgebiets erfolgt durch die Rheinzone im Westen, die Lippezone im Norden, die Emscherzone im Zentrum des Reviers, die darunter liegende Hellerwegszone sowie die Ruhrzone und die Bergisch-Märkische-Zone im Süd(-osten) des Ruhrgebiets (vgl. BUCHHOLZ et al. 1971). Während das Ruhrgebiet südöstlich an das

Sauerland grenzt, befinden sich im Südwesten die südlichen Ausläufer des Steinkohlegebirges des Bergischen Lands. Westlich des Ruhrgebiets befindet sich die Region Niederrhein mitsamt Rheinebene. Im Osten reicht das Ruhrgebiet bis an die Lössflächen der Hellwegbörde. Das Höhenprofil des RVR-Gebiets reicht von 375 m über NHN im Südosten bis 22 m über NHN im Südwesten (vgl. DIERCKE WELTATLAS 2002).

3.2 Klima

Klimatisch dominiert wird das Ruhrgebiet durch die vorherrschenden West-/Südwest- und Nord-/Nordwestwinde, welche den anfallenden Niederschlag maßgeblich beeinflussen. Durch die atlantischen Luftmassen weist das Klima eine hohe Luftfeuchtigkeit und Wolkendichte auf. Die Sommer sind gemäßigt und die Winter mild, wobei die Anzahl an Frost- und Schneetagen pro Jahr gering ausfällt. Die Niederschlagsmaxima finden sich in den Monaten Juli und August, wobei die durchschnittliche jährliche Niederschlagsmenge bei 533,81 mm liegt und von Nordwest nach Südost ansteigt. Die durchschnittliche Jahrestemperatur beträgt, 15,5 ° C. Die angegebene durchschnittliche Niederschlagsmenge als auch die angegebene durchschnittliche Jahrestemperatur entsprechen eigenen Berechnungen, welche mit Hilfe von DWD-Daten der Messstation 01303 Essen-Bredeney bezüglich der Jahre 1991 bis 2020 durchgeführt wurden. Weitere Angaben befindet sich in Tabelle 2, wo die Abweichung der durchschnittlichen Niederschlags- und Temperaturwerte während der Vegetationsperiode der Jahre 2018 bis 2020 im Verhältnis zum langjährigen Mittel, entsprechend dem Zeitraum von 1991 bis 2020, aufgelistet werden. Diese zeigen insbesondere im Jahr 2018 eine deutliche Zunahme der Durchschnittstemperatur bei gleichzeitiger Abnahme der Niederschlagsmenge.

Jahr	Abweichung der Temperatur vom langjährigen Mittel in °C und % (April-September)	Abweichung des Niederschlags vom langjährigen Mittel in mm und % (April-September)
2018	2,3 °C (15,46 %)	-271,21 mm (-50,61 %)
2019	0,7 °C (4,36 %)	-213,61 mm (-40,02 %)
2020	1,0 °C (6,47 %)	-266,01 mm (-49,83 %)

Tabelle 2: Analyse der jährlichen Durchschnittstemperatur und des durchschnittlichen Niederschlags während der Vegetationsperiode von 1991 bis 2020, Quelle: Eigene Darstellung.

3.3 Geologie und Böden

Das Untersuchungsgebiet ist Bestandteil des nordwesteuropäischen Steinkohlegürtels, welcher von England über Nordfrankreich und Belgien bis in das südliche Polen reicht. Definiert wird es durch die kohleführenden Schichten des Oberkarbons. Die Steinkohleflöze des Ruhrgebiets gehören zu den tieferliegenden und älteren Kohleflözen und weisen eine Mächtigkeit von 1 bis 3,30 m auf. Während die südlichen Kohlenflöze entlang der Ruhr zu Tage treten, senken sie sich Richtung Norden hin ab und liegen in einer Tiefe von 600 bis 800 m, wo sie von Sedimenten aus Perm, Trias, Kreide, Tertiär und Quartärs überlagert werden. West-Südwestlich nach Ost-Nordöstlich verlaufend wird das Ruhrgebiet großflächiges durch Sattel- und Muldenstrukturen, oder auch Synklinale, geprägt, weshalb die Geologie regional sehr divers ist (vgl. DEGE 1983; GEOLOGISCHER DIENST NRW o.J.). Bei den vorherrschenden Bodentypen handelt es sich in erster Linie um Podsol, Braunerde, Gley und Pseudogley. Entsprechend der Karte der „Bodenlandschaften und Leitbodengesellschaften von NRW" kommen Podsol- und Pseudogley-Braunerden als auch Gley-Braunerden innerhalb der Untersuchungsflächen am häufigsten vor.

3.4 Baumartenzusammensetzung

Die Laubwälder bilden mit rund 23000 Hektar den vorherrschenden Waldtyp des Untersuchungsgebiets, während sich die Fläche der Nadelwälder auf rund 19000 Hektar beläuft. Informationen bezüglich der Baumartenverteilung konnten den zur Verfügung gestellten Daten des

RVR entnommen und in Abbildung 2 für das Untersuchungsgebiet repräsentativ dargestellt werden. So setzten sich die Laubwaldflächen vorwiegend aus Eichen und Buchen zusammen, während die Nadelwaldflächen durch die Kiefer dominiert werden, welche den höchsten prozentualen Anteil aller Baumarten aufweisen. Dennoch fällt der Anteil der Laubwaldflächen höher aus als der des Nadelwaldes. Am wenigsten vertreten sind die Baumarten Pappel und Douglasie, wo hingegen Fichte und Lärche gleichermaßen oft auftreten.

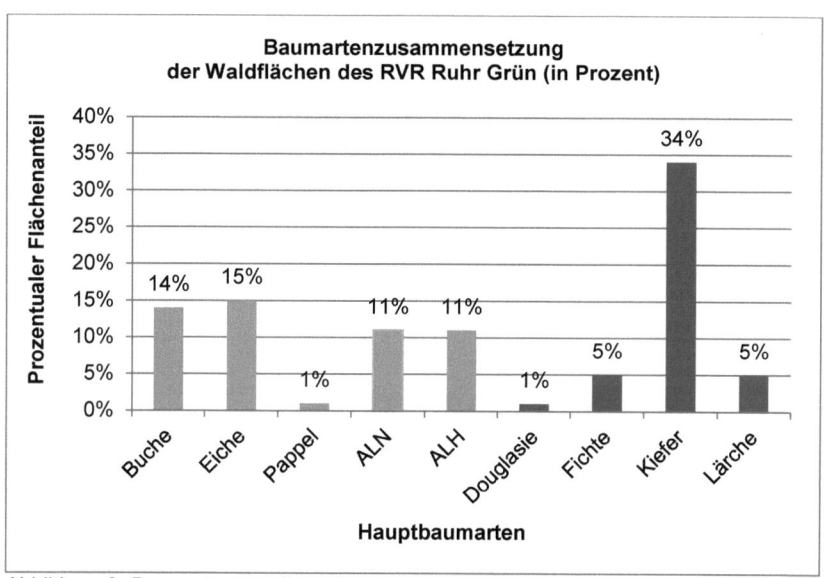

Abbildung 2: Baumartenverteilung der zum RVR Ruhr Grün gehörenden Flächen entsprechend der zur Verfügung gestellten Forstbetriebskarte (FBK) in Prozent, Quelle: Eigene Darstellung.

3.5 Betreuung der Waldflächen

Die Betreuung der Wälder des RVR erfolgt durch den *RVR Ruhr Grün*. Die Waldwirtschaft soll dabei nachhaltig und naturschutzkonform erfolgen. Gutachter der unabhängigen PEFC-Organisation überprüfen und zertifizieren diese jährlich mit dem PEFC-Siegel, welches für eine nachhaltige Waldbewirtschaftung steht und weltweit für Forstbetriebe und Holzprodukte vergeben wird (vgl. RVR RUHR GRÜN 2019). Der

RVR Ruhr Grün verfolgt das langfristige Ziel eines stabilen und gesunden Mischwaldes mit Bäumen unterschiedlichen Alters, Höhen, Umfangs und Arten. Um das zu erreichen, werden die Wälder regelmäßig gepflegt und durchforstet, wobei dem Wald nicht mehr Holz entnommen werden soll, als nachwäschst. Auf diese Weise erlangen verbliebene und junge Bäume sowie Keimlinge mehr Licht, Wasser und Nährstoffe (vgl. RVR Ruhr Grün 2019). Vor allem die Mischung verschiedener standortgerechter Bäume soll die Vitalität der Wälder, bei gleichzeitiger Risikosenkung gegenüber Schäden, erhöhen. Die Maßnahmen des RVR Ruhr Grün bestehen zum einen in der Verjüngung der Waldbestände im Rahmen der Zielstärkennutzung, dem aktiven Voranbau standortgerechter Arten unter Schirm oder in Freistellen als auch in der Naturverjüngung sowie der standörtlichen Berücksichtigung klimastabiler Arten wie der Roteiche, Küstentanne und Douglasie (vgl. RVR Ruhr Grün 2019). Weitere Maßnahmen bestehen in der angemessenen Belassung von Totholz auf den Flächen, dem Erhalt von Biotopen und Sonderstandorten, der Förderung von Zukunftsbäumen und Mischbaumarten als auch der Anpassung und Kontrolle der Wildbestände (vgl. RVR Ruhr Grün 2019).

3.6 Historischer Kontext „Industriewald Ruhrgebiet"

Um das Jahr 1800 herum waren die Wälder im Ruhrgebiet durch den Menschen derart geschädigt, dass auf vielen ehemaligen Waldflächen bloß noch Heide wuchs. Um die devastierten Wälder wieder aufzuforsten, wurden im 19. Jahrhundert Kiefern gepflanzt. Bäume, die schnell wachsen und somit schnell Profit generieren (vgl. Offenberg 1997, 132).

Im Zuge der Industrialisierung entstanden in Deutschland diverse Industriegebiete. Darunter auch die Bereiche rund um die Flüsse Emscher, Ruhr und Rhein - das heutige Ruhrgebiet - wo Steinkohle gefunden wurde. Da der Transport teuer war, wurden die Industriefabriken am Kohlestandort gebaut (vgl. Günter et al. 2007). Aufgrund der enormen Ausmaße der Zechen und der damit zusammenhängenden hohen Anzahl an Arbeitern, entstanden neue Siedlungen und Städte um die an den Kohlevorkommen orientierten Fabriken herum. 1910 existieren bereits 106 dieser großen Arbeitersiedlungen (vgl. GÜNTER et al. 2007, 42 f.). Daraus entstand nicht nur die größte Industrie-Landschaft Europas, sondern gleichzeitig die größte Industrie-Stadt des Kontinents. Die Lebensdauer vieler Industriebetriebe betrug häufig nicht mehr als zwanzig Jahre, selten mehr als 50 Jahre. Von den ersten Industriegebäuden ist heute kaum etwas erhalten geblieben. In Folge des ständigen Struktur-Wandels fielen im Ruhrgebiet rund 10 000 Hektar Industriefläche brach (vgl. GÜNTER et al. 2007, 15). Die erste große Welle der Zechenschließungen fand in den 1950er Jahren statt, in den 1970ern dann im Süden des Gebiets und 2018 wurde dann auch der restliche im Norden noch aktive Steinkohlebergbau eingestellt (vgl. GANZELEWSKI 2019, 44f).

Mit der Annahme, dass die Natur brachliegende Flächen nach kürzester Zeit selbstständig zurückerobert, wurde bereits in den Jahren von 1989 bis 1999 das damals so genannte „Restflächenprojekt" durchgeführt (vgl. GÜNTER et al. 2007, 13, DETTMAR & GANSER 1999). Dabei wurden auf altindustriellen Restflächen „Industriewälder" angesiedelt und dadurch neuer Lebens- und Erholungsraum für Pflanzen, Tiere und Menschen geschaffen. Begonnen wurde 1996 mit drei ehemaligen Bergbaugebieten als Testflächen: die Grundstücksfondsflächen Zollverein Essen-Katernberg sowie Alma und Rheinelbe in Gelsenkirchen-Ückendorf (vgl. GÜNTER et al. 2007, 13). Auf diesen Standorten sollten nachhaltige Landschaftsentwicklungskonzepte für Industriebrachen entwickelt werden. Sechs Jahre später, Anfang 2002, wurde das Projekt mit der Bezeichnung „Industriewald Ruhrgebiet" als fortwährende Aufgabe an die Landesforstverwaltung Nordrhein-Westfalen übergeben und somit dauerhaft gemacht.

Seither wird das Projekt vom Forstamt Recklinghausen in Kooperation mit der Landesentwicklungsgesellschaft NRW GmbH beaufsichtigt. Heute zählt das Projekt „Industriewald Ruhrgebiet" elf Teilflächen mit insgesamt rund 220 Hektar Fläche (Stand 2007) und ist der Grund für den verhältnismäßig hohen Waldflächenanteil des Ruhrgebiets (vgl. KEIL & OTTO 2007, 1). Die Umsetzung des Projektes wird von diversen wissenschaftlichen Untersuchungen der Landesanstalt für Ökologie, Bodenordnung und Forsten NRW begleitet, welche dessen Erfolg bekunden (vgl. KEIL & OTTO 2007). Die Bestrebungen bestehen weiterhin in der Entstehung von Wald in Form von natürlicher

Sukzession, dennoch werden zusätzliche aktive Eingriffe durch Lenkung, Pflege und Nutzung vorgenommen (vgl. GÜNTER et al. 2007).

3.7 Waldzustand Nordrhein-Westfalen

Infolge der ungewöhnlich hohen Temperaturen des Sommer 2018 und das wechselseitige Bestärken diverser Mehrfachbelastungen, war der Waldzustand Nordrhein-Westfalens im Jahr 2018 der schlechteste seit Beginn der Waldzustandserhebungen im Jahr 1984. Auch die Benadelung der Fichten im Jahr 2018 war die geringste seit 1984. Dies konnte in erster Linie auf den durch enormen Trockenstress verursachten Borkenkäferbefall zurückzuführen werden. Auch bei der Kiefer wurden, trotz geringerer Anfälligkeit gegenüber Trockenstress, erhöhte Verlichtungswerte festgestellt. Dennoch wies die Kiefer gegenüber anderen Baumarten einen geringeren Vitalitätsverlust auf. Bei der Eiche konnten die stärkste Kronenverlichtung festgestellt werden, während die Buche hingegen an einigen Standorten, aufgrund des enormen Trockenstress, gänzlich abgestorben ist (vgl. MULNV NRW 2018).

2019 hat die Kronenverlichtung weiter zugenommen, während der Anteil an unbeschädigten Bäumen leicht gesunken ist. Erneute Hitze- und Trockenperioden setzten den Bäumen erneut erheblich zu. Somit fiel der Waldzustand 2019 noch schlechter aus als im Vorjahr 2018. Gleiches gilt für die Fichte, bei welcher ebenfalls wie im vorherigen Jahr die höchsten Kronenverlichtungswerte seit Beginn der Untersuchungen festgestellt werden konnten. Die Ursache dessen liegt, neben der Trockenheit in Frühjahr und Sommer, in der enormen Borkenkäfervermehrung im Vorjahr. Obwohl die Kiefer nur eine minimale Verschlechterung zum Vorjahr aufzeigten, war die Kronenverlichtung bedingt durch häufiger auftretenden Pilz- und Käferbefall ebenfalls schlechter als in der gesamten Zeit seit 1984. Die Baumart mit den an den stärksten betroffenen Baumkronen stellt erneut die Eiche dar. Die Buche zeigt als einzige Baumart eine Verringerung der Kronenverlichtung. Trotz dessen ist die Vitalität der Krone nur gering. Pilze und Buchenborkenkäfer setzten der Baumart stark zu (MULNV NRW 2019).

Im Folgejahr 2020 zeigen die Ergebnisse der Waldzustandserhebung eine erneute Verschlechterung. Die Anzahl der deutlich verlichteten Bäume ist wiederholt gestiegen und symbolisiert damit erneut den bis dato schlechtesten Wert seit der Einführung der Erhebung. Obwohl sich der Anteil der Bäume mit leichter Kronenverlichtung verringert hat, ist im gleichen Zuge der Anteil der ohne Kronenverlichtung gestiegen. Durch die erneut aufgetretenen extremen Witterungsbedingungen litten die Bäume auch im Jahr 2020 unter starkem Trockenstress und die Borkenkäferpopulationen haben sich erneut vermehrt. Dies zeigt sich erneut besonderes stark unter den Fichten, welche nun bereits in vitalem Zustand von Borkenkäfern befallen werden. Insgesamt hat sich der Zustand der Fichte erneut verschlechtert. Auch die Kiefer wies abermals eine Verschlechterung auf, wenn auch wieder geringer als die meisten Baumarten. Gleiches gilt für die Buche, welche 2020 den zweitschlechtesten Wert seit Erhebungsbeginn aufwies. Ausschließlich die Eiche zeigte trotz anhaltendem Wasserstress und Pilzbefall leichte Verbesserungen. Der Nadel- und Blattverlust aller Baumarten lag 2020 höher denn je (vgl. MULNV NRW 2020).

4 Methodik

Im Folgenden wird, nach erfolgter Darlegung der Datengrundlage und der im Rahmen der Studie verwendeten Software, das methodische Vorgehen erörtert. Dieses untergliedert sich endsprechend des Forschungsinteresses in vier Abschnitte. Nachdem zunächst die Vorbereitung der Daten erörtert wird, folgt die Vitalitätsbeurteilung mit Hilfe von Vegetationsindizes sowie die Ermittlung der Schadklassengrenzwerte. Daran anschließend wird das methodische Vorgehen des *Ground Thruthings* und der damit verbundenen *Gap Fraction* Analyse vorgestellt. Die Methodik der Statistischen Auswertung findet sich im letzten Abschnitt.

4.1 Datengrundlage

Die Datengrundlage bilden in erster Linie die Sentinel-2-Satellitenbilder, welche aufgrund ihrer hohen räumlichen und spektralen Auflösung, ausgewählt wurden sowie die Forstbetriebskarte (FBK) und die Flächennutzungskarte (FNK) der RVR Ruhr Grün. Zur Ergänzung der Sentinel-2-Bilder wurden Digitale Orthophotos des RVR herangezogen. Hinzukommen OSM-Daten und SRTM-Daten. Auch ein Kartenlayer der Naturräumlichen Haupteinheiten Nordrhein-Westfalens sowie die Bodenlandschaften und Leitbodengesellschaften von NRW wurden genutzt. Sämtliche Daten werden im Folgenden genauer erläutert.

Sentinel-2-Satellitenbilder

Die Sentinel-2-Bilder wurden mit Hilfe des *CODE.de* Finder (https://finder.code-de.org) vom Copernicus Open Access Hub heruntergeladen. Dabei wurden sowohl auf Sentinel-2A- als auch auf Sentinel-2B-Satellitenbilder zurückgegriffen (siehe Tabelle 3). Die Daten wurden aus den Jahren 2018 bis 2020 mit einer Wolkenbedeckung von unter 10 % ausgewählt. Die Auswahl erfolgte entsprechend des Aufnahmedatums, sodass die phänologischen Unterschiede zwischen den Satellitenbildern möglichst gering sind. Auf diese Weise können phänologisch verursachte Vegetationsveränderung weitestgehend ausgeschlossen werden. Des Weiteren bietet der gewählte Aufnahmezeitraum (August) den Vorteil eines geringen spektralen Beitrags durch Unterholzvegetation, wodurch die Baumschicht bei den Untersuchungen im Fokus stehen. Für die Abdeckung des Untersuchungsgebiets wurden jeweils drei Kacheln benötigt. Da für die Jahre 2018 und 2019 eine Wolkenmaske erstellt werden musste (siehe Kapitel 4.3.1), wurden zwei zusätzliche Szenen der Kachel 32ULB, mit möglichst ähnlicher Phänologie zur Ursprungskachel, heruntergeladen.

Typ	Kachel / Feldnummer	Aufnahmedatum	Wolkenbedeckungsgrad
Sentinel-2A	32ULB	06. August 2018	8,4 %
Sentinel-2A	32ULB	27. Juli 2018	5,4 %
Sentinel-2A	32ULC	06. August 2018	0,7 %
Sentinel-2A	32UMC	06. August 2018	2,2 %
Sentinel-2B	32ULB	26. August 2019	2,9 %
Sentinel-2B	32ULB	23. August 2019	0,3 %
Sentinel-2B	32ULC	26. August 2019	0,2 %
Sentinel-2B	32UMC	26. August 2019	1,5 %
Sentinel-2A	32ULB	05. August 2020	0,2 %
Sentinel-2A	32ULC	05. August 2020	0,3 %
Sentinel-2A	32UMC	05. August 2020	4,4 %

Tabelle 3: Verwendete Satellitendaten mitsamt Satellitentyp, Kachel / Feldnummer, Aufnahmedatum sowie prozentualem Wolkenbedeckungsgrad, Quelle: Eigene Darstellung.

Digitale Orthophotos (DOP) des RVR

Unter Verwendung des Web Map Servers in ArcGIS Pro wurden die Digitalen Orthophotos des Regionalverbands Ruhr für die Jahre 2018, 2019 und 2020 geladen. Die Nutzung erfolgt kostenfrei über die entsprechende URL der einzelnen DOP des *Geonetztwerk Metropole Ruhr*, welche aus Tabelle 4 entnommen werden können.

Bezeichnung des Digitales Orthophotos	Uniform Ressource Locator (URL)
DOP 2018	https://geodaten.metropoleruhr.de/dop/dop_2018?
DOP 2019	https://geodaten.metropoleruhr.de/dop/dop_2019?
DOP 2020	https://geodaten.metropoleruhr.de/dop/dop_2020?

Tabelle 4: Verweise der verwendeten DOP nach Jahren und URL, Quelle: Eigene Darstellung.

4 Methodik

Forstbetriebskarte (FBK) des RVR Ruhr Grün

Für die Berücksichtigung des Bestandsalters wurden die vom RVR Ruhr Grün bereitgestellten Baumaltersklassen in Form eines Shapefiles verwendet. Die Datei beinhaltet das baumartenspezifische und -unspezifische Baumalter auf den einzelnen Schlägen des RVR Ruhr Grün in zwanzig Jahres Schritten. Baumartenunspezifische handelt es sich um die Altersklassen „0", „2", „4", „6", „8", „10", „12", „14" und „30", welche repräsentativ für die Alterspannen „bis 1 Jahr", „1 bis 20", „21 bis 40", „41 bis 60", „61 bis 80", „81 bis 100", „101 bis 120" und „121 bis 140" sowie „ab 141 Jahre" stehen. Des Weiteren in der Datei enthalten, sind Informationen hinsichtlich der Hauptbaumart der einzelnen Schläge. Darunter fallen die Baumarten „Fichte", „Kiefer", „Buche", „Eiche", „Douglasie", „Lärche", „Pappel" sowie andere Laubbäume mit niedriger Umtriebszeit („ALN") und andere Laubbäume mit hoher Umtriebszeit („ALH"). Bestände ohne Informationen bezüglich Alter und Baumart sowie „Blößen" sind ebenfalls erfasst. Bei dem Koordinatenreferenzsystem handelt es sich um ETRS89/UTM32. Alle in der Datei enthaltenen Informationen beruhen auf einer im April 2015 stattgefundenen Walderfassung.

Flächennutzungskartierung (FNK) des RVR Ruhr Grün

Die vom RVR Ruhr Grün zur Verfügung gestellte Flächennutzungskarte (FNK) beinhaltet sieben Nutzungsklassen zur Unterteilung verschiedener Waldbestände. Darunter finden sich die Klassen: „Laubwald", „Nadelwald", „Mischwald", „Gehölzbestände", „Baumgruppen und Baumreihen", „Aufforstung und Anpflanzung" sowie „Kahlschlag". Es handelt sich um ein Shapefile im Koordinatenreferenzsystem ETRS89/UTM32.

Open Street Map (OSM)-Daten

Bei den in dieser Arbeit verwendetet Open Street Map Daten handelt es sich um den ZIP-Ordern *nordrhein-westfalen-latest-free.shp*, welcher über die *Geofabrik* kostenfrei zur Verfügung steht. Dieser beinhaltet diverse auf Nordrhein-Westfalen zugeschnittene Daten-Auszüge aus dem Open-Street-Map-Projekt. Die Geofabrik ist ein auf OSM-Daten spezialisiertes Beratungs- und Softwareentwicklungsunternehmen, welches OSM-Daten im Shapefile oder OSM-Format zur

4 Methodik

Verfügung stellt. Die Daten sind in Geographischen Koordinaten (EPSG:4326) vorhanden und können unter folgendem Link aufgerufen werden: *https://download.geofabrik.de*.

Bodenlandschaften und Leitbodengesellschaften von NRW (1:200 000)

Die Bodenlandschaften und Leitbodengesellschaften von NRW werden vom Geologischen Dienst NRW im Shapefile-Format kostenfrei zur Verfügung gestellt. Dieses beinhaltet diverse forstliche Standortinformationen wie die Bodenlandschaft, die Leitbodengesellschaft, die Nutzbare Feldkapazität und die Kationenaustauschkapazität. Bei dem Georeferenzsystem handelt es sich um das projizierte Koordinatensystem ETRS89/UTM32.

Shuttle Radar Topography Mission (SRTM)-Daten

Shuttle Radar Topography Mission-Daten, kurz SRTM, wurden kostenfrei über den USGS Earth Explorer als GEO TIFF heruntergeladen. Diese werden im späteren Verlauf zur Erstellung eines Digitalen Geländemodells verwendet, um daraus die Faktoren Exposition und Hangneigung zu extrahieren. Der USGS Earth Explorer ist eine Website des U.S. Geological Survey, welche eine Vielzahl von landbezogenen Produkten kostenfrei zur Verfügung stellt. Für genauere Ansprüche an das Relief könnten zusätzlich auch Tandem-X Daten bzw. die NRW-landeseigenen Höhenmodelle genutzt werden.

Naturräumliche Haupteinheiten

Das Open-Government-Portal „*Open.NRW*" stellt den „Kartenlayer Naturräumliche Haupteinheiten" auf ihrer Website, unter dem Link „*https://open.nrw/dataset/9ef0d5e2-3ad8-45e2-8133-0950a115c266*", kostenfrei zur Verfügung. Es handelt sich um ein Shapefile im Koordinatenreferenzsystem ETRS89/UTM32. Dieser beinhaltet die räumliche Abgrenzung verschiedener naturräumlicher Einheiten Nordrhein-Westfalens nach geomorphologischen, geologischen sowie hydrologischen und bodenkundlichen Kriterien. Das Ergebnis sind *regionale Raumeinheiten* mit weitgehend einheitlicher Naturausstattung. Die letzte Aktualisierung der Daten erfolgte im November 2020.

4.2 Verwendete Software

Die im Rahmen der Arbeit durchgeführten Untersuchungen erfolgten in erster Linie über die ESRI Software ArcGIS Pro 2.7.0. Daneben wurden die Sentinel Application Platform (SNAP) der ESA (European Space Agency) 8.0.0 für die Datenvorbereitung verwendet. Während für die Nutzung von ArcGIS Pro der Erwerb einer Lizenz erforderlich ist, handelt es sich bei SNAP um eine für Endnutzer frei verfügbare Software. Für die anschließende statistische Analyse wurde vorwiegend auf das Programm R Studio sowie im kleineren Rahmen auf Microsoft Excel zurückgegriffen. Des Weiteren im Rahmen der Studie verwendet, wurde die kostenfreie Bilderbearbeitungssoftware CAN-EYE (Version 6.495), zur Extraktion und Auswertung von vegetativen Merkmalen aus Echtfarbbildern Falls kein Zugang zur kommerziellen Software ArcGIS vorliegt, können alle GIS-gestützten Arbeitsschritte auch innerhalb der frei zugänglichen GIS-Software QGis (https://www.qgis.org/de/site/) durchgeführt werden.

4.3 Methodisches Vorgehen

Der zur Beantwortung der Eingangsfragen herangezogene Arbeitsprozess kann in den folgenden sechs Arbeitsschritte zusammengefasst werden: Datenbeschaffung, Preprozessierung, Auswahl und Berechnung der Vegetationsindizes, Erstellung der Schadkarten, Durchführung des *Ground ThruThings* mit anschließender *Gap Fraction* Analyse sowie die abschließende Statistische Analyse, der im Rahmen der Schadkartenerstellung gewonnenen Ergebnisse (siehe Abbildung 3). Eine detaillierte Erörterung der einzelnen Arbeitsschritte folgt in den anschließenden Kapiteln. Die Flowchart in Abb. 3 soll eine Übertragung der Arbeitsschritte auch auf andere Untersuchungsgebiete ermöglichen und somit einen Leitfaden zur Ableitung von Schadkarten darstellen.

4 Methodik

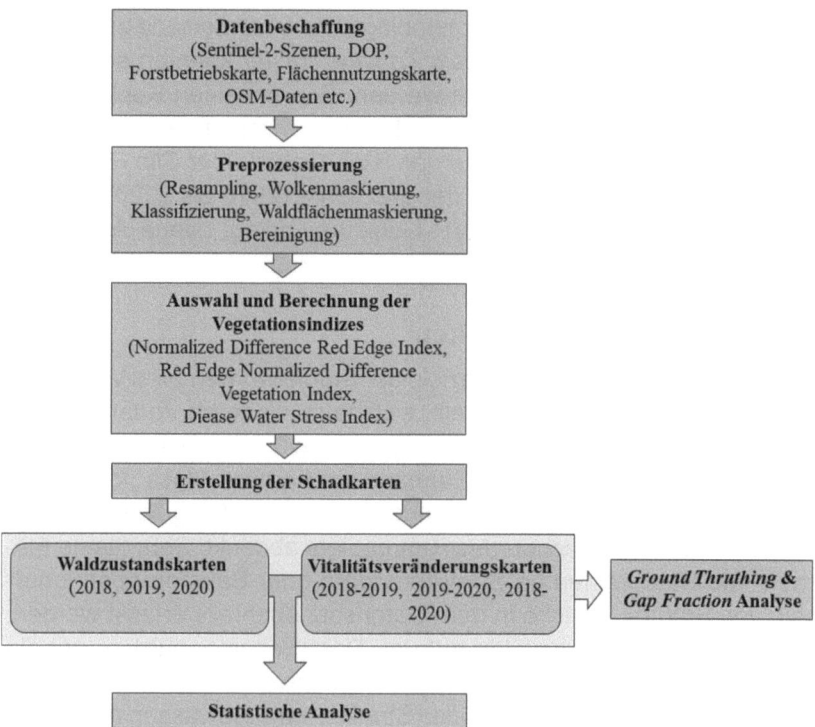

Abbildung 3: Workflowdiagramm des gesamten Arbeitsprozesses in sechs Arbeitsschritten, Quelle: Eigene Darstellung.

4.3.1 Vorbereitung der Daten

Jegliche Sentinel-2-Daten wurden im Vorfeld, mit Hilfe der Sentinel Application Platform (SNAP), einem *Resampling* unterzogen, so dass alle Bänder eine einheitliche Auflösung von zehn Metern aufweisen. Auf diese Weise konnten im weiteren Verlauf der Studie sämtliche Vegetationsindizes mit einer gleichwertigen Auflösung berechnet werden (siehe Kapitel 4.3.2). Anschließend wurden die einzelnen Sentinel-2-Szenen in ArcGIS Pro geladen, wo für zwei von neun Szenen eine Wolkenmaske erstellt wurde. Die Wolkenidentifizierung erfolgte durch eine visuelle Interpretation der Bilder unter Verwendung diverser Bandkombinationen. Die Wolken wurden mit Hilfe des *Clip*-Tools aus den Szenen ausgeschnitten und anschließend mit einem Referenzbild aufgefüllt. Dafür wurden zwei weitere Sentinel-2-Satellitenbilder mit einem zeitlichen Abstand von maximal zehn Tagen (3 Tagen bei 2019 und 10 Tage bei 2018) zu der wolkenmaskierten Szene heruntergeladen, um etwaige phänologische Unterschiede zu vermeiden. Mittels der Funktion *Mosaic To New Raster* konnten so lückenlose Sentinel-2-Bilder generiert werden. Die einzelnen Kacheln wurden dann entsprechend dem Aufnahmejahr miteinander verschnitten (*Mosaic to New Raster*) und auf das RVR-Gebiet über *Clip Raster* zugeschnitten, so dass für jedes der drei Jahre (2018 bis 2020) ein wolkenfreies Satellitenbild des RVR-Gebietes vorliegt (siehe Anhang 1, XV).

Erstellung der Waldmasken

Entsprechend des Forschungsziels der Studie wurden zwei Waldmasken des gleichen Gebiets erstellt, welche im weiteren Verlauf der Arbeit für verschiedene Zwecke eingesetzt wurden. Die erste Waldmaske („Waldmaske 1") wurde anhand der Feature-Class „forest" des OSM-Datensatzes „gis_osm_natural_free_1.shp" festgelegt, welcher die gesamten Waldflächen des Ruhrgebiets abdeckt. Sehr kleine Flächen, wie Baumreihen an Straßenrändern oder Baumgruppen innerhalb von Städten, welche in dem Datensatz ebenfalls erfasst werden, wurden aus der Waldmaske entfernt. Des Weiteren wurden, um die Ergebnisse nicht zu verfälschen und Mischpixel zu vermeiden, sämtliche Störfaktoren, wie Gebäude, Straßen und Gewässer mit einem jeweils individuell festgelegten *Buffer* unter Verwendung des *Erase*-Tools aus den Untersuchungsflächen ausgeschnitten. Die im Rahmen dessen verwendeten OSM-Daten lassen sich mitsamt *Buffer*-Wert aus Tabelle 5. entnehmen. Lediglich kleine Straßen und Wege, welche auf den Satellitenbildern kaum bis gar nicht erkennbar sind, wurden aus Gründen der Darstellung nicht entfernt. Im Anschluss erfolgte eine zusätzliche visuelle Überprüfung der Waldmaske, bei der sämtliche „Nicht-Wald-Flächen" manuell entfernt und die gesamten Waldflächen mit einem negativen *Buffer* bereinigt wurden, um ein optimales Ergebnis zu erzeugen. Zuletzt wurde die Größe (in Hektar), der in der Waldmaske enthaltenen Flächen, berechnet und sämtliche durch den *Buffer*-Prozess stark verkleinerte Flächen, von weniger als zwei Hektar, ebenfalls entfernt.

Die zweite Waldmaske („Waldmaske 2") dient im Speziellen zur späteren statistischen Analyse. Sie basiert auf der ersten Waldmaske („Waldmaske 1") und wurden zusätzlich auf die Forstbetriebskarte (FBK) des RVR begrenzt, um ausschließlich Flächen mit Informationen bezüglich des Bestandsalters und der Hauptbaumart zu

4 Methodik

berücksichtigen, welche die Grundlage der Statistischen Analyse bilden. Etwaige Flächen des FBK-Layers, zu denen keine Altersinformationen vorhanden sind, wurde ebenfalls aus den Untersuchungsflächen ausgeschlossen, da sie für die Fragestellung der Arbeit irrelevant sind.

Dabei handelte es sich in erster Linie um vorwiegend vegetationslose Flächen, wie ehemalige Abbaugelände, welche bereits zuvor großflächig, im Rahmen der ersten Waldmaskenerstellung, entfernt wurden. Des Weiteren wurden die bereits eliminierten Störfaktoren, um kleine Straßen und Wege, ergänzt und unter Berücksichtigung eines individuell festgelegten *Buffers* (siehe Tabelle 5) ebenfalls entfernt.

Die daraus resultierenden „Waldmasken 1 und 2"wurden im nächsten Schritt dafür verwendet, um die Sentinel-2-Satellitenbilder (2018, 2019 und 2020) mit Hilfe des *Clip Raster*-Tools zuzuschneiden.

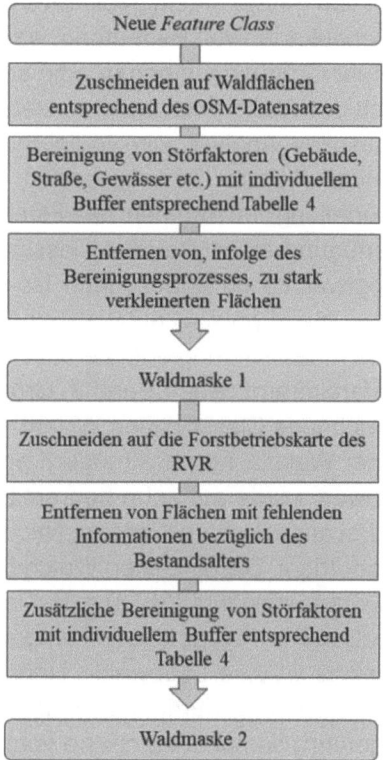

Abbildung 4: Workflowdiagramm der Waldmaskenerstellung, Quelle: Eigene Darstellung.

Störfaktor	*Buffer*-Wert (in Metern)
Waldflächen	-30
Straßen, Gleise & Schienen	20
Flüsse & Gewässer	10
Gebäude und sonstige Gelände	10
(Kleine Straßen und Wege)	*(10)*

Tabelle 5: Verwendete Buffer-Werte der für die Waldflächenmasken berücksichtigten Störfaktoren in Metern, Quelle: Eigene Darstellung.

Klassifizierung

Um die einzelnen Waldtypen im Rahmen der Vitalitätsbeurteilung voneinander trennen zu können, wurde anhand der zuvor erstellten Waldmaske 1 eine Klassifizierung in ArcGIS Pro durchgeführt, so dass eine Unterteilung in Nadel- und Laubwald vorliegt. Unter Berücksichtigung der unterschiedlich ausfallenden multispektralen Reflexion von Laub- und Nadelbäumen ist die Unterscheidung dieser zur Vermeidung von Fehlinterpretationen von größter Wichtigkeit. Dies ist in erster Linie für die Erstellung der Schadkarten von Bedeutung, welche über die Waldflächen des RVR Ruhr Grün hinaus gehen, und somit keinerlei Informationen hinsichtlich der Waldtypenzusammensetzung vorliegen. Bei der späteren statistischen Analyse wird lediglich auf die zum RVR Ruhr Grün gehörenden Flächen zurückgegriffen, für welche bereits eine Waldtypenunterteilung im Rahmen der Flächennutzungskartierung (FNK) zur Verfügung steht. Bei der Klassifizierung handelt es sich um eine Unüberwachte objektbezogene Iso-Cluster-Klassifizierung mit drei Klassen: „Nadelwald", „Laubwald" und „Freifläche" (siehe Anhang 2, XVIII). Die Klassifizierung erfolgte auf Grundlage der Satellitenbilder in Falschfarbinfrarot (Rot = Band 8, Grün = Band 4, Blau = Band 3) mit Hilfe des Image Classfiication Wizard, um etwaige Unterschiede innerhalb der Waldflächen bestmöglich erfassen zu können. Die Anzahl der Klassen wurde auf zehn begrenzt und anschließend entsprechend den drei angestrebten Klassen „Nadelwald", „Laubwald" und „Freifläche" zugeordnet. Die einzelnen Waldtypen wurden aus der Klassifizierung des Ursprungsjahrs (2018) extrahiert (Extract by Attributes) und anschließend in Polygon-Layer umgewandelt (Raster to Polygon). Das Ergebnis ist eine Laubwald-, Nadelwald- und Freiflächenmaske. Die Klassifizierung wurde gezielt anhand des Ausgangsjahres 2018 durchgeführt, da somit sämtliche vom Ausgangsjahr abweichende Veränderungen, in Form von neu auftretenden Freiflächen

4 Methodik

innerhalb der Laub- und Nadelwaldflächen, in den Schadkarten erkennbar werden.

4.3.2 Vitalitätsbeurteilung

Die Vitalitätsbeurteilung erfolgt mittels auf Vegetationsindizes basierenden Schadkarten des zu untersuchenden Gebiets. Im Rahmen dessen wurde im Vorfeld eine gründliche Recherche bezüglich der Eignung verschiedener Indizes durchgeführt, bei welcher insgesamt 22 Indizes in ArcGIS Pro berechnet und gegeneinander abgewogen wurden. Eine vollständige Auflistung der geprüften Indizes findet sich im Angang 3, XIX). Nach mehreren Versuchen wurde die Anzahl, der zur Erstellung der Schadkarten berücksichtigten Vegetationsindizes, auf drei begrenzt. Bei den ausgewählten Indizes handelt es sich um den *Normalized Difference Red Edge Index (NDRE)*, den *Disease Water Stress Index (DSWI)* und den *Red Edge Normalized Difference Vegetation Index (RENDVI)*.

Um die Zusammenhänge zwischen den ausgewählten Indizes zu prüfen, wurde in R Studio eine Pearson Korrelationsanalyse durchführt. Überprüft wurden die Zusammenhänge zwischen dem DSWI und dem NDRE, dem NDRE und dem RENDVI sowie dem DSWI und RENDVI. Um ein möglichst repräsentatives Ergebnis zu erhalten, wurde die Stichprobenanzahl entsprechend der Grundgesamtheit auf 4.341.551 festgelegt. Das Ziehen der Stichproben erfolgte systematisch, sodass jeder Pixel berücksichtigt werden konnte. Da die Ergebnisse entscheidend für das weitere methodische Vorgehen sind, erfolgt die Darlegung dieser, entsprechend des Umstandes, nicht wie üblich im Ergebniskapitel.

Die Ergebnisse weisen einen stark positiven Korrelationskoeffizienten von über 0,7 auf. Die positive Beziehung zwischen den Vegetationsindizes deutet darauf hin, dass sich die Indizes weitestgehend simultan verhalten. Um zu ermitteln, ob die Korrelation zwischen den Indizes signifikant ist, wurde, unter Berücksichtigung der Nullhypothese *„Es bestehen keine Zusammenhänge zwischen den Vegetationsindizes"*, ein t-Test mit einem Konfidenzintervall von 0,95 durchgeführt. Entsprechend des p-Werts kann die Nullhypothese abgelehnt und stattdessen angenommen werden, dass Zusammenhänge

4 Methodik

zwischen den Vegetationsindizes bestehen. Die exakten Werte können aus Tabelle 6 entnommen werden.

Korrelation	Korrelationskoeffizient r	p-Wert
NDRE & DSWI	0,8316386	<2,2e-16
NDRE & RENDVI	0,9840781	<2,2e-16
DSWI & RENDVI	0,8423861	<2,2e-16

Tabelle 6: Korrelationskoeffizienten der ausgewählten Vegetationsindies mit zugehörigen p-Werten, Quelle: Eigene Darstellung.

Um die Ergebnisse in Form eines Streudiagramms übersichtlich darstellen zu können, wurde der Stichprobenumfang für die Darstellung (siehe Abbildungen 5-7) auf 1500 begrenzt. Die Korrelationskoeffizienten unterscheiden sich nur äußerst geringfügig von den in Tabelle 5 angegeben Werten, bei Berücksichtigung der gesamten Grundgesamtheit, sodass die Abbildung 3, 4 und 5 repräsentativ für die Grundgesamtheit betrachtet werden können.

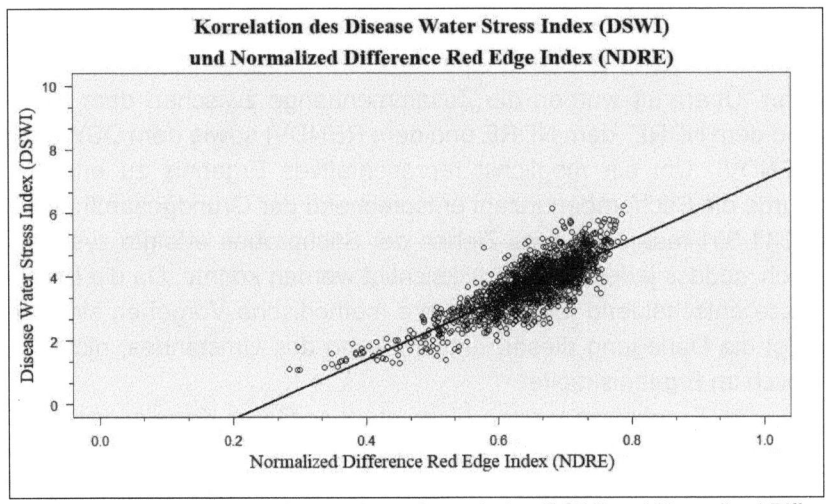

Abbildung 5: Korrelation des Diease Water Stress Index (DSWI) und Normalized Difference Red Edge Index (NDRE) mit Trendlinie, Quelle: Eigene Darstellung.

4 Methodik

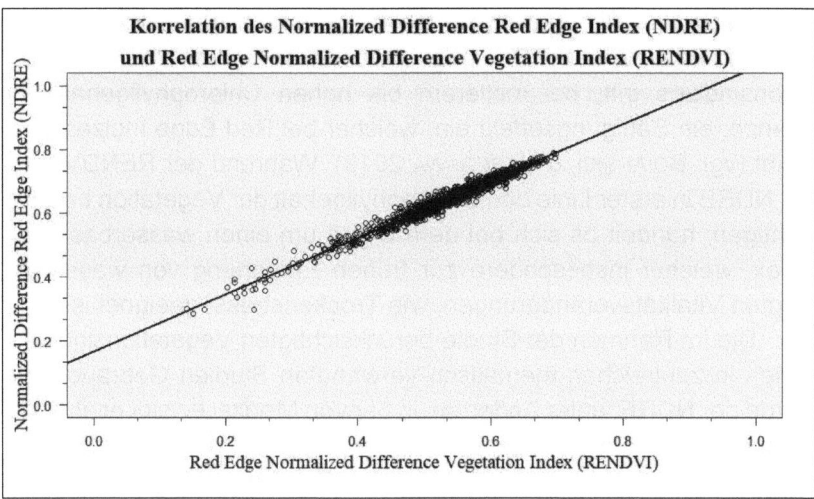

Abbildung 6: Korrelation des Normalized Difference Red Edge Index (NDRE) und Red Edge Normalized Difference Vegetation Index (RENDVI) mit Trendlinie, Quelle: Eigene Darstellung.

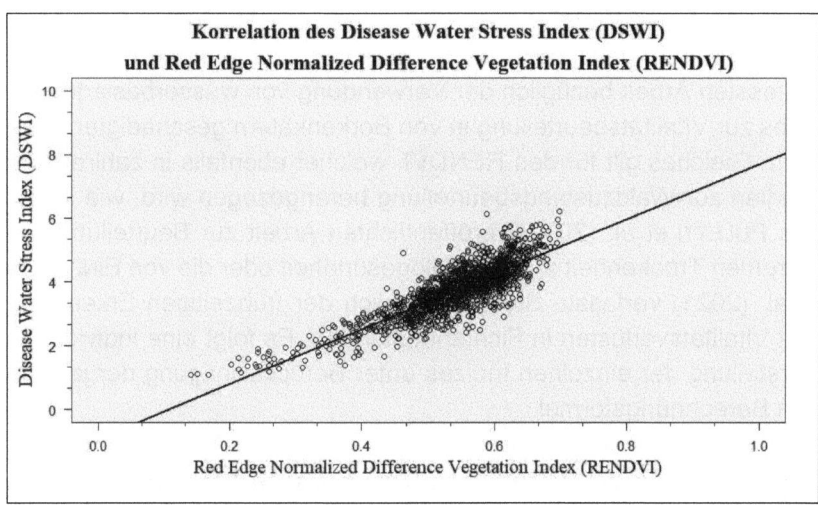

Abbildung 7: Korrelation des Disease Water Stress Index (DSWI) und Red Edge Normalized Difference Vegetation Index (RENDVI) mit Trendlinie, Quelle: Eigene Darstellung.

Die Auswahl der Indizes richtete sich nach der jeweiligen Eignung zur Klärung der Forschungsfrage. So wurden gezielt zwei *Red Edge Indizes* ausgewählt, welche im Gegensatz zu herkömmlichen

59

4 Methodik

Vegetationsindizes, deutlich sensibler gegenüber des Chlorophyllgehalts der Pflanzen sind. Bei einer Vielzahl von herkömmlichen Vegetationsindizes tritt, bei mittlerem bis hohen Chlorophyllgehalt der Pflanze, ein Sättigungseffekt ein, welcher bei Red Edge Indizes ausbleibt (vgl. BOIARSKII, & HASEGAWA 2019). Während der RENDVI und der NDRE in erster Linie den Chlorophyllgehalt der Vegetation berücksichtigen, handelt es sich bei dem DSWI um einen wasserbasierten Index, welcher insbesondere zur frühen Erkennung von wasserbedingten Vitalitätsveränderungen, wie Trockenstress, geeignet ist.

Die im Rahmen der Studie berücksichtigten Vegetationsindizes, finden in zahlreichen thematisch verwandten Studien Gebrauch. So wurde der NDRE, unter Anderem, in der von MODZELEWSKA et al. 2017 veröffentlichten Studie, bezüglich seiner Eignung zur Vitalitätsbeurteilung von Waldbeständen, mit positivem Ergebnis geprüft. Zuvor belegten bereits im Jahr 2011 EITEL et al. die Vorteile des NDRE gegenüber des häufig verwendeten NDVI zur Waldzustandsbeurteilung. Der DSWI findet insbesondere zur Vitalitätsbeurteilung von unter Trockenstress leidenden Wäldern gebraucht, wie in der Studie von BOCHENEK et al. aus dem Jahr 2017, als auch in der von ABULLAH et al. 2018 verfassten Arbeit bezüglich der Verwendung von wasserbasierten Indizes zur Vitalitätsbeurteilung in von Borkenkäfern geschädigten Wäldern. Gleiches gilt für den RENDVI, welcher ebenfalls in zahlreichen Studien zur Waldzustandsbeurteilung herangezogen wird, wie in der von PULETTI et al. (2019) veröffentlichten Arbeit zur Beurteilung der extremen Trockenheit auf die Waldgesundheit oder die von EINZMANN et al. (2021) verfasste Studie bezüglich der frühzeitigen Erkennung von Vitalitätsverlusten in Fichtenbeständen. Es folgt eine individuelle Vorstellung der einzelnen Indizes unter Berücksichtigung der jeweiligen Berechnungsformel.

Der Normalized Difference Red Edge Index (NDRE)

1994 von GITELSON & MERZLYAK entwickelt, dient der Normalized Difference Red-Edge Index als Maß für die photosynthetischen Aktivität und steht in direktem Zusammenhang mit der Dichte und Vitalität der Vegetationsbedeckung. Da der Index den Chloropyllgehalt der Vegetation berücksichtigt, eignet er sich zur Ermittlung von verschiedenen Stressfaktoren wie Wassermangel und Schädlingsbefall (vgl. ZARCO-TEJADA et al. 2019).Obwohl er dem weit verbreitetem NDVI

(Normalized Difference Vegetation Index) sehr ähnelt, eignet er sich aufgrund seiner Berücksichtigung des Red-Edge-Bandes vor allem besser für die Vegetationsbeurteilung der mittleren bis späten Vegetationsperiode, wenn der Chlorpohyllgehalt der Pflanzen bereits sehr hoch ist. Im Gegensatz zum NDVI lassen sich unter Verwendung des NDRE auch bei maximalem Chlorophyllgehalt der Vegetation verlässliche Ergebnisse erzielen, da das Licht im Bereich des Red-Edge-Bandes tiefer in die Vegetation eindringen kann als das herkömmliche Rot (vgl. BOIARSKII, & HASEGAWA 2019; HEITEL et al. 2011). Die Berechnung erfolgt durch den Quotienten der Differenz der Reflexionsgrade (ρ) des Nahen-Infrarot-Bandes (8a) und des Red Edge-Bandes (5) sowie deren Summe.

$$NDRE = \frac{\rho NIR - \rho Red\ Edge}{\rho NIR + \rho Red\ Edge}$$

Das Werteintervall reicht von -1 bis 1, wobei höhere Werte einen höheren Chlorophyllgehalt symbolisieren (vgl. LYUBENOVA RAEVA et al. 2018).

Der Disease Water Stress Index (DSWI)

Der Disease Water Stress Index ermittelt den Wassergehalt der Vegetation und eignet sich damit effektiv zur Erkennung von Trockenstress bei Pflanzen sowie zur Erkennung von durch Trockenheit verursachten Veränderungen auf Waldökosysteme. Aufgrund seines Bezugs zum Wassergehalt der Pflanze findet er insbesondere zur Trockenstresserkennung von Laubbäumen, welche gegenüber Trockenheit oftmals weniger resistent als Nadelbäume sind, häufig Verwendung. Er stellt außerdem einen nützlichen Indikator für die Charakterisierung von Waldstandorten dar, um feuchte, frische und trockene Standorte voneinander zu trennen (vgl. BOCHENEK et al. 2017). Der Index wurde 2005 von GALVÃO et al. entwickelt und setzt sich in seiner Berechnung aus vier verschiedenen Multispektralbändern zusammen. Die Berechnung erfolgte entsprechend der unten genannten Formel unter Verwendung der Bänder 3 (Grün), 4 (Rot), 8 (NIR) und 11 (SWIR).

$$DSWI = \frac{\rho NIR - \rho Green}{\rho SWIR\ 1 + \rho Red}$$

Die Werte können von 0 bis 10 reichen, wobei geringere Werte ein höheres Wasserstresslevel repräsentieren.

Der Red Edge Normalized Difference Vegetation Index (RENDVI)

Der Red Edge Normalized Difference Vegetation Index stellt, durch die Berücksichtigun des Red-Edge-Bands, eine Optimierung des herkömmlichen Normalized Difference Vegetation Index (NDVI) dar. Durch diese Ergänzung erlangt er eine höhere Empfindsamkeit gegenüber vegetativen Vitalitätsveränderungen, weshalb er Anwendung zur Überwachung von Wäldern im Zusammenhang mit Pflanzenstress findet (vgl. GITELSON & MERZLYAK 1994; SIMS & GAMON 2002). Der Index wurde 1994 von GITELSON & MERZLYAK entwickelt und weist einen Wertebereich von -1 bis 1 auf, wobei grüne Vegetation üblicherweise Werte zwischen 0,2 und 0,9 einnimmt. Durch die Berücksichtigung des Red Edge-Kanals überwindet der RENDVI den schnell eintretenden Sättigungseffekt des herkömmlichen NDVI, welcher insbesondere beim Erreichen des maximal Chlorophyllgehalts gegen Ende der Vegetationsphase auftritt (vgl. SIMS & GAMON 2002). Die Berechnung erfolgt entsprechend der folgenden Formel unter Verwendung der Bänder 6 (NIR) und 5 (Red Edge).

$$RENDVI = \frac{\rho NIR - \rho Red\ Edge}{\rho NIR + \rho Red\ Edge}$$

Berechnung der Schadkarten

Auf Grundlage der zuvor ausgewählten Vegetationsindizes wurden zwei verschiedene Schadkartentypen erstellt. Diese spiegeln den Vitalitätszustand der Untersuchungsflächen mit Hilfe von sorgfältig festgelegten Schadklassen wieder. Entsprechend des Untersuchungszeitraums, von 2018 bis 2020, fügen sich die einzelnen Schadkarten zu einer Zeitreihe zusammen. Dabei handelt es sich um die Waldzustandskarten der Jahre 2018, 2019 und 2020, welche den aktuellen Vitalitätszustand des jeweiligen Jahres repräsentieren, sowie die Vitalitätsveränderungskarten der Zeiträume 2018-2019, 2019-2020 und 2018-2020, welche die prozentuale Vitalitätsveränderungen darstellen. Das methodische Vorgehen zur Erstellung der beiden Schadkartentypen wird im Folgenden genauer erörtert.

4 Methodik

Erstellung der Waldzustandskarten

Die Waldzustandskarten der Jahre 2018 bis 2020 repräsentieren den aktuellen Vitalitätszustand der einzelnen Jahre. Sie basieren auf den zuvor berechneten Vegetationsindizes, welche mit Hilfe des *Reclassify*-Tools in verschiedene Schadklassen unterteilt wurden. Die Anzahl der Schadklassen wurde nach mehrfachen Versuchen auf vier Klassen begrenzt. Da die multispektrale Reflexion je nach Waldtyp unterschiedlich stark ausfällt, wurde an dieser Stelle zwischen Laub- und Nadelwald unterschieden – insbesondere auch um die bisher noch weniger auffälligen Laubwaldschäden hervorzuheben. Die im Vorfeld auf die „Waldmaske 1" zugeschnittenen Sentinel-2-Szenen wurden an dieser Stelle, mit Hilfe der aus der Klassifizierung gewonnenen Waldtypenmasken, erneut zugeschnitten, sodass Laub- und Nadelwald getrennt re-klassifiziert werden konnten. Die Bestimmung der Grenzwerte orientierte sich stark an der Nahinfrarotdarstellung der verwendeten Satellitenbilder sowie den Orthophotos. Angesichts der unterschiedlichen Wertespannen der einzelnen Indizes, welche aufgrund ihrer verschiedenen Ausrichtungen und Verhaltensweisen nicht auf einen einheitlichen Wertebereich normalisiert werden können, erfolgte die Festlegung der Grenzwerte für jeden Index individuell.

4 Methodik

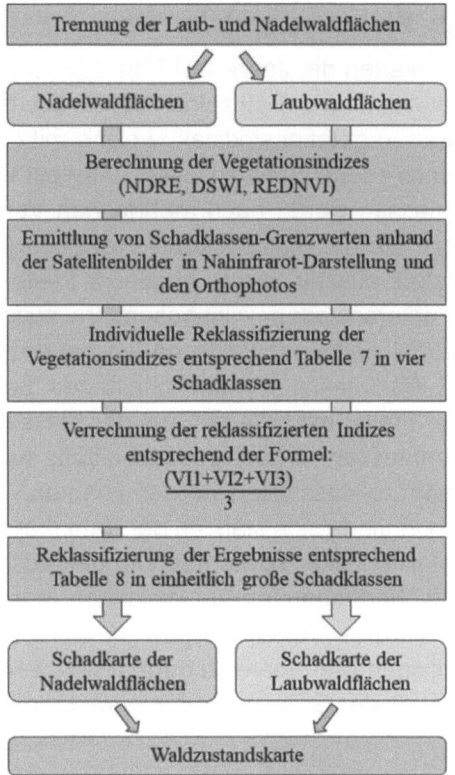

Abbildung 8: Workflowdiagramm zur Erstellung der Waldzustandskarten, Quelle: Eigene Darstellung.

Um Veränderungen in der Vitalität korrekt bestimmen und kategorisieren zu können, bedurfte es des Hinzuziehens von Referenzwerten, wie Orthofotos und Falschfarbbildern. Im Rahmen der vorliegenden Studie wurde zudem noch ein *Ground Thruthing* durchgeführt (siehe Kapitel 4.3.3), welches eine zusätzliche Überprüfung, als auch eine darauf aufbauende Anpassung, der Grenzwerte ermöglichten. Auf diese Weise konnten die verschiedenen Vitalitätsstufen erkannt und effektiv voneinander getrennt werden. Mittels des *Reclassify*-Tools erfolgte eine Einteilung in folgende vier Schadklassen: „Stark geschädigt", „Geschädigt", „Gestresst" und „Vital". Die zugehörigen Grenzwerte können anhand von Tabelle 7 nachvollzogen werden.

4 Methodik

Start-& Endwerte der Laubwaldflächen						
Vitalitätsklasse	NDRE		DSWI		RENDVI	
Stark geschädigt	-1	0,615	0	3	-1	0,49
Geschädigt	0,615	0,685	3	4	0,49	0,572
Gestresst	0,685	0,715	4	4,3	0,572	0,6
Vital	0,715	1	4,3	10	0,6	1
Start-& Endwerte der Nadelwaldflächen						
Vitalitätsklasse	NDRE		DSWI		RENDVI	
Stark geschädigt	-1	0,44	0	1,6	-1	0,32
Geschädigt	0,44	0,57	1,6	2,75	0,32	0,455
Gestresst	0,57	0,62	2,75	3,6	0,455	0,51
Vital	0,62	1	3,6	10	0,51	1

Tabelle 7: Grenzwerte der Laub- und Nadelwaldflächen der verwendeten Indizes zur Ermittlung der Vitalitätsklassen, Quelle: Eigene Darstellung.

Im Anschluss erfolgte die Verrechnung der re-klassifizierten Indizes mit Hilfe des *Raster Calculator*, wobei die Laub- und Nadelwaldflächen weiterhin getrennt behandelt und somit separat verrechnet wurden. Die einzelnen Indizes wurden entsprechend der Jahre addiert und anschließend durch ihre Summe dividiert:

$$\frac{(VI1 + VI2 + VI3)}{3}$$

Die daraus resultierenden Rasterlayer der Laub- und Nadelwaldflächen wurden anschließend ein letztes Mal re-klassifiziert um vier einheitlich große Schadklassen zu erhalten. Die zugehörigen Grenzwerte sind für beide Waldtypen gleich und können aus Tabelle 8 entnommen werden. Durch das anschließende Zusammenfügen der Laub- und Nadelwaldkarten ergeben sich flächendeckende Waldzustandskarten der Jahre 2018, 2019 und 2020.

Vitalitätsklasse	Startwert	Endwert
Vital	1	1,75
Gestresst	1,751	2,5
Leicht geschädigt	2,51	3,25
Stark geschädigt	3,251	4

Tabelle 8: Grenzwerte zur Erstellung der einheitlich großen Schadklassen, Quelle: Eigene Darstellung.

Erstellung der Vitalitätsveränderungskarten

Die Vitalitätsveränderungskarten stellen die prozentuale Vitalitätsveränderung innerhalb des Untersuchungszeitraums dar. Sie basieren, genauso wie die Waldzustandskarten, auf den zuvor berechneten Vegetationsindizes unter Verwendung der anhand von „Waldmaske 1" zugeschnittenen Sentinel-2-Szenen. Bevor die einzelnen Indizes zur Erstellung der Vitalitätsveränderungskarte miteinander verrechnet werden können, ist eine Reklassifizierung der einzelnen Indizes in Veränderungsklassen notwendig. Da an dieser Stelle Veränderungen in der Vitalität ermittelt werden sollen, wurden zunächst die prozentualen Veränderungen zwischen den zu untersuchenden Jahren berechnet, um so die Indizes zu normalisieren.

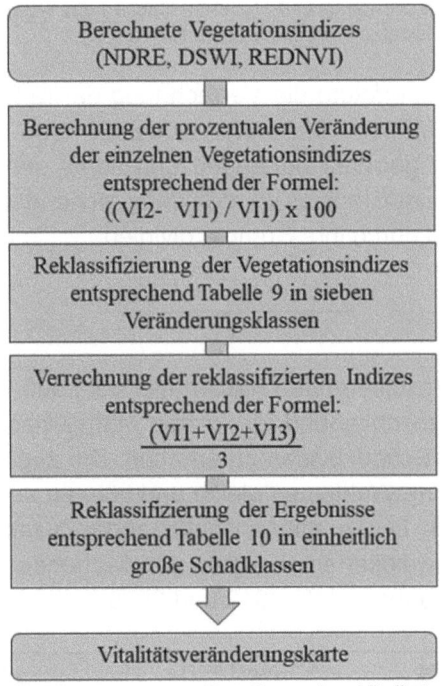

Abbildung 9: Workflowdiagramm zur Erstellung der Vitalitätsveränderungskarten, Quelle: Eigene Darstellung.

Unter Verwendung des *Raster Calculators* wurde dafür folgende Formel genutzt:

$$\frac{VI2 - VI1}{VI1} * 100$$

VI1 und VI2 stellen dabei die betreffenden Jahre dar, für welche die prozentuale Veränderung ermittelt werden soll. Die prozentuale

Veränderung wurde, entsprechend der Zeiträume 2018-2019, 2019-2020 und 2018-2020, für jeden der drei Vegetationsindizes berechnet. Im Anschluss erfolgt die Reklassifizierung der Indizes. Dafür werden die zuvor berechneten Rasterlayer der prozentualen Veränderungen herangezogen und mit dem *Reclassify*-Tool entsprechend der in Tabelle 9 aufgelisteten Grenzwerte in sieben Veränderungsklassen eingeteilt: *„Starke Vitalitätsabnahme", „Mittlere Vitalitätsabnahme", „Leichte Vitalitätsabnahme", „Gleichbleibend", „Leichte Vitalitätszunahme", „Mittlere Vitalitätszunahme" und „Starke Vitalitätszunahme"*. Da die Indizes im Vorfeld durch die Berechnung der prozentualen Veränderung normalisiert wurden, ist eine Trennung von Laub- und Nadelwaldflächen nicht notwendig. Zudem ermöglicht die Normalisierung eine einheitliche Reklassifizierung der Indizes, so dass für jeden der ausgewählten Vegetationsindizes die gleichen Schadklassen-Grenzwerte verwendet werden konnten.

Veränderungsklasse	Startwert (in Prozent)	Endwert (in Prozent)
Starke Vitalitätsabnahme	Min.	-50
Mittlere Vitalitätsabnahme	-50	-15
Leichte Vitalitätsabnahme	-15	-5
Gleichbleibend	-5	5
Leichte Vitalitätszunahme	5	15
Mittlere Vitalitätszunahme	15	50
Starke Vitalitätszunahme	50	Max.

Tabelle 9: Grenzwerte der Laub- und Nadelbaumflächen zur Erstellung der Vitalitätsveränderungskarten in Prozent und der dazugehörigen Veränderungsklasse, Quelle: Eigene Darstellung.

Es folgt die anschließende Verrechnung der Indizes mit Hilfe des *Raster Calculator*, wobei die reklassifizierten Indizes des jeweiligen Jahres addiert und anschließend durch ihre Summe dividiert werden.

$$\frac{(VI1 + VI2 + VI3)}{3}$$

Die daraus resultierenden Rasterlayer der Jahre 2018-2019, 2019-2020 und 2018-2020 wurden im Anschluss ein letztes Mal reklassifiziert, um so sieben gleich große Schadklassen zu erhalten. Die zugehörigen Grenzwerte können aus Tabelle 10 entnommen werden. Durch die anschließende Verwendung des *Majority Filters* werden die

Ergebnisse generalisiert und somit eine übersichtlichere Kartendarstellung erzeugt.

Veränderungsklasse	Startwert	Endwert
Starke Vitalitätsabnahme	1	1,86
Mittlere Vitalitätsabnahme	1,861	2,72
Leichte Vitalitätsabnahme	2,721	3,58
Gleichbleibend	3,581	4,44
Leichte Vitalitätszunahme	4,441	5,3
Mittlere Vitalitätszunahme	5,31	6,16
Starke Vitalitätszunahme	6,161	7

Tabelle 10: Grenzwerte zur Erstellung der einheitlich großen Schadklassen, Quelle: Eigene Darstellung.

4.3.3 Ground Thruthing & Gap Fraction Analyse

Die in der Arbeit gewonnen Ergebnisse wurden im Rahmen eines *Ground Truthings* mit Hilfe *Hemisphärischer Fotografien* überprüft und dokumentiert. Die Geländebegehung erfolgte entsprechend der Aufnahmedaten der Satellitenbilder gegen Anfang bis Mitte September, um eine möglichst hohe phänologische Übereinstimmung zu gewährleisten. Die Auswahl der Standorte richtete sich nach den Ergebnissen der Waldzustandskarte 2020 unter Berücksichtigung der Vitalitätsveränderungskarte 2018-2020 (siehe Anhang 6, XXVII). Es wurden jeweils mindestens drei Standorte der insgesamt acht Schadklasse (entsprechend der Trennung von Laub- und Nadelwaldflächen) aufgesucht und fotografisch dokumentiert. Aufgrund der zu gewährleistenden Erreichbarkeit der Standorte konnte bei der Standortauswahl nicht auf ein rein statistisches Verfahren zurückgegriffen werden. Um möglichst viele Standorte mit möglichst geringem Zeitaufwand aufsuchen zu können, wurden die *Ground Truthing*-Standorte visuell entsprechend der Entfernung zu Straßen und Gehwegen, der Nähe zueinander sowie entsprechend der Hangneigung ausgesucht. Auf diese Weise konnten, trotz der zeitlichen Begrenzung infolge des bevorstehenden Blattabwurfs und der kurzen Verfügbarkeit der Ausrüstung, insgesamt 28 Standorte an vier Tagen, innerhalb von drei Waldgebieten, fotografisch dokumentiert werden.

Bei der Auswahl der Standorte wurde neben der Waldzustandskarte 2020 außerdem die Vitalitätsveränderungskarten 2018-2020 und 2019-2020 berücksichtigt. Durch das Abgleichen der

4 Methodik

Schadklassen der Waldzustandskarte mit denen der Vitalitätsveränderungskarten, konnten gezielt Standorte aufgesucht werden, welche in den letzten Jahren in der Vitalität abgenommen haben. Dies betrifft insbesondere Standorte der Kategorien „gestresst" und „geschädigt", welche in den Waldzustandskarten aufgrund von unumgänglichen Einflussfaktoren, wie offenem Boden, fälschlich als geschwächt eingestuft werden können. Die Berücksichtigung beider Schadkartentypen hingegen, ermöglicht eine zweifellose Bestimmung des Vitalitätszustandes.

Die Hemisphärische Fotografie stellt eine Möglichkeit zur Abschätzung des Lückenanteils im Kronendach, der *Gap Fraction* dar. Durch die Aufnahme der Fotos mit Hilfe eines Fischaugenobjektivs aus der Untersicht, konnten die Bilder im Nachhinein unter Verwendung der Bilderverarbeitungssoftware CAN EYE bearbeitet und eine *Gap Fraction* Analyse durchgeführt werden. Das weitwinklige Fischaugenobjektiv ermöglichte eine großflächige Erfassung des Kronendachs, wodurch alle Himmelsrichtungen gleichzeitig sichtbar sind. Um die Fotos später korrekt analysieren zu können, mussten die Aufnahmen unter möglichst ähnlichen Bedingungen erfolgen. So wurden sämtliche Fotos nach Norden ausgerichtet und in einer Höhe von circa 1,30 m über dem Boden aufgenommen. Perspektivische Fotos, welche bei hohem Wolkenbedeckungsgrad, ohne Regen oder direkter Sonneneinstrahlung, aufgenommen wurden, sind potenziell am besten für die weitere Analyse geeignet, da bei ihnen die Trennung von Vegetation und Himmel am einfachsten ist. Aus diesem Grund wurden die Aufnahmen möglichst unter bewölkten Bedingungen aufgenommen. Bei der verwendeten Kamera handelt es sich um eine Canon 5D mit einem Zenit Zenitar (3,5/8mm) Fischaugenobjektiv.

Für jede der acht Schadklassen wurde jeweils ein Beispielfoto ausgewählt und mithilfe der Bilderverarbeitungssoftware CAN-EYE analysiert. Die Auswertung erfolgte mittels eines interaktiven Klassifizierungsprozesses, durch die Trennung des Vegetationsanateils vom Anteil des unverdeckten Himmels unter dem Kronendach, in zwei Klassen. Das Verhältnis zwischen den beiden Klassen repräsentiert die *Gap Fraction* der jeweiligen Schadklasse. Das Ergebnis dient zur Veranschaulichung und Unterstreichung der in der Arbeit ermittelten Schadklassen.

4.3.4 Statistische Auswertung

Das bisherige methodische Vorgehen diente zur Ermittlung des Waldzustandes sowie der stattgefundenen Vitalitätsveränderungen. Mit Hilfe der Schadkarten können demnach leidlich Aussagen bezüglich der Vitalitätsklassen oder der Vitalitätsveränderungsklassen innerhalb des Untersuchungsgebietes getroffen werden. Zusätzlich dazu, soll anschließend im Rahmen einer statistischen Analyse herausgefunden werden, ob und durch welche Variablen die Vitalität beeinflusst wird. Somit sollte ermittelt werden, ob ein Zusammenhang zwischen verschiedenen Einflussvariablen und der Vitalität besteht und wie diese Zusammenhänge definiert werden können. Weiterhin soll mithilfe der statistischen Auswertung geprüft werden, ob und inwiefern ein Zusammenhang zwischen der Vitalität und der Altersstruktur der Bäume besteht. Für die Analyse verwendet, wurde das Statistikprogramm R Studio. Bei den berücksichtigten Variablen handelt es sich neben dem Bestandsalter um die Hauptbaumart, den Waldtyp, die Nutzbare Feldkapazität, die Kationenaustauschkapazität, die Hangneigung und die Exposition. Als abhängige Variable wurde die Vitalitätsveränderungskarte 2018 bis 2020 ausgewählt. Die für die statistische Analyse ausgewählten Daten wurden zunächst unter Verwendung von R Studio extrahiert und im Tabellenformat gespeichert. Dafür verwendet wurden die auf die „Waldmaske 2" zugeschnittenen Layer. Die Anzahl der zur Extraktion der Daten verwendetet Stichproben, wurde entsprechend der Pixelanzahl der Vitalitätsveränderungskarte 2018-2020, auf 885.381 festgelegt, um so ein möglichst repräsentatives Ergebnis zu erlangen. Das Ziehen der Stichproben erfolgte systematisch, sodass jeder Pixel berücksichtigt werden konnte. Entsprechend der unterschiedlichen Skalierungen und Verteilungen der Daten, wurden im Rahmen der statistischen Analyse, je nach Variable, auf verschiedene Testverfahren zurückgegriffen. Zudem wurde die abhängige Variable Vitalität im Vorfeld mit Hilfe des Shapiro-Wilk-Tests auf Normalverteilung getestet. Die Nullhypothese *„Die Variable der Vitalitätsveränderungen 2018-2020 ist normalverteilt."* musste verworfen und die Alternativhypothese *„Es ist keine Normalverteilung der Variable der Vitalitätsveränderungen 2018-2020 gegeben."* angenommen werden.

Für die ordinalskalierten Variablen Hangneigung, Bestandsalter, Nutzbare Feldkapazität und Kationenaustauschkapazität wurden

4 Methodik

demnach zunächst eine Spearman Rangkorrelationsanalyse durchgeführt, um statistische Zusammenhänge zwischen den einzelnen Variablen und den Vitalitätsveränderungen zu ermitteln (siehe Abbildung 10). Um die Korrelationsergebnisse in Form eines Streudiagramms übersichtlich darstellen zu können, wurde der Stichprobenumfang für die anschließende Darstellung (siehe Abbildungen 23-26) auf 1000 begrenzt.

Anschließend wurde eine multiple lineare Regressionsanalyse durchgeführt und überprüft, ob die Vitalitätsveränderungen durch die ordinalskalierten Variablen Hangneigung, Bestandsalter, Nutzbare Feldkapazität und Kationenaustauschkapazität vorhergesagt werden können, welche die endogenen Variablen darstellen. Die Vitalitätsveränderungen 2018-2020 wurde demnach als endogene Variable eingesetzt.

Mit Hilfe des Kruskal-Wallis-Test wurde im Anschluss eine Varianzanalyse durchgeführt, bei der sämtliche Variablen, sowohl die ordinalskalierten als auch nominalskalierten Daten, in Zusammenhang mit der Vitalitätsveränderung auf gleiche Mittelwerte geprüft wurden. Dies schließt neben den ordinalskalierten Variablen Hangneigung, Exposition, Bestandsalter, Nutzbare Feldkapazität und Kationenaustauschkapazität außerdem noch die Variablen Hauptbaumart und Waldtyp ein. Die graphische Darstellung der Daten erfolgte mit der Bibliothek *ggplot*.

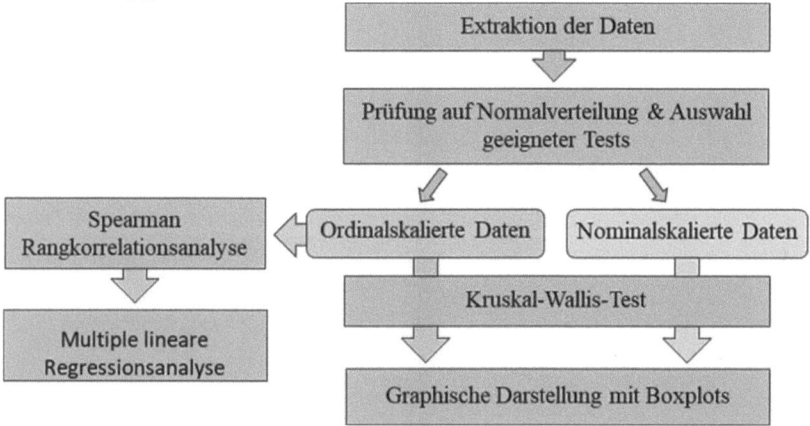

Abbildung 10: Workflowdiagramm der wesentlichen Arbeitsschritte in R Studio, Quelle: Eigene Darstellung.

4 Methodik

Um statistisch vergleichende Aussagen bezüglich der Waldzustände 2018, 2019 und 2020 treffen zu können, erfolgte, basierend auf den im Rahmen der Studie erstellten Schadkarten, neben der statistischen Analyse in R Studio, außerdem eine kleinere statistische Auswertung der Waldzustandskarten mit Hilfe des ArcGIS Pro-Tools *Zonal Statistics as Table*. Es wurden die prozentualen Flächenanteile der einzelnen Vitalitätsklassen der Jahre 2018, 2019 und 2020 mit Hilfe von Microsoft Excel ermittelt und anschließend graphisch dargestellt. Um bei der Beurteilung des Waldzustandes zwischen Laub- und Nadelwaldflächen unterscheiden zu können, wurde zudem noch der Waldtyp berücksichtigt.

5 Ergebnisse

Das folgende Kapitel dient der Vorstellung der im Rahmen der Studie gewonnen Ergebnisse. Diese werden entsprechend der Reihenfolge des methodischen Vorgehens vorgestellt, sodass zunächst die Ergebnisse der Waldzustandskarten und der Vitalitätsveränderungskarten folgen. Im Anschluss werden die Ergebnisse der im Zusammenhang mit dem *Ground Thruthing* durchgeführten *Gap Fraction* Analyse vorgestellt. Die Ergebnisse der Statistischen Auswertung bildet den Abschluss des Kapitels.

5.1 Vorstellung der Schadkarten

Da eine detaillierte Beschreibung, der im Rahmen der Studie erstellten Schadkarten, aufgrund der Größe des Untersuchungsgebietes nicht möglich ist, werden im Folgenden lediglich die wichtigsten Ergebnisse der jeweiligen Schadkarten zusammengetragen. Aus Gründen der Darstellung als auch aufgrund des großen Ergebnisumfanges, erfolgt eine detailliertere Ergebnisdarlegung anhand der Beispielgebiete „Die Haard" und „Hagen". Die Schadkarten des gesamten Untersuchungsgebietes befinden sich dementsprechend im Anhang (siehe Anhang 4 und 5, XXI-XVI). Die Beispielgebiete wurden entsprechend ihres Waldzustandes ausgewählt. Während der Waldzustand in der „Haard" verhältnismäßig gut ausfällt, ist der Zustand in „Hagen" auffallend schlechter im Verhältnis zu den restlichen Untersuchungsflächen.

Im Folgenden werden nun zunächst die wichtigsten Ergebnisse der Waldzustandskarten zusammengetragen, bevor eine detailliertere Beschreibung anhand der ausgewählten Beispielgebiete erfolgt. Gleiches gilt für die daran anschließende Ergebnisvorstellung der Vitalitäts-veränderungskarten.

5.1.1 Waldzustandskarten 2018, 2019 und 2020

Obwohl der Großteil der RVR-Waldflächen im Jahr 2018 als vital gilt, weisen diverse Waldgebiete großflächig gestresste bis stark geschädigte Flächen auf, wobei insbesondere die Vitalitätsklassen „Gestresst", „Geschädigt" und „Stark geschädigt" mit einer starken Streuung einhergehen (siehe Abbildung 11). Wenngleich sich großflächig gestresste Waldflächen primär im Norden des Untersuchungsgebietes lokalisieren lassen, zeichnet sich der durchschnittliche Waldzustand in eben diesen Bereichen durch verhältnismäßig weniger geschädigte Flächen aus. Dies äußert sich in Form einer stärkeren Ausprägung an geschädigten bis stark geschädigten Flächen in den restlichen RVR-Waldflächen. Auffällig sind insbesondere die im Süden und Westen liegenden Untersuchungsflächen, die neben gestressten und geschädigten mehrere stark geschädigte Bereiche beinhalten.

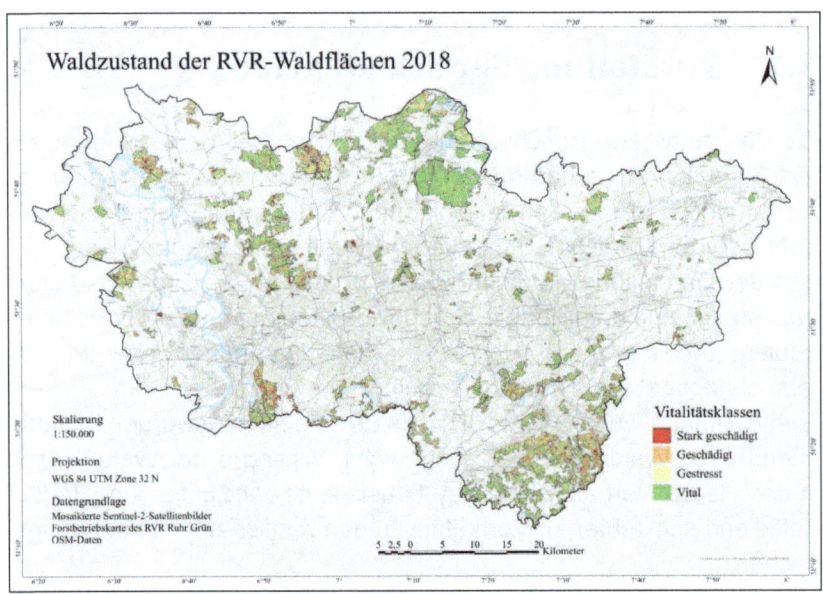

Abbildung 11: Waldzustand der RVR-Waldflächen 2018, Quelle: Eigene Darstellung.

Entsprechend Abbildung 13 unterscheidet sich der allgemeine Waldzustand im Jahr 2019 nur geringfügig von dem des Vorjahres. Obwohl nach wie vor eine Vielzahl der Flächen als gestresst bis stark geschädigt gilt, überwiegt der Anteil der gesunden Waldflächen im Allgemeinen. Während der Anteil der stark geschädigten Flächen im Süden des Untersuchungsgebietes leicht zugenommen hat, sind die Anteile der geschädigten als auch insbesondere die der gestressten Waldflächen gesunken. Im Vergleich zum vorherigen Jahr ist zudem eine Zunahme der Vitalitätsklassen „Gestresst" bis „Stark geschädigt" im Osten des RVR-Gebietes zu beobachten. Da die dort vorhandenen Waldflächen jedoch nur einen kleinen Anteil der Gesamtfläche ausmachen, ist der Einfluss eben jener Waldflächen auf den gesamten Waldzustand eher gering. Gleiches kann jedoch auch im Westen des Untersuchungsgebietes beobachtet werden. Dennoch weist der Waldzustand 2019 weder eine deutliche Verschlechterung noch eine deutliche Verbesserung der Vitalität gegenüber dem Vorjahr auf. Vielmehr hat eine Umverteilung der einzelnen Klassenanteilen stattgefunden, wobei sich der Zustand im nördlich gelegenen zentralen Bereich des Untersuchungsgebietes am wenigsten verändert hat.

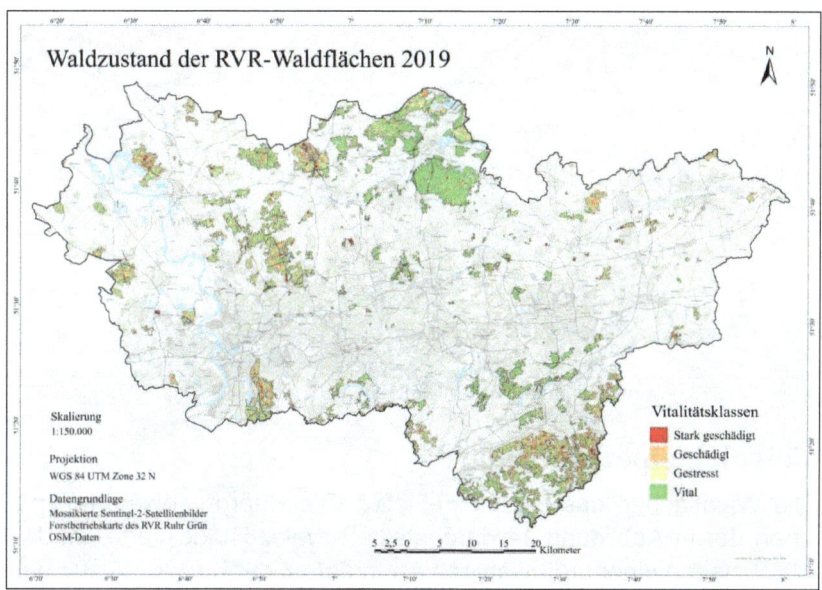

Abbildung 12: Waldzustand der RVR-Waldflächen 2019, Quelle: Eigene Darstellung.

Während der Anteil an stark geschädigten Waldflächen vielerorts abgenommen hat, hat sich der Zustand im Süden es Untersuchungsgebietes, explizit im Südosten, deutlich verschlechtert (siehe Abbildung 13). Die Anteile der stark geschädigten Waldflächen sind dort gegenüber den Vorjahren 2018 und 2019 auffallend gestiegen. Des Weiteren ist ein starker Rückgang der geschädigten als auch - in kleinerem Maß - der gestressten Waldflächen zu verzeichnen, sodass der

5 Ergebnisse

Anteil der gesunden Waldflächen insgesamt zugenommen hat. Dementsprechend zeichnet sich der Waldzustand 2020, trotz mehreren gestressten bis stark geschädigten Waldflächen, vor allem durch die Veränderungsklasse „Vital" aus und weist insgesamt, gegenüber den Vorjahren 2018 und 2019, eine höhere Vitalität auf.

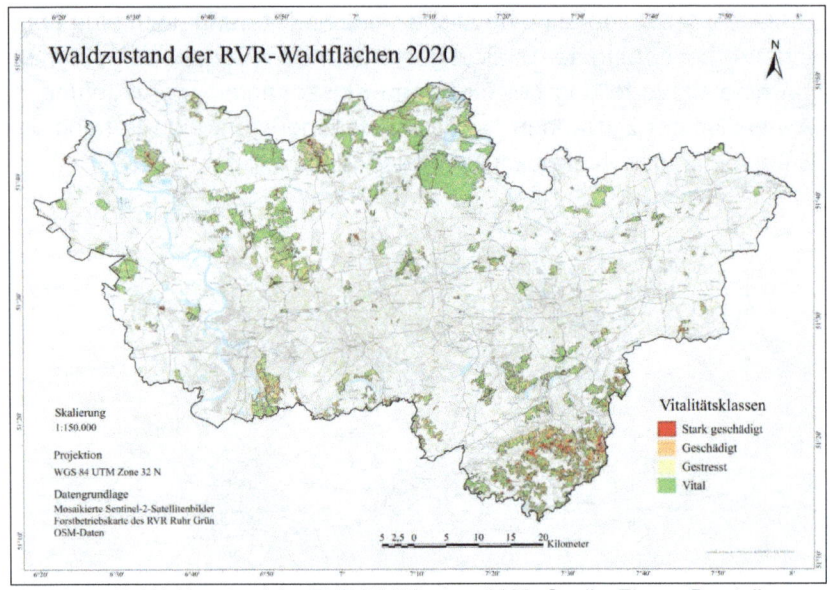

Abbildung 13: Waldzustand der RVR-Waldflächen 2020, Quelle: Eigene Darstellung.

Beispielgebiet „Die Haard"

Die Waldflächen des Beispielgebietes „Die Haard" weisen, entsprechen der in Abbildung 14 dargestellten Waldzustandskarte, im Jahr 2018, neben einer großflächigen Ausprägung der Klasse „Vital", mehrere gestresste bis vereinzelt stark geschädigte Waldflächen auf. Die Vitalitätsklasse „Gestresst", welche verhältnismäßig häufig vorkommt, weist eine hohe Streuung innerhalb des Beispielgebietes auf. Insgesamt kann in der östlichen Hälfte der „Haard" ein vermehrtes Auftreten von gestressten und geschädigten Flächen beobachtet werden, während in der westlichen Hälfte der Anteil an vitalen Waldflächen überwiegt.

Entsprechend Abbildung 14, können die Waldflächen des Beispielgebietes „Die Haard" im Jahr 2019 ebenfalls vorwiegend als „Vital" eingestuft werden. Über das Gebiet verstreut treten erneut vereinzelt Bereiche der Klassen „Gestresst" bis „Stark geschädigt" auf, wobei insbesondere die stark geschädigten Waldflächen, mit Ausnahme einer größeren zusammenhängenden Fläche im südlichen Norden des Untersuchungsgebietes, verhältnismäßig gering ausfallen. Der Anteil an gestressten als auch geschädigten Waldflächen hat im Verhältnis zum Vorjahr 2018 abgenommen.

Der Waldzustand 2020 zeichnet sich in der „Haard" großflächig durch die Klasse „Vital" aus, welche, verhältnismäßig zu den restlichen drei Vitalitätsklassen, deutlich häufiger vorkommt. Kleinere Bereiche des Gebietes können als „Gestresst", „Geschädigt" sowie „Stark geschädigt" eingestuft werden, wovon die östliche Hälfte des Untersuchungsgebietes stärker betroffen ist als die Westliche. Während der Anteil der geschädigten Waldflächen gegenüber dem Vorjahr abgenommen hat, ist der Flächenanteil der Klasse „Gestresst" weitestgehend gleichgeblieben. Erneut am wenigsten vertreten ist die Vitalitätsklasse „Stark geschädigt", welche sich genauso wie im Jahr 2019, durch in erster Linie durch eine verhältnismäßig große Fläche im südlichen Norden der „Haard" bemerkbar macht. Dennoch kann in dem Beispielgebiet „Die Haard" ab 2019 ein höherer Anteil an vitalen Waldflächen beobachtet werden.

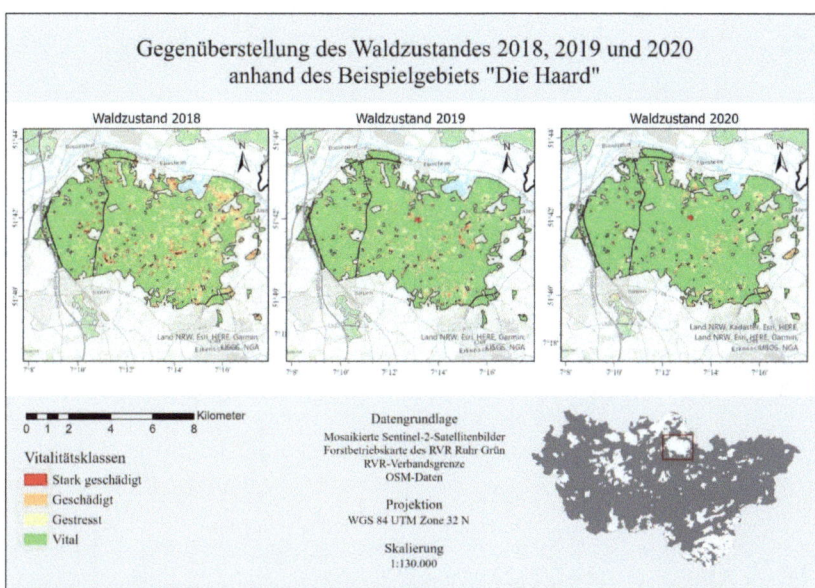

Abbildung 14: Gegenüberstellung des Waldzustandes 2018, 2019 und 2020 anhand des Beispielgebiets „Die Haard", Quelle: Eigene Darstellung.

Beispielgebiet „Hagen"

Das Beispielgebiet „Hagen" weist im Jahr 2018, entsprechend der in Abbildung 15 dargestellten Waldzustandskarte, einen relativ großen Anteil an „gestressten" bis „stark geschädigten" Flächen auf. Der Anteil der „vitalen" Waldflächen kann in Etwa auf die Hälfte der Gesamtflächen geschätzt werden. Der Flächenanteil der Klasse „Stark geschädigt" fällt verhältnismäßig geringer aus und kann in erster Linie in der östlichen Hälfte des Untersuchungsgebietes verortet werden. Abgesehen von einem geringeren Aufkommen „geschädigter" Flächen im Südwesten des Beispielgebietes, sind keine weiteren räumlichen Dynamiken erkennbar.

Auch im Jahr 2019, weist das Gebiet „Hagen" einen deutlich erhöhten Anteil an „gestressten" bis „stark geschädigten" Waldflächen gegenüber dem Vorjahr auf (siehe Abbildung 15). Der Waldflächenanteil der Klasse „Gestresst" fällt mit Abstand am geringsten aus, während jener der Klasse „Vital" am höchsten ausfällt. Die Waldflächen der Vitalitätsklassen „Geschädigt" und „Stark Geschädigt" nehmen zusammen eine ähnlich große Fläche, wie die vitalen Waldflächen ein. Lediglich der Südwesten des Beispielgebietes zeichnet sich nach wie vor durch weniger starke Vitalitätsschäden aus.

5 Ergebnisse

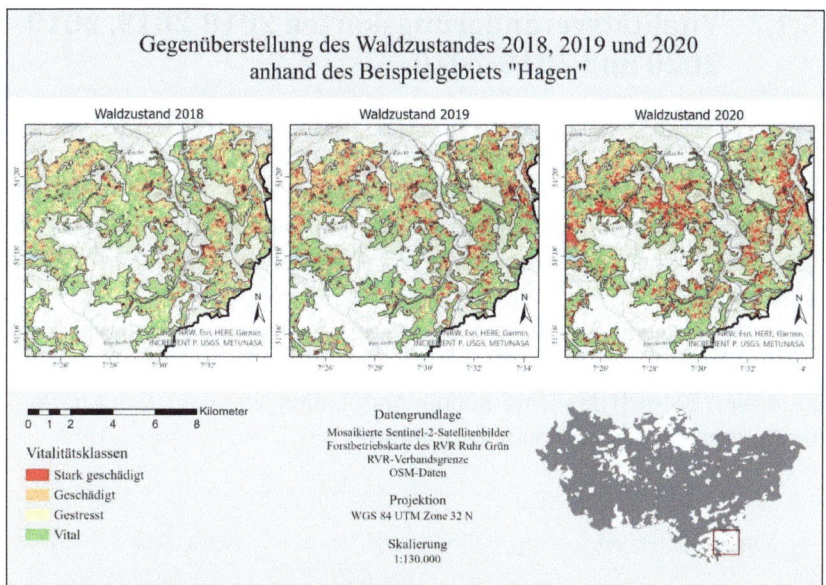

Abbildung 15: Gegenüberstellung des Waldzustandes 2018, 2019 und 2020 anhand des Beispielgebiets „Hagen", Quelle: Eigene Darstellung.

Entsprechend Abbildung 15, ist der Waldzustand des Gebietes „Hagen" im Jahr 2020, vor allem durch einen hohen Anteil an „Stark geschädigten" Waldflächen geprägt. Somit hat sich der Zustand der Waldflächen weiter verschlechtert. Nichtsdestotrotz kann ein erheblicher Anteil des Gebietes nach wie vor der Klasse „Vital" zugeordnet werden. Auch die Vitalitätsklasse „Geschädigt" ist über das Gebiet häufig verteilt, wenn auch in geringerem Ausmaß als die Klasse „Stark geschädigt". Während der Anteil der gestressten Waldflächen im Jahr 2018, verhältnismäßig zu den anderen Jahren, noch recht hoch ausfällt, werden diese in den Folgejahren durch die Vitalitätsklassen „Geschädigt" und „Stark geschädigt" abgelöst, sodass der Waldzustand trotz relativ gleichbleibenden Anteilen der Klasse „Vital", insgesamt abnimmt. Der Anteil der „stark geschädigten" Flächen nimmt von 2018 bis 2020 von Osten nach Westen hin zu.

5.1.2 Vitalitätsveränderungskarten 2018-2019, 2019-2020 und 2018-2020

Die Vitalitätsveränderungen der RVR-Waldflächen des Zeitraums von 2018 bis 2019, zeichnen sich, entsprechend Abbildung 16, vorwiegend durch leichte bis mittlere Vitalitätszu- als auch Abnahmen aus. Dennoch kann der Großteil der Waldflächen der Veränderungsklasse „Gleichbleibend" zugeordnet werden. Die restlichen Klassen weisen eine starke Streuung innerhalb des Untersuchungsgebietes auf. Während im Osten und Südosten des Gebietes vorwiegend Vitalitätsabnahmen beobachtet werden können, überwiegt im nördlich gelegenen zentralen Bereich des Untersuchungsgebietes, wenn auch nur geringfügig, der Anteil der Vitalitätszunahmen.

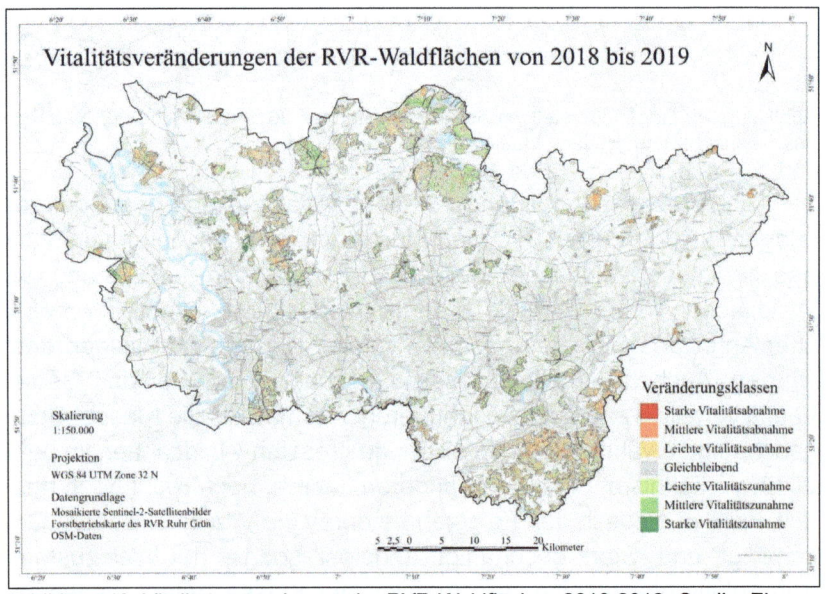

Abbildung 16: Vitalitätsveränderung der RVR-Waldflächen 2018-2019, Quelle: Eigene Darstellung.

In den darauffolgenden Zeitraum von 2019 bis 2020 wird das Gebiet großflächig von Vitalitätszunahmen geprägt (siehe Abbildung 17). Diese reichen von leichten und mittleren bis zu vereinzelt sogar starken Vitalitätszunahmen. Vitalitätsabnahmen hingegen, finden sich vorwiegend im Südosten des Untersuchungsgebiets wieder, wo

5 Ergebnisse

großflächige Bereiche in die Veränderungsklasse „Starke Vitalitätsabnahme" fallen. Obwohl nach wie vor, über das RVR-Gebiet gestreut, vereinzelt Flächen mit leichten bis mittleren Vitalitätsabnahmen auftreten, zeugt die Vitalitätsveränderungskarte 2019-2020, trotz der starken Vitalitätsabnahme im Südosten des Gebietes, in erster Linie von einer Vitalitätszunahme.

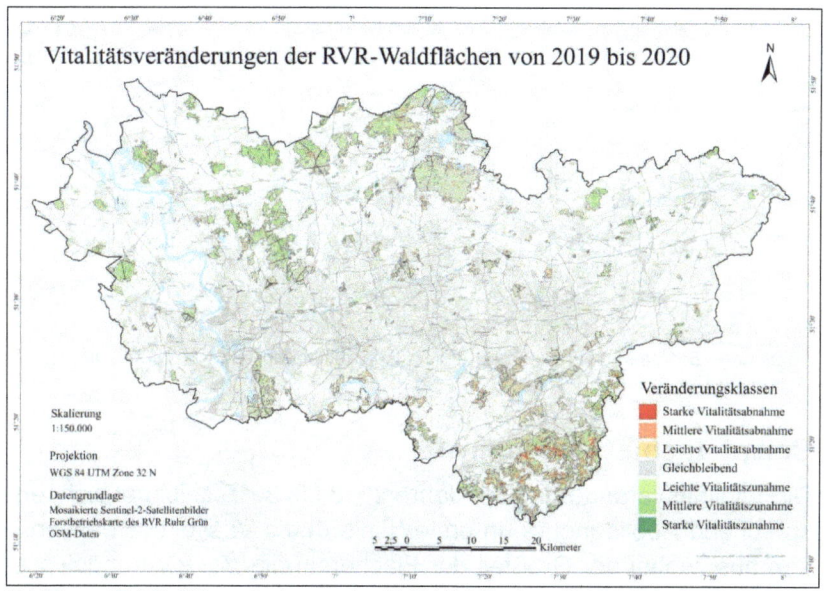

Abbildung 17: Vitalitätsveränderung der RVR-Waldflächen 2019-2020, Quelle: Eigene Darstellung.

Durch die Betrachtung der in Abbildung 18 dargestellten Vitalitätsveränderungskarte, können die langfristig stattgefundenen Vitalitätsveränderungen der gesamten Untersuchungszeitraums von 2018 bis 2020 nachvollzogen werden. Dementsprechend kann in der nördlichen Hälfte des Untersuchungsgebiet eine deutliche Vitalitätszunahme seit 2018 beobachtet werden, welche besonders im Westen stark ausfällt, wohingegen der Südosten des RVR-Gebietes großflächige Vitalitätsabnahmen aufweist. Somit kann, trotz des nach wie vor großen Anteils an Waldflächen der Klasse „Gleichbleibend", im Großteil des Untersuchungsgebiets von einer Vitalitätszunahme ausgegangen werden mit vereinzelten starken Vitalitätsabnahmen im Südosten des Untersuchungsgebietes.

5 Ergebnisse

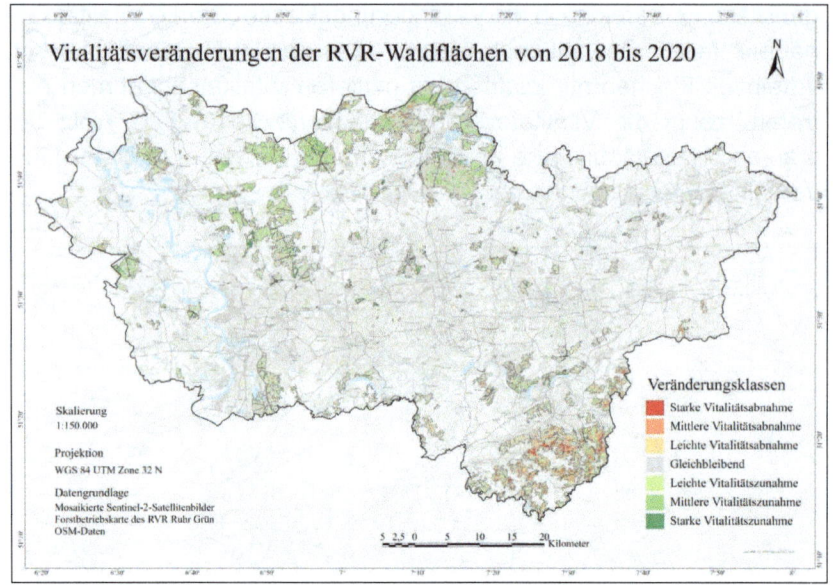

Abbildung 18: Vitalitätsveränderung der RVR-Waldflächen 2018-2020, Quelle: Eigene Darstellung.

Beispielgebiet „Die Haard"

Die Vitalitätsveränderung der Jahre 2018 bis 2019 zeichnet sich, entsprechend Abbildung 19, in erster Linie durch Vitalitätsverbesserungen aus, wobei der Großteil der Flächen in die Veränderungsklasse „Gleichbleibend" fällt. Verschlechterungen sind insbesondere in Form der Veränderungsklassen „Leichte Vitalitätsabnahme" und „Mittlere Vitalitätsabnahme" erkennbar. Diese konzentrieren sich im Westen sowie im südlichen Norden des Beispielgebietes. „Starke Vitalitätsabnahmen" fallen am geringsten aus und konzentrieren sich primär in einer Waldfläche relativ mittig, im nördlich gelegenen zentralen Bereich, der „Haard".

Auch die Vitalitätsveränderung der Jahre 2019 bis 2020 ist, neben der vorherrschenden Veränderungsklasse „Gleichbleibend", vor allem durch Vitalitätszunahmen geprägt, wobei es sich primär um „Leichte Vitalitätszunahmen" handelt (siehe Abbildung 19). Vitalitätsabnahmen sind in erster Linie durch die Klasse „Mittlere Vitalitätsabnahme" vertreten und konzentrieren sich gegensätzlich zum vorherigen Zeitraum vorwiegend auf die äußeren nördlichen, östlichen und

5 Ergebnisse

südlichen Randgebiete der „Haard". „Starke Vitalitätsabnahmen" haben von 2019 auf 2020 kaum stattgefunden. Lediglich vereinzelte kleinere Waldflächen im Norden und Westen des Beispielgebietes weisen eine „Starke Vitalitätsabnahme" auf. Gleiches gilt für „Mittlere" bis „Starke Vitalitätszunahmen", welche im Vergleich zum vorherigen Zeitraum von 2018 bis 2019 deutlich geringer ausfallen. Die Vitalitätsveränderungen des Zeitraums 2019 bis 2020 sind demnach, gegenüber dem vorherigen Zeitraum, insgesamt weniger negativ ausgefallen.

Bei der Betrachtung von Abbildung 19, welche den gesamten Untersuchungszeitraumes von 2018 bis 2020 darstellt, kann eine deutliche Vitalitätszunahme erkannt werden. Obwohl nach wie vor der Großteil der Flächen der Veränderungsklasse „Gleichbleibend" zugeteilt werden kann, ist der Anteil der Vitalitätszunahmen gegenüber den Vitalitätsabnahmen um ein Vielfaches größer. Nur wenige vereinzelte Waldflächen in der „Haard" haben in den Jahren von 2018 bis 2020 eine „leichte" bis „mittlere Vitalitätsabnahme" erfahren, wobei die Verteilung gestreut ausfällt. „Starke Vitalitätsabnahmen" sind ebenfalls nur vereinzelt vertreten, wobei sich das größte zusammenhängende Gebiet der Veränderungsklasse „Starke Vitalitätsabnahme" im nördlich gelegenen zentralen Bereich der „Haard" befindet.

5 Ergebnisse

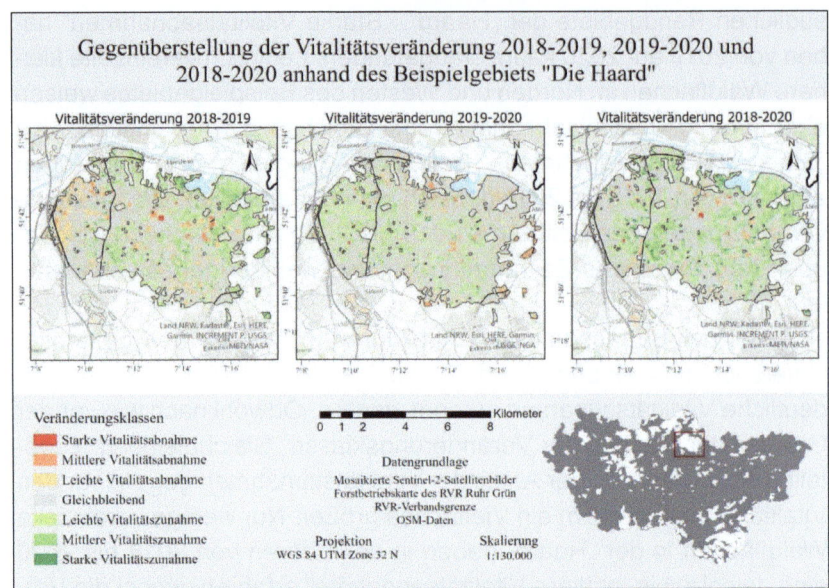

Abbildung 19: Gegenüberstellung der Vitalitätsveränderung 2018-2019, 2019-2020 und 2018-2020 im Beispielgebiet „Die Haard", Quelle: Eigene Darstellung.

Beispielgebiet „Hagen"

Bei der Betrachtung der Vitalitätsveränderungskarte von 2018 bis 2019 in Abbildung 20 sind vor allem, die in der nördlichen Hälfte des Beispielgebietes auftretenden Vitalitätsverschlechterungen auffällig, welche von „Leichten Vitalitätsabnahmen" bis hin zu „Starken Vitalitätsabnahmen" reichen, wobei die leichten bis mittleren Vitalitätsabnahmen überwiegen. Obwohl über das Gebiet „Hagen" verstreut vereinzelte Waldflächen mit leichten Vitalitätszunahmen auftreten, ist der Anteil der Flächen mit mittleren bis starken Vitalitätszunahmen äußerst gering. Der Anteil der Flächen, die in die Klasse „Gleichbleibend" fallen, entspricht in etwa dem Flächenanteil der Vitalitätsveränderungen, so dass bei circa 50 % der Flächen des Beispielgebietes „Hagen" eine Vitalitätsveränderung beobachtet werden kann.

5 Ergebnisse

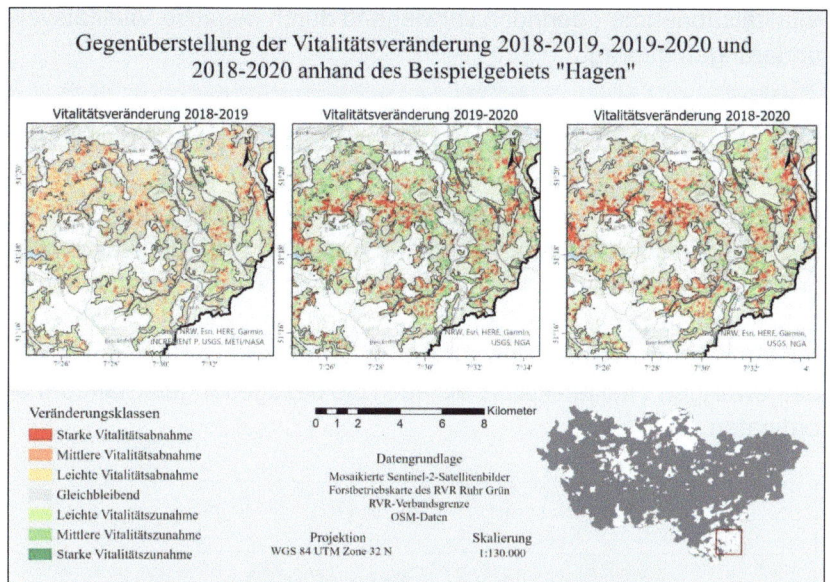

Abbildung 20: Gegenüberstellung der Vitalitätsveränderung 2018-2019, 2019-2020 und 2018-2020 im Beispielgebiet „Hagen", Quelle: Eigene Darstellung.

Der darauffolgende Zeitraum von 2019 bis 2020 zeigt, gegenüber den davorliegenden Jahren 2018 bis 2019, deutlich stärkere Vitalitätszu- als auch Abnahmen (siehe Abbildung 20). Der Anteil der Waldflächen, der in die Veränderungsklasse „Gleichbleibend" fällt, liegt unter dem Anteil der Waldflächen mit Vitalitätsveränderungen, wobei Flächen mit „Mittlerer Vitalitätszunahme" als auch Flächen mit „Starker Vitalitätsabnahme" den größten Anteil ausmachen. „Starke Vitalitätszunahmen" fallen hingegen nach wie vor gering aus, wobei das Beispielgebiet von 2019 bis 2020 eine positive Vitalitätsveränderung im nördlichen Randbereich aufweist. Nichtsdestotrotz haben sich die Vitalitätsabnahmen auffallend verstärkt.

Die Veränderungskarte von 2018 bis 2020, welche die Veränderungen des gesamten Untersuchungszeitraumes zusammenfasst, wird in erster Linie durch die 2019 bis 2020 vermehrt aufgetretenen „Starken Vitalitätsabnahmen" geprägt (siehe Abbildung 20). Obwohl sich in der östlichen Hälfte des Gebietes „Hagen" mehrere Waldflächen mit positiven Vitalitätsveränderungen befinden, ist das Gebiet, entsprechend des hohen Anteils der Klasse „Starke

Vitalitätsabnahme", dennoch vorwiegend durch negative Vitalitätsveränderungen geprägt.

5.2 Ground Truthing & Gap Fraction Analyse

Die Ergebnisse, der im Rahmen des *Ground Thruthing* durchgeführten, *Gap Fraction* Analyse, werden in Tabelle 11, für die Nadelwaldflächen, und in Tabelle 12, für die Laubwaldflächen, zusammenfassend dargestellt. Diese beinhaltet, neben den prozentualen *Gap Fraction* Anteilen, außerdem das zur Auswertung verwendetet Originalfoto der jeweiligen Vitalitätsklasse als auch die dazugehörigen Standortkoordinaten.

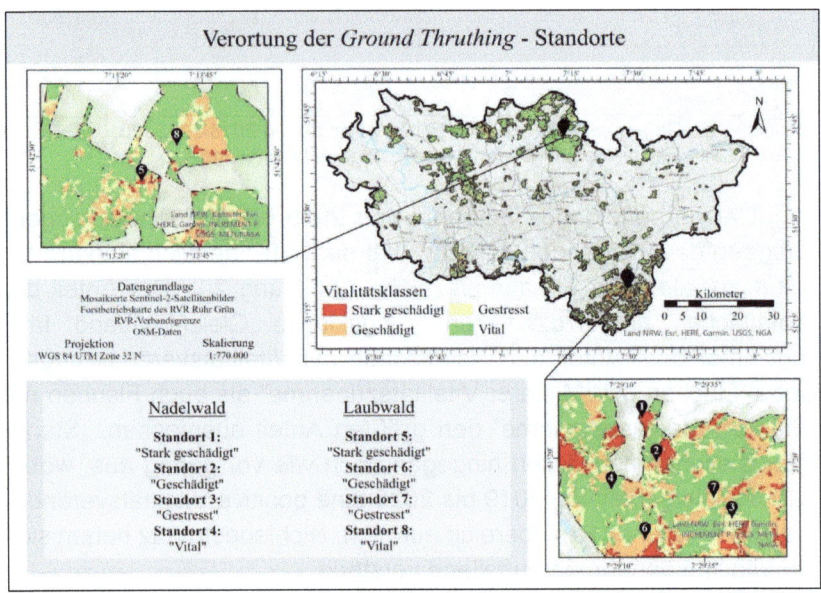

Abbildung 21: Verortung der zur *Gap Fraction* Analyse verwendeten *Ground Thruthing* – Standorte in dem Untersuchungsgebiet, Quelle: Eigene Darstellung.

Die in CAN EYE generierten Bildklassifikationen befinden sich in Anhang 6. Die Verortung der einzelnen Standorte innerhalb des Untersuchungsgebiets geht aus Abbildung 21 hervor, wobei erneut zwischen Laub- und Nadelwald unterschieden wurde. Die zur Analyse

5 Ergebnisse

ausgewählten Fotos wurden in den beiden Beispielgebieten „Die Haard" und „Hagen" aufgenommen.

Die Ergebnisse der *Gap Fraction* Analyse in Tabelle 11, zeigen in den Nadelwaldflächen eine prozentuale Zunahme der *Gap Fraction* bei abnehmender Vitalität. So weisen die Nadelwaldflächen der Vitalitätsklasse „Stark geschädigt", mit 51,7 % den höchsten *Gap Fraction* Anteil unter den Nadelwaldflächen auf, was deutlich über dem der Klasse „Vital" (17,71 %) liegt, welcher wiederum den niedrigsten *Gap Fraction* Wert der Nadelwaldflächen darstellt. Die Ergebnisse der Nadelwaldflächen „Geschädigt" und „Gestresst" liegen mit 41,42 % und 27,8 % dazwischen und weisen zusammen mit den Ergebnissen der Vitalitätsklassen „Stark geschädigt" und „Vital" bei zunehmender Vitalität einen absteigenden Trend der *Gap Fraction* Werte auf.

Standortkoordinaten	Gap Fraction	Originalfoto
	Nadelwald „Stark geschädigt"	
51.335518, 7.487677	51,7 %	
	Nadelwald „Geschädigt"	
51.333242, 7.488941	41,42 %	

5 Ergebnisse

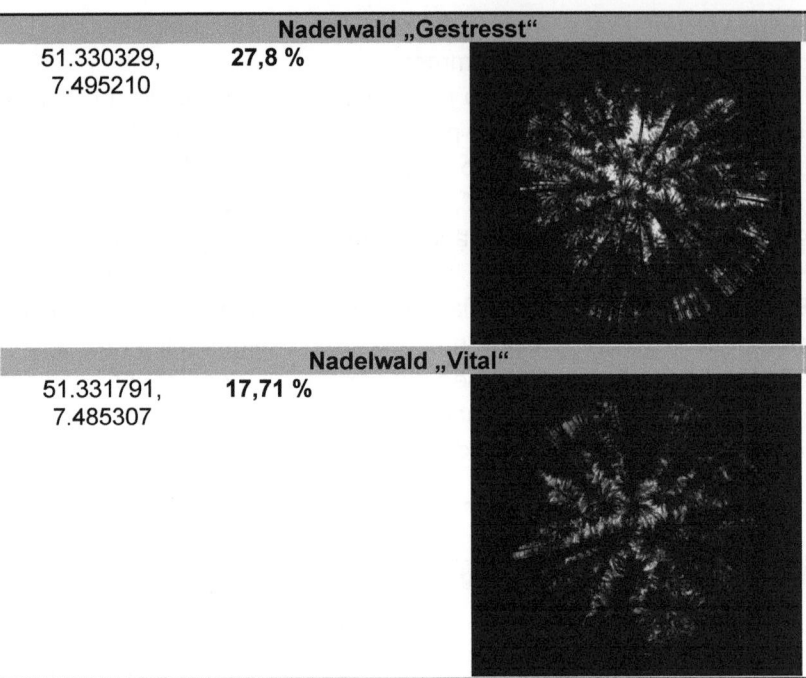

Nadelwald „Gestresst"		
51.330329, 7.495210	27,8 %	
Nadelwald „Vital"		
51.331791, 7.485307	17,71 %	

Tabelle 11: Ergebnisse der Gap Fraction Analyse der Nadelwaldflächen unter Berücksichtigung der jeweiligen Vitalitätsklasse mitsamt Standortkoordinaten und zur Analyse verwendetem Originalfoto, Quelle: Eigene Darstellung.

Die Ergebnisse der *Gap Fraction* Analyse innerhalb der Laubwaldflächen weisen, genauso wie die Nadelwaldflächen, bei zunehmender Vitalität einen absteigenden Trend des *Gap Fraction* Anteils auf (siehe Tabelle 12). Den höchsten Gap Fraction Anteil weist, mit 42,29 %, die Vitalitätsklasse „Stark geschädigt" auf, wohingegen den geringste *Gap Fraction* Wert nicht, wie bei den Nadelwaldflächen, die Klasse „Vital", sondern die Klasse „Gestresst" aufweist. Demnach sinken die *Gap Fraction* Werte, entsprechend den Vitalitätsklassen „Stark geschädigt", „Geschädigt" bis zu „Gestresst" hin, kontinuierlich ab. Der Wert der Klasse „Vital" liegt mit 17,42 % unter dem Wert der Klasse „Geschädigt" und über dem der Klasse „Gestresst" und repräsentiert somit den zweitniedrigsten *Gap Fraction* Anteil.

5 Ergebnisse

Standortkoordi-naten	*Gap Fraction*	Originalfoto
	Laubwald „Stark geschädigt"	
51.707090, 7.224317	**42,29 %**	
	Laubwald „Geschädigt"	
51.329149, 7.488138	**40,49 %**	
	Laubwald „Gestresst"	
51.331398, 7.493689	**12,48 %**	

5 Ergebnisse

Laubwald „Vital"		
51.709039, 7.227162	17,42 %	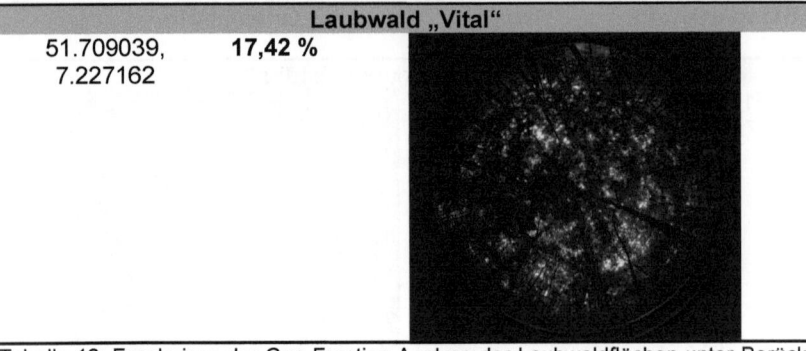

Tabelle 12: Ergebnisse der Gap Fraction Analyse der Laubwaldflächen unter Berücksichtigung der jeweiligen Vitalitätsklasse mitsamt Standortkoordinaten und zur Analyse verwendetem Originalfoto, Quelle: Eigene Darstellung.

5.3 Statistische Auswertung

Die Ergebnisvorstellung der statistischen Auswertung erfolgt entsprechend der durchgeführten Tests. Nachdem zunächst der allgemeine Waldzustand der Jahre 2018, 2019 und 2020 entsprechend der Vitalitätsklassenanteilen in Prozent vorgestellt wird, folgen die Ergebnisse der in R Studio durchgeführten Korrelationsanalyse. Anschließend werden die Ergebnisse der Regressionsanalyse und des Kruskal-Wallis-Tests vorgestellt, bevor die Darstellung der Lageparameter ausgewählter Variablen in Boxplot folgt.

Waldzustand der Jahre 2018, 2019 und 2020

Die Flächenanteile der einzelnen Vitalitätsklassen entsprechend der Waldzustandskarten 2018, 2019 und 2020 können Tabelle 13 entnommen werden, während die nachfolgende Abbildung 22 der Visualisierung der Ergebnisse dient. Der Flächenanteil der Klasse „Vital" steigt dementsprechend von 2018 bis 2020 um knapp 12 %. Die Anteile der Klassen „Gestresst" und „Geschädigt" hingegen sinken von 2018 bis 2020 um in etwa 6 %. Lediglich der Flächenanteil der Klasse „Stark geschädigt" verändert sich innerhalb der Jahre kaum. Nach einer geringen Zunahme von 0,1 % im Jahr 2019, liegt der Flächenanteil 2020 erneut bei 1,5 %. Die Unterschiede der Flächenanteile von 2018 und 2019 fallen verhältnismäßig gering aus. Größere Unterschiede

5 Ergebnisse

können zwischen den Jahren 2019 und 2020 sowie insbesondere 2018 und 2020 beobachtet werden. Zudem auffällig sind die Unterschiede zwischen den Waldtypen Laub- und Nadelwald. So fallen die Flächenanteile der Klasse „Vital" in den Laubwaldflächen in jedem der drei Jahre geringer als in den Nadelwaldflächen aus, während die Anteile der Klassen „Gestresst", „Geschädigt" und „Stark geschädigt" tendenziell höher ausfallen. Dennoch weisen die Nadelwaldflächen von 2018 bis 2020 eine Flächenzunahme der Klasse „Stark geschädigt" auf, wohingegen der Anteil dieser in den Laubwaldflächen bis 2020 sinkt.

Abbildung 22: Waldzustand der Jahre 2018 bis 2020 entsprechend der Vitalitätsklassenanteilen in Prozent nach Waldtyp, Quelle: Eigene Darstellung.

5 Ergebnisse

	Stark geschädigt	Geschädigt	Gestresst	Vital
2018 Gesamt	1,5 %	14,6 %	20,8 %	63,1 %
Laubwald 2018	2,4 %	18,3 %	22,0 %	57,3 %
Nadelwald 2018	0,5 %	10,5 %	19,5 %	69,5 %
2019 Gesamt	1,6 %	14,1 %	18,7 %	65,5 %
Laubwald 2019	2,4 %	14,1 %	18,7 %	57,8 %
Nadelwald 2019	0,7 %	6,8 %	18,7 %	73,8 %
2020 Gesamt	1,5 %	8,7 %	14,8 %	75,0 %
Laubwald 2020	1,4 %	12,2%	19,0%	67,5%
Nadelwald 2020	1,6 %	4,8 %	10,1 %	83,6 %

Tabelle 13: Prozentuale Vitalitätsklasseanteile der Waldzustandskarten 2018 bis 2020 nach Waldtyp, Quelle: Eigene Darstellung.

Spearman Rangkorrelationsanalyse

Die im Rahmen der Korrelationsanalyse überprüften Zusammenhängen, zwischen den Variablen Hangneigung, Nutzbare Feldkapazität, Bestandesalter und Kationenaustauschkapazität gegenüber der Vitalitätsveränderungen 2018-2020, zeugen in jedem Fall von einer negativen Korrelation. Die einzelnen Korrelationskoeffizienten können mitsamt p-Wert aus Tabelle 14 entnommen und gegenübergestellt werden.

Die negativste Korrelation kann zwischen der Kationenaustauschkapazität und der Vitalitätsveränderung festgestellt werden. Entsprechend des ermittelten Korrelationskoeffizienten von -0,81154 handelt es sich um einen gering negativen Zusammenhang. Die Korrelation der Vitalitätsveränderungen 2018 bis 2020 und der Kationenaustauschkapazität kann anhand von Abbildung 23 nachvollzogen werden. Die Vitalitätsveränderungen sind von „1" bis „7" klassifiziert und entsprechend den Vitalitätsveränderungsklassen „Starke Vitalitätsabnahme" (1), „Mittlere Vitalitätsabnahme" (2), „Leichte Vitalitätsabnahme" (3), „Gleichbleibend" (4), „Leichte Vitalitätszunahme" (5), „Mittlere Vitalitätszunahme" (5) und „Starke Vitalitätszunahme" (7).

5 Ergebnisse

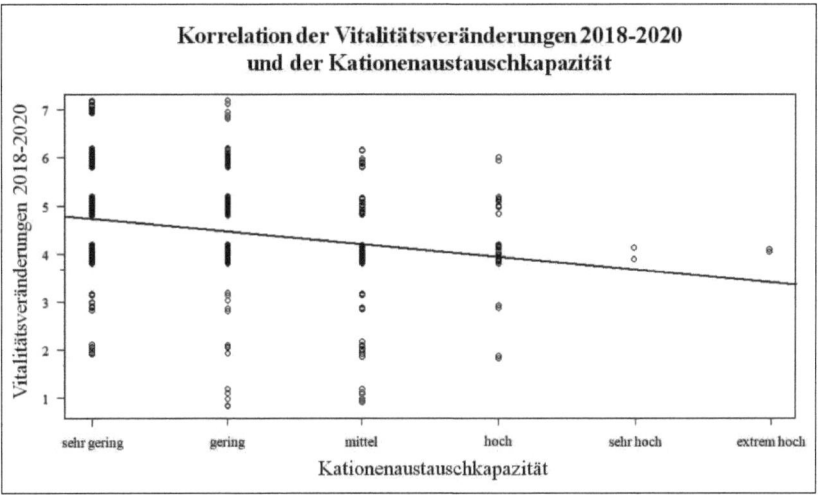

Abbildung 23: Korrelation der Vitalitätsveränderungen 2018-2020 und der Kationenaustauschkapazität mit Trendlinie, Quelle: Eigene Darstellung.

Gleiches gilt für den Zusammenhang zwischen der Nutzbaren Feldkapazität und der Vitalitätsveränderung, welche mit -0,15 den am zweitstärksten negativen Wert aufweist, als auch zwischen der Hangneigung und den Vitalitätsveränderungen, welcher einen Korrelationskoeffizienten von -0,15 aufweist. Auch hier handelt es sich um gering negative Zusammenhänge, wie in Abbildung 24 und 25 veranschaulicht dargestellt wird. Die Vitalitätsveränderungen sind auch in den folgenden Korrelationsdiagrammen von „1" bis „7" klassifiziert und entsprechend den Vitalitätsveränderungsklassen „Starke Vitalitätsabnahme" (1), „Mittlere Vitalitätsabnahme" (2), „Leichte Vitalitätsabnahme" (3), „Gleichbleibend" (4), „Leichte Vitalitätszunahme" (5), „Mittlere Vitalitätszunahme" (5) und „Starke Vitalitätszunahme" (7).

5 Ergebnisse

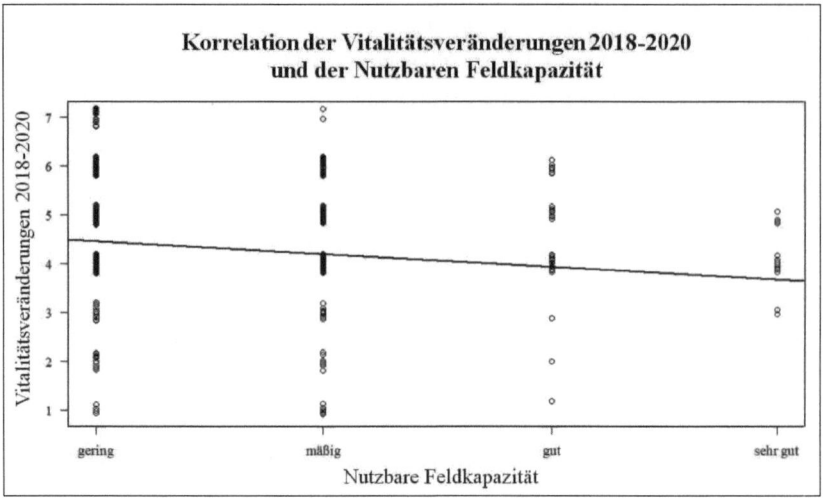

Abbildung 24: Korrelation der Vitalitätsveränderungen 2018-2020 und der Nutzbaren Feldkapazität mit Trendlinie, Quelle: Eigene Darstellung.

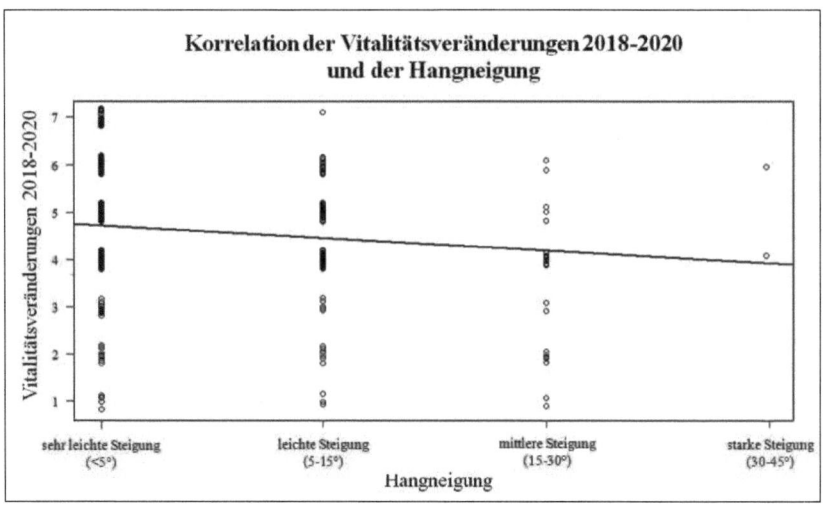

Abbildung 25: Korrelation der Vitalitätsveränderungen 2018-2020 und der Hangneigung mit Trendlinie, Quelle: Eigene Darstellung.

Der am wenigsten negative Korrelationskoeffizient ergibt sich aus der Korrelationsanalyse des Bestandsalters mit der Vitalitätsveränderung, wobei ein Koeffizient von -0,03 ermittelt wird. Da der Korrelationskoeffizient unter 0,1 liegt, kann in diesem Fall von keinem bis nur sehr schwachen Zusammenhang zwischen dem Bestandsalter und den Vitalitätsveränderungen ausgegangen werden (siehe Abbildung 26).

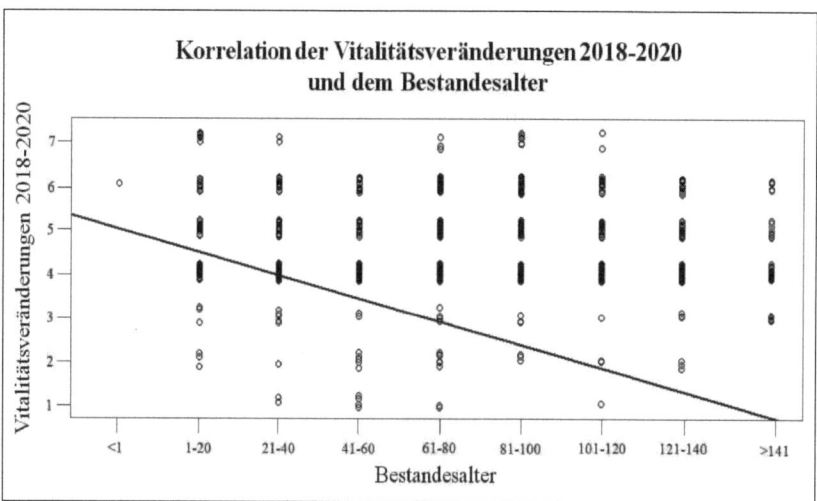

Abbildung 26: Korrelation der Vitalitätsveränderung 2018-2020 und dem Bestandesalter mit Trendlinie, Quelle: Eigene Darstellung.

Die ermittelten p-Werte von 2,2e-16 weisen bei allen vier Korrelationsanalysen auf eine hohe Signifikanz der jeweils ermittelten Korrelationskoeffizienten hin. Die Nullhypothese „*Es besteht kein Zusammenhang zwischen der Variable und den Vitalitätsveränderungen*" muss dementsprechend für das Bestandesalter beibehalten werden, während diese bei den Variablen Hangneigung, Nutzbare Feldkapazität und Kationenaustauschkapazität verworfen werden kann. Stattdessen wird die Alternativhypothese „*Es besteht ein Zusammenhang zwischen der Variable und den Vitalitätsveränderungen*" angenommen.

5 Ergebnisse

Korrelationsvariablen	Korrelationskoeffizient r	p-Wert
Vitalitätsveränderung 18/20 & Hangneigung	-0,1468587	<2,2e-16
Vitalitätsveränderung 18/20 & Nutzbare Feldkapazität	-0,1563605	<2,2e-16
Vitalitätsveränderung 18/20 & Bestandesalter	-0,03208257	<2,2e-16
Vitalitätsveränderung 18/20 & Kationenaustauschkapazität	-0,181154	<2,2e-16

Tabelle 14: Korrelationskoeffizienten der ordinalskalierten Variablen mit p-Werten, Quelle: Eigene Darstellung.

Multiple lineare Regressionsanalyse

Die Regressionskoeffizienten, der in der Regressionsanalyse berücksichtigten unabhängigen Variablen Hangneigung, Kationenaustauschkapazität, Bestandesalter und Nutzbare Feldkapazität, sind ausnahmslos negativ (siehe Tabelle 15). Dementsprechend wir die Vitalitätsveränderung bei zunehmender Hangneigung, einer erhöhter Kationenaustauschkapazität als auch bei einem erhöhtem Bestandsalter oder einer erhöhten Nutzbaren Feldkapazität stärker negativ. Die Einflussstärken der einzelnen Variablen unterscheiden sich dabei untereinander. Während der Regressionskoeffizient der Hangneigung mit -0,205 am stärksten negativ ausfällt, weisen die Kationenaustauschkapazität und die Nutzbare Feldkapazität mit -0,126 und -0,137 ähnlich hohe Koeffizienten auf. Der Regressionskoeffizient des Bestandsalters liegt mit -0,0002617 deutlich unter denen der anderen Variablen, was auf einen sehr geringen Einfluss hindeutet. Auch hinsichtlich des Signifikanzniveaus sticht die Variable Bestandsalter gegenüber der anderen Variablen heraus, welche jeweils eine sehr hohe Signifikanz aufweisen, während das Bestandesalter bei einem p-Wert von 0,197 keinen signifikanten Regressionskoeffizienten aufweist. Die Nullhypothese *„Nehmen die Variablen Kationenaustauschkapazität, Nutzbare Feldkapazität und Bestandsalter zu, wird die Vitalitätsveränderung stärker positiv, während ein Anstieg der Hangneigung, die Vitalitätsveränderungen negativ beeinflusst."* muss dementsprechend verworfen werden. Die stattdessen anzunehmende Alternativhypothese lautet *„Steigen die Variablen Kationenaustauschkapazität, Nutzbare Feldkapazität, Bestandsalter und Hangneigung an, wird die Vitalitätsveränderung stärker negativ."*.

5 Ergebnisse

Entsprechend des Bestimmtheitsmaßes R^2 können anhand der in der Regressionsanalyse berücksichtigten Variablen, mit einer sehr hohen Signifikanz, lediglich 4,81 % der Vitalitätsveränderungen erklärt werden. Die Modellgüte ist somit gering.

Regressionsvariablen	Regressionskoeffizient	Standardabweichung	p-Wert
Vitalität	*5.3138452*	*0.0051812*	*<2e-16*
Hangneigung	-0.2053012	0.0023745	<2e-16
Nutzbare Feldkapazität	-0.1377198	0.0020783	<2e-16
Bestandsalter	-0.0002617	0.0002028	0,197
Kationenaustauschkapazität	-0.1269188	0.0015671	<2e-16

Tabelle 15: Regressionskoeffizienten der ordinalskalierten Variablen mit p-Werten, Quelle: Eigene Darstellung.

Kruskal-Wallis-Test

Die auf sämtliche Variablen angewandte Nullhypothese „*Es bestehen keine Mittelwertsunterschiede zwischen der Variable und den Vitalitätsveränderungen*" kann bei einem einheitlichen p-Wert von unter 0,05 für alle, der mit der Vitalitätsveränderungen verglichenen Einflussfaktoren, verworfen werden (siehe Tabelle 16). Stattdessen wird die Alternativhypothese „*Es bestehen Mittelwertsunterschiede zwischen der Variable und den Vitalitätsveränderungen*" angenommen. Somit liegen zwischen mindestens zwei Faktorgruppen, der jeweiligen Einflussvariablen, signifikante Unterschiede hinsichtlich der Vitalitätsveränderungen vor.

Berücksichtigte Variablen	Chi²	p-Wert
Vitalitätsveränderungen & Hangneigung	12462	<2,2e-16
Vitalitätsveränderungen & Nutzbare Feldkapazität	26064	<2,2e-16
Vitalitätsveränderungen & Bestandsalter	13272	<2,2e-16
Vitalitätsveränderungen & Kationenaustauschkapazität	26231	<2,2e-16
Vitalitätsveränderungen & Waldtyp	58185	<2,2e-16
Vitalitätsveränderungen & Hauptbaumart	129053	<2,2e-16
Vitalitätsveränderungen & Exposition	1002,9	<2,2e-16

Tabelle 16: Ergebnisse des Kruskal-Wallis-Tests entsprechend der berücksichtigten Variablen mit p-Werten und R2, Quelle: Eigene Darstellung.

5 Ergebnisse

Deskriptive Statistik mittels Boxplot

Entsprechend der bereits geprüften Signifikanz auf Mittelwertsunterschiede mit Hilfe des Kruskal-Wallis-Tests, folgt die Darstellung der berechneten Lageparameter der Faktorstufen einzelner Einflussvariablen. Auch hier wurde die Vitalitätsveränderungen von „1" bis „7" klassifiziert und entspricht den Vitalitätsveränderungsklassen „Starke Vitalitätsabnahme" (1), „Mittlere Vitalitätsabnahme" (2), „Leichte Vitalitätsabnahme" (3), „Gleichbleibend" (4), „Leichte Vitalitätszunahme" (5), „Mittlere Vitalitätszunahme" (5) und „Starke Vitalitätszunahme" (7).

Abbildung 27 stellt die Lageparameter der Vitalitätsveränderungen der Waldtypen (Laub-, Nadel- und Mischwald) in Form von Boxplot dar. Während der Median der Nadelwälder bei 5 („Leichte Vitalitätszunahme") liegt, weisen die Faktorgruppen Laubwald und Nadelwald einen Median von 4 („Gleichbleibend") auf. Die Spannweite reicht dabei in jedem Fall von 1 („Starke Vitalitätsabnahme") bis 7 („Starke Vitalitätszunahme"). Die Interquartilsabstände sind hingegen unterschiedlich groß. So weisen die Laubwaldflächen keinen Interquartilsabstand auf, während jener der Mischwälder von 4 („Gleichbleibend") bis 5 („Leichte Vitalitätszunahme") reicht und der der Nadelwälder von 4 („Gleichbleibend") bis 6 („Mittlere Vitalitätszunahme".

5 Ergebnisse

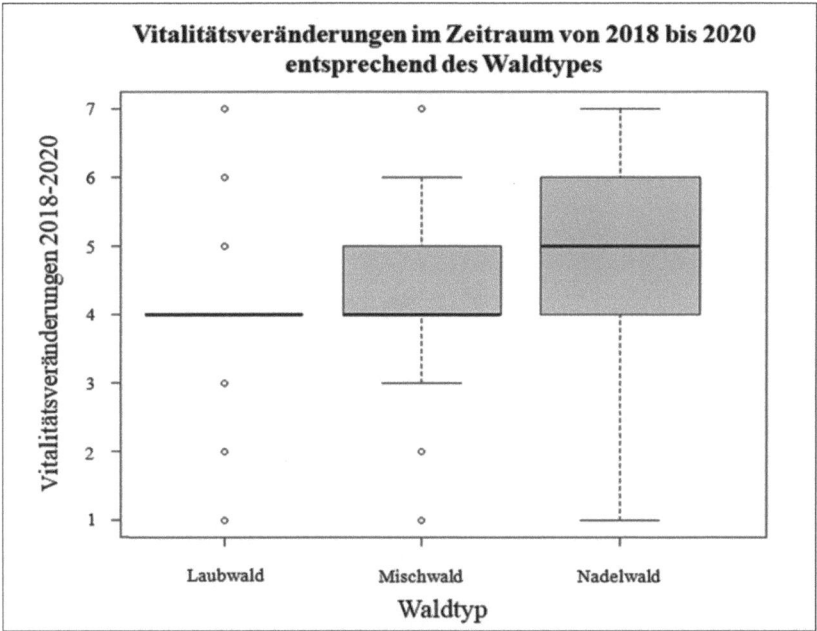

Abbildung 27: Boxplotdiagramm der Vitalitätsveränderungen im Zeitraum von 2018 bis 2020 entsprechend des Waldtypes, Quelle: Eigene Darstellung.

Entsprechend der in Abbildung 27 dargestellten Lageparameter, erfolgt in Abbildung 28 die Darstellung der Vitalitätsveränderungen 2018 bis 2020 entsprechend der auftretenden Hauptbaumarten. Dabei handelt es sich um die Nadelbaumarten Douglasie, Fichte, Kiefer und Lärche sowie die Laubbaumarten Buche, Eiche und Pappel. Das Lagemaß der Fichten unterscheidet sich entsprechend des Interquartilsabstandes deutlich von den anderen Baumarten, wobei der Median („Gleichbleibend") mit denen der meisten Baumarten übereinstimmt. An dieser Stelle hervorzuheben sind die höher liegenden Mediane der Nadelbaumarten Douglasie und Kiefer, welche der Veränderungsklasse 5 („Leichte Vitalitätszunahme") entsprechen und zudem einen Interquartilsabstand von 4 („Gleichbleibend") bis 6 („Mittlere Vitalitätszunahme") aufweisen. Der Interquartilsabstand der Baumart Fichte reicht hingegen von 2 („Mittlere Vitalitätsabnahme") bis 4 („Gleichbleibend"). Der Boxplot der Nadelbaumart Lärche stimmt mit denen der Laubbaumarten überein und weist einen Median von 4 („Gleichbleibend") auf, während der Interquartilsabstand von 4 bis 5 („Leichte Vitalitätszunahme") reicht.

5 Ergebnisse

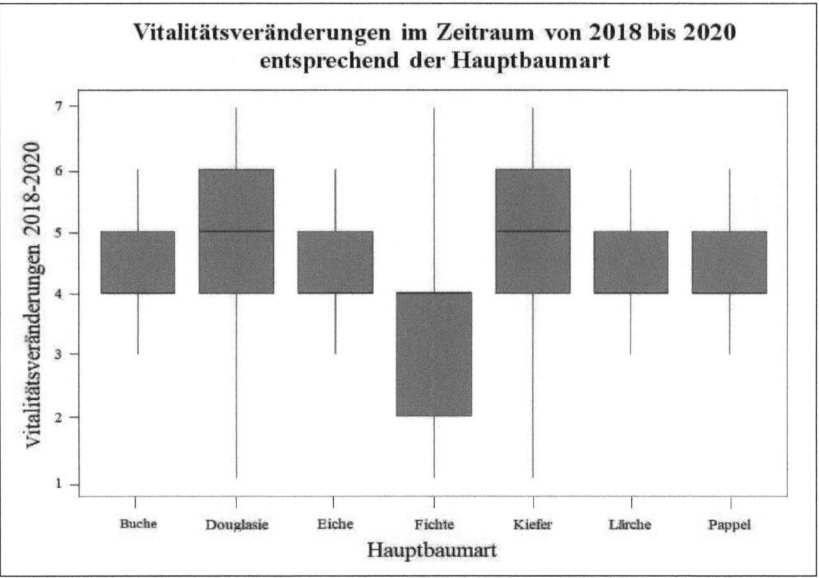

Abbildung 28: Boxplotdiagramm der Vitalitätsveränderungen im Zeitraum von 2018 bis 2020 entsprechend der Hauptbaumart, Quelle: Eigene Darstellung.

Entsprechend des Forschungsinteresses, stellt die folgende Abbildung 29 die Vitalitätsveränderungen von 2018 bis 2020 entsprechend des Bestandesalters dar. Auch hier sind die Spannweiten unter allen Faktorgruppen gleich groß und reichen von 1 („Starke Vitalitätsabnahme") bis 7 („Starke Vitalitätszunahme"). Die Mediane der Altersgruppen liegen, mit Ausnahme der unter einem Jahr alten Bäumen, bei 4 („Gleichbleibend"), wohingegen die Bäume unter einem Jahr einen Median von 5 („Leichte Vitalitätszunahme") aufweisen. Die Interquartilsabstände der meisten Bestandsaltersgruppen reichen von 4 („Gleichbleibend") bis 5 („Leichte Vitalitätszunahme"), wohingegen die Interquartilsspannen der Klassen „<1", „1-20" und „81-100" von 4 („Gleichbleibend") bis 6 („Mittlere Vitalitätszunahme") reichen.

5 Ergebnisse

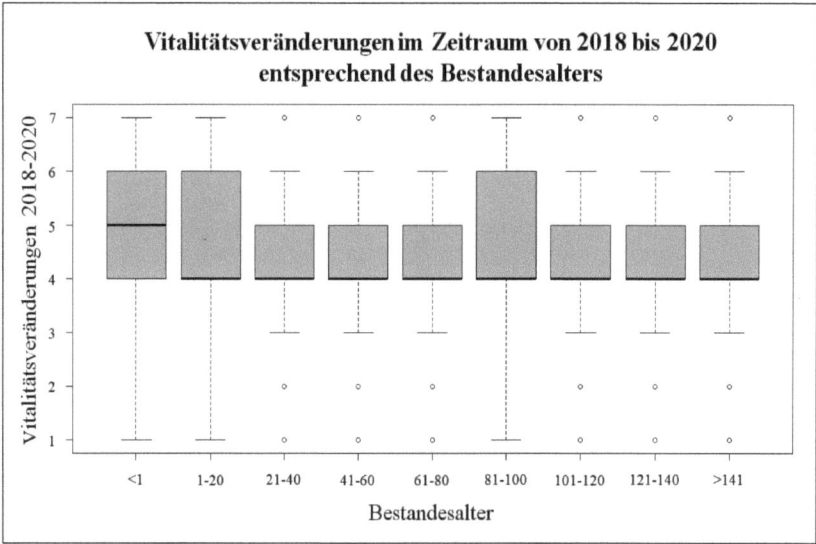

Abbildung 29: Boxplotdiagramm der Vitalitätsveränderungen im Zeitraum von 2018 bis 2020 entsprechend des Bestandesalters, Quelle: Eigene Darstellung.

Die Lageparameter der jeweiligen Ausprägungen der Nutzbaren Feldkapazität sind in Abbildung 30 dargestellt und untergliedern sich wie folgt: „gering", „mäßig", „gut" und „sehr gut". Auch hier kann erneut eine einheitliche Spannweite von 1 („Starke Vitalitätsabnahme") bis 7 („Starke Vitalitätszunahme") beobachtet werden. Die Interquartilsabstände reichen in drei von vier Fällen von 4 („Gleichbleibend") bis 5 („Leichte Vitalitätszunahme"). Lediglich der Boxplot der Ausprägung „sehr gut" ist davon ausgenommen und weist keinen Interquartilsabstand auf. 50 % der Werte mit der Ausprägung „sehr gut" sind demnach der Veränderungsklasse 4 („Gleichbleibend") zuzuordnen.

5 Ergebnisse

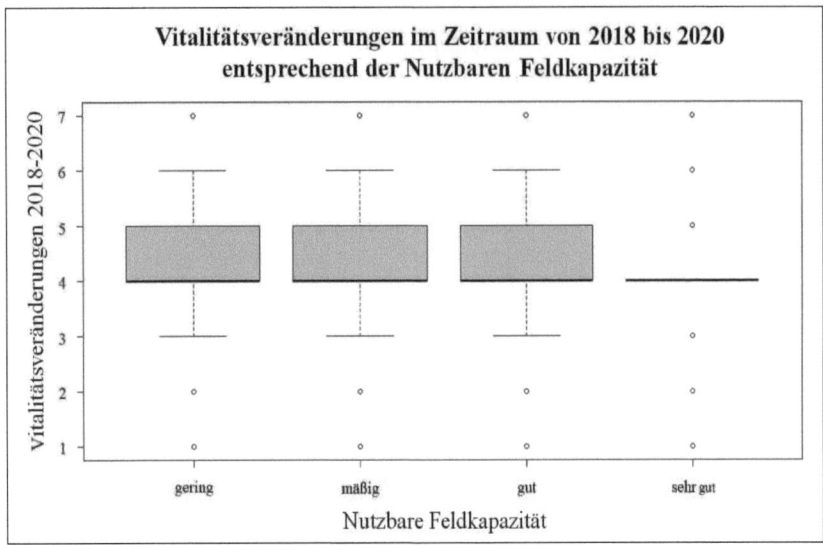

Abbildung 30: Boxplotdiagramm der Vitalitätsveränderungen im Zeitraum von 2018 bis 2020 entsprechend der Nutzbaren Feldkapazität, Quelle: Eigene Darstellung.

Die Boxplots der unterschiedlichen Kationenaustauschkapazitäten „sehr gering", „gering", „mittel" und „hoch" weisen eine einheitliche Spannweite von 1 („Starke Vitalitätsabnahme") bis 7 („Starke Vitalitätszunahme") auf. Gleiches gilt für den Median, welcher bei jeder der vier Ausprägungen bei 4 („Gleichbleibend") liegt und den Interquartilsabständen, welche von 4 bis 5 („Leichte Vitalitätszunahme") reichen. Obwohl die Ausprägung „sehr hoch" hinsichtlich des Medians und Interquartilsabstandes mit den anderen vier Ausprägungen übereinstimmt, reicht die Spannweite nur von 2 („Mittlere Vitalitätsabnahme") bis 6 („Mittlere Vitalitätszunahme"). Die letzte Ausprägung „extrem hoch" weist die größten Unterschiede gegenüber den anderen Ausprägungen auf und zeigt bei einem Median von 4 („Gleichbleibend") keinen Interquartilsabstand sowie eine Spannweite von 7 („Starke Vitalitätsabnahme") bis 6 („Mittlere Vitalitätszunahme") auf.

5 Ergebnisse

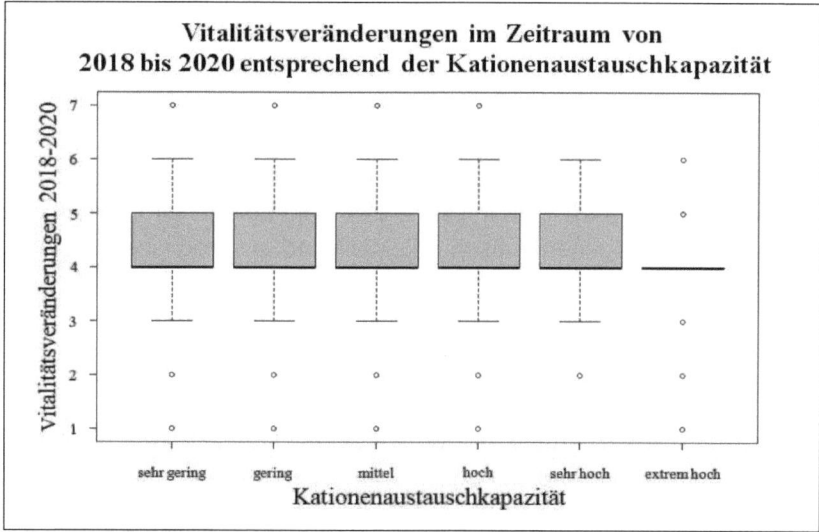

Abbildung 31: Boxplotdiagramm der Vitalitätsveränderungen im Zeitraum von 2018 bis 2020 entsprechend der Kationenaustauschkapazität, Quelle: Eigene Darstellung.

6 Diskussion – Fallstudie I

Anschließend an die zuvor erfolgte Ergebnisdarlegung, dient das folgende Kapitel der Interpretation und Diskussion der im Rahmen der Studie I gewonnenen Ergebnisse. Daran anknüpfend wird zudem das methodische Vorgehen kritisch reflektiert und auf mögliche Probleme hingewiesen.

6.1 Interpretation der Ergebnisse

Um an den akuten Forschungsbedarf an flächendeckenden Waldzustandsinformationen anzuknüpfen, wurden im Rahmen der vorliegenden Studie gebietsübergreifende Grenzwerte zur Vitalitätsbeurteilung ermittelt. Dabei wurde zwischen dem Waldzustand eines Jahres und den Vitalitätsveränderungen innerhalb zweier Jahre unterschieden. Das Berücksichtigen einer thematisch verwandten Studie (Teil 2 des Buchs) sowie das zusätzliche Überprüfen der Grenzwerte in Form eines *Ground Thruthings*, gewährleistet die Repräsentativität der Ergebnisse. Um die detektierten Vitalitätsveränderungen zudem auf einen möglichen Einfluss des Bestandsalters als auch anderer Faktoren zu überprüfen, wurde eine statistische Analyse durchgeführt.

6.1.1 Ergebnisse der Schadkarten

Die Ergebnisse der Waldzustands- und Vitalitätsveränderungskarten zeigen die erfolgreiche Modellierung der Vitalitätszustände und –Veränderungen. Während 2018, neben einer nach wie vor hohen Anzahl an gesunden Waldflächen, vor allem der Anteil an gestressten bis geschädigte Flächen hoch ausfällt, ist der Anteil der gestressten Waldflächen im Folgejahr 2019 gesunken. Obwohl sich einige der Waldflächen 2019 wieder erholt haben, weisen andere Gebiete deutlich stärkere Schäden gegenüber dem Vorjahr auf. So sind insbesondere im Südosten des Untersuchungsgebietes starke Vitalitätsabnahmen erkennbar. Gleiches gilt für das Jahr 2020, in dem sich die Lage im Südosten des RVR-Gebietes weiter verschlechtert hat, wohingegen auf den restlichen Untersuchungsflächen deutlich bessere

Vitalitätszustände gegenüber den Vorjahren erkennbar sind. Dementsprechend weisen die Waldflächen des RVR insbesondere im Jahr 2018 einen hohen Anteil an gestressten Bäumen auf, welche sich in den Folgejahren, bei gleichzeitiger Verschlechterung kleinerer Waldflächenanteile, vorwiegend erholen.

Die Ergebnisse der Vitalitätsveränderungskarten stimmen mit dem überein. So konnten für den Zeitraum von 2018 bis 2019 vorwiegend leichte bis mittlere Vitalitätszu- und Abnahmen beobachtet werden, welche entweder auf eine weitere Verschlechterung oder Erholung der einzelnen Waldbestände schließen lässt. 2019 bis 2020 hingegen konnten im RVR-Gebiet, entsprechend der Waldzustandskarten 2019 und 2020, vor allem Vitalitätszunahmen festgestellt werden, mit Ausnahme der im Südosten liegenden Waldflächen, welche seit 2018 starke Vitalitätsabnahmen verzeichneten. Die Vitalitätsveränderungskarte von 2018 bis 2020 fasst die Ergebnisse demensprechend zusammen und deutet mit einigen Abweichungen auf eine großflächige Erholung der RVR-Waldflächen nach 2018 hin, wobei erneut die starken Vitalitätsabnahmen im Südosten hervorstechen.

Entsprechend der ungewöhnlichen Trockenheit der Jahre 2018 bis 2020, kann davon ausgegangen werden, dass ein Großteil der Vitalitätsveränderungen auf die Einflussvariablen Temperatur und Niederschlag zurückgeführt werden können. So zeichnet sich das Jahr 2018 bei einem durchschnittlichen Temperaturanstieg von 2,3 °C innerhalb der Vegetationsperiode, gegenüber dem langjährigen Mittel von 1991 bis 2020, durch eine hohe Anzahl an gestressten bis geschädigten Waldflächen aus (siehe Tabelle 2). Hinzukommt der deutlich geringer ausfallende Niederschlag, welcher im Jahr 2018 während der Vegetationsperiode 50% unter dem langjährigen Mittel lag. Obwohl die Temperaturen der Vegetationsperiode des Jahres 2019 nur 0,7°C über dem langjährigen Mittel lagen, befand sich die Niederschlagsmenge erneut erheblich unter dem langjährigen Mittel, was den eher gering ausfallenden unterschied der Waldzustände 2018 und 2019 erklären könnte. Die langanhaltende Trockenheit führt zu einer nachhaltigen Austrocknung der Böden, infolge derer einige Bodenwasserspeicher gänzlich aufgebraucht wurden (vgl. RASPE et al. 2020). Aufgrund des fortwährenden Wassermangels sinkt die Vitalität vieler Bäume weiter ab, wie im Südosten des Untersuchungsgebietes.

Entsprechend des *Dürremonitors des Helmholtz-Zentrums für Umweltforschung* waren der Sommer und Herbst 2018 trockener als alle vorherigen Jahre seit 1951 (vgl. HELMHOLTZ-ZENTRUM FÜR UMWELTFORSCHUNG 2021). So wurde das Untersuchungsgebiet im August 2018 durch „schwere" bis „außergewöhnliche" Dürren geprägt, was den Zusammenhang zwischen den Vitalitätsveränderungen und dem Klima weiter bestärkt (siehe Abbildung 32). Dementsprechend müssten die Waldzustandsergebnisse für 2018 am stärksten negativ ausfallen, was zutrifft. Da die Bodenwasserspeicher zu Beginn der Vegetationsperiode 2018 größtenteils gut gefüllt waren, sind die Trockenstressfolgen entsprechend der außergewöhnlichen Dürre in den Untersuchungsflächen dennoch verhältnismäßig mild ausgefallen (vgl. SUTMÖLLER et al. 2019). Im darauffolgenden Jahr 2019, konnte im RVR-Gebiet im August eine großflächig ausgeprägte „außergewöhnliche" Dürre beobachtet werden. Demzufolge wäre eine großflächige Vitalitätsabnahme von 2018 bis 2019 sowie ein noch schlechter ausfallender Waldzustand im Jahr 2019 zu erwarten. Dies würde auch mit den Ergebnissen der Waldzustandserhebung NRW von 2019 einhergehen, welche eine erneute Verschlechterung des Waldzustandes Nordrhein-Westfalens gegenüber dem Vorjahr feststellte (vgl. MULNV NRW 2019). Tatsächlich hat sich der Zustand von 2018 auf 2019 jedoch, obwohl mehrere Vitalitätsverbesserungen als auch Vitalitätsverschlechterungen zu sehen sind, nur geringfügig verändert. Es kann davon ausgegangen werden, dass an dieser Stelle weitere Einflussfaktoren zum Tragen kommen, wie das erhöhte Niederschlagsaufkommen während der Winter- und Frühlingsmonate, welches die Bodenwasservorräte wieder auffüllt und somit neue Wasserreserven für die kommende Vegetationsperiode bereitstellt (vgl. SUTMÖLLER et al. 2019). In den folgenden Winter- und Frühlingsmonaten 2018 bis 2019 sind in Nordrhein-Westfalen entsprechend des Gebietsmittels 428,3 mm Niederschlag gefallen, was 573,6 mm mehr Niederschlag gegenüber der Referenzperiode von 1961 bis 1990 sind (vgl. DWD 2019; DWD 2020). Dennoch konnten die Bodenwasserspeicher, aufgrund des deutlich höher ausgefallenden Wasserbedarf während der Sommermonate, vielerorts nicht aufgefüllt werden, was mit dem sich kaum verändernden Vitalitätszustand übereinstimmt (vgl. SUTMÖLLER et al. 2019). Die Dürre im August 2020 ist im Verhältnis zu 2019 etwas milder ausgefallen. Dies spiegelt sich in der folgenden Abbildung 32 wider, welche die Bodentrockenheit des Monats August in den Jahren 2018 bis 2020 im durchwurzelbaren Bereich bis in 1,80 m Tiefe darstellt. Die Lage des Untersuchungsgebietes wurde in Abbildung 32 entsprechend gekennzeichnet.

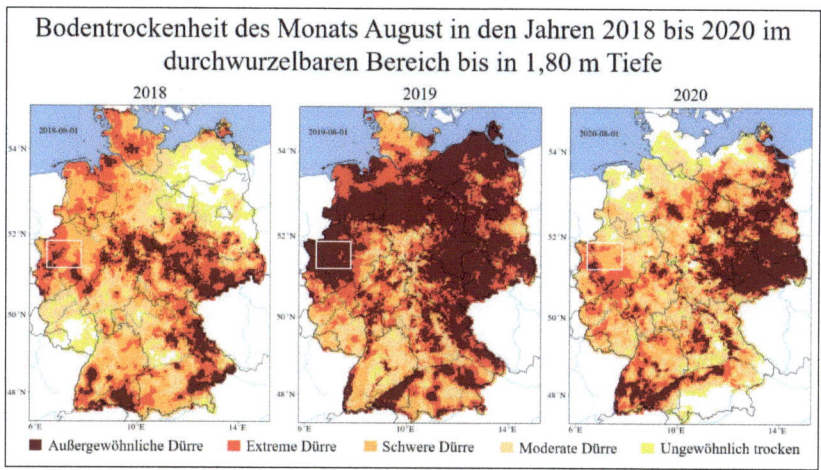

Abbildung 32: Bodentrockenheit des Monats August in den Jahren 2018 bis 2020 im durchwurzelbaren Bereich bis 1,80 m Tiefe, nach: Helmholtz-Zentrum für Umweltforschung 2021.

Hinzukommen die erneut höher ausfallenden Niederschläge während der Winter- und Frühlingsmonate 2019 bis 2020, welche bei einem Gebietsmittel von 538,4 mm, 789,4 mm über dem langjährigen Mittel von 1961 bis 1990 liegen und die Niederschlagsmengen der Winter- und Frühlingsmonate von 2018 bis 2019 übersteigen (vgl. DWD 2020; DWD 2021). Dies erklärt die festgestellten Vitalitätszunahmen des Jahres 2020 und stimmt im Allgemeinen mit den in der Arbeit gewonnenen Ergebnissen überein. Diese zeigen in der Vitalitätsveränderungskarte von 2018 bis 2020, neben einem großen Anteil an Flächen der Vitalitätsklasse „Gleichbleibend", einen wesentlichen Anteil an Waldflächen mit Vitalitätszunahmen, was auf die wieder etwas weniger starke ausfallende Dürre und höher ausfallende Niederschläge außerhalb der Vegetationsperiode zurückgeführt werden kann.

Besonders schnell von Trockenstress betroffen sind Bäume in Hanglage, was sich im Südosten des Untersuchungsgebietes in dem Beispielgebiet „Hagen", wo die Hangneigung am stärksten ausfällt, während des gesamten Untersuchungszeitraumes bemerkbar macht (siehe Abbildung 33).

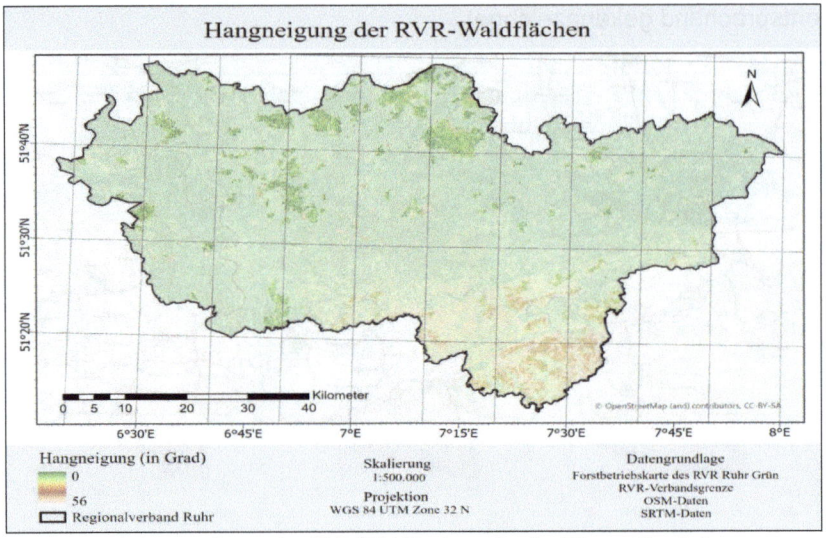

Abbildung 33: Hangneigung der RVR-Waldflächen, Quelle: Eigene Darstellung.

Durch die Hangneigung ist ein schnellerer Oberflächenabfluss gegeben, welcher bei trockenen Böden zusätzlich verstärkt wird (vgl. SEIBERT & AUERSWALD 2020). Hinzukommt die häufig geringer ausfallende Bodenmächtigkeit in Kombination mit einem verringerten Wurzelraum sowie eine verstärke Solarstrahlung an südexponierten Hängen (vgl. BLE 2021). Der Waldzustand und die Vitalitätsveränderungen in dem Beispielgebiet „Die Haard" fallen hingegen während des gesamten Untersuchungszeitraums, bei deutlich geringerer Steigung, verhältnismäßig besser aus und bestätigen somit den Einfluss der Hangneigung. Dies wird insbesondere unter Betrachtung von Abbildung 34 deutlich, welche die Hangneigungen der beiden Beispielgebiete in kleinerem Maßstab darstellt.

6 Diskussion – Fallstudie I

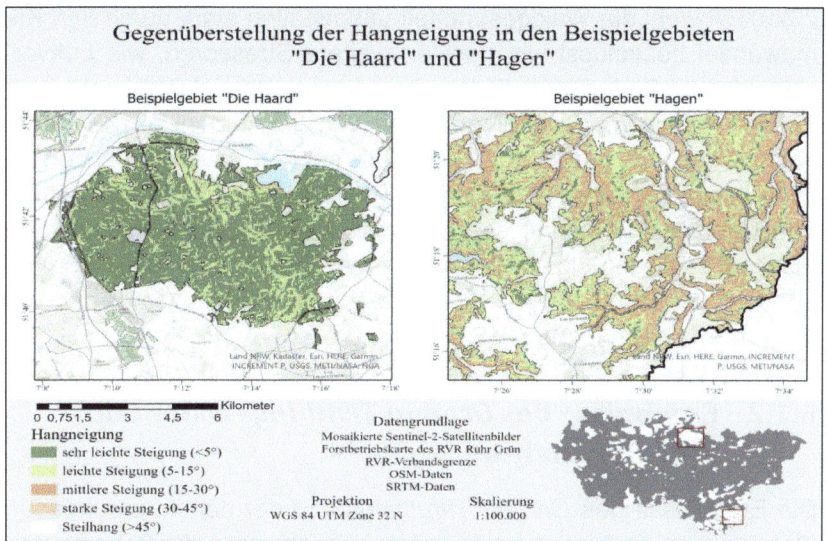

Abbildung 34: Gegenüberstellung der Hangneigung in den Beispielgebieten „Die Haard" und „Hagen", Quelle: Eigene Darstellung.

Es besteht eine Vielzahl an weiteren Faktoren und Bedingungen, welche die Vitalität und Trockenstresstoleranz eines Baumes beeinflussen. Ob sich ein Baum infolge eines Trockenstress-Jahres erholt, hängt demnach von verschiedenen Faktoren ab. Dies beinhaltet zunächst die Baumart selbst, das Klima, den vorherrschenden Infektionsdruck und Schädlingsbefall sowie den Standort und die damit verbundene Nährstoffversorgung (vgl. ROHLOFF 2021a). Dementsprechend können die regional unterschiedlich ausfallenden Vitalitätszu- und Abnahmen auf diverse Standortfaktoren zurückgeführt werden und die im Rahmen der Schadkarte ermittelten Vitalitätsveränderungen nicht zuverlässig zugeordnet werden, da hierfür diverse In-situ Messungen und Untersuchungen erforderlich wären. Je nach Baumart, regionalem Klima und vorhandenen Standortbedingungen konnten sich so einige Waldflächen von 2018 bis 2020 wieder erholen, während die Vitalität in anderen Waldgebieten weiter abgenommen hat. Zudem ist es möglich, dass es sich bei einigen Vitalitätszunahmen nicht um tatsächlich Vitalitätsverbesserungen handelt, sondern um einen Vegetationszuwachs durch Unterholzvegetation handelt, welche sich aufgrund einer erhöhten Sonneneinstrahlung in abgestorbener oder geschädigter Waldflächen stärker ausbreitet (vgl. WALDHILFE

2020). Obwohl die Waldgesundheit unumstritten stark durch den Klimawandel beeinflusst wird, sollten weitere Stressoren, wie Luftverschmutzung, Bodenverdichtung, Grundwasserabsenkungen als auch die Verbreitung von Schädlingen und invasiven Arten nicht außer Acht gelassen werden (vgl. BLE 2017). Diese können sowohl vereinzelt als auch in der Kombination mit dem vorherrschenden Klimawandel die Vitalität zusätzlich beeinflussen, weshalb davon ausgegangen werden muss, dass die in Folge der staken Trockenheit und Hitze der Somme 2018 und 2019 entstandenen Waldschäden auf das Zusammenwirken diverser Stressoren zurückzuführen ist.

6.1.2 Ergebnisse des *Ground Truthings* & der *Gap Fraction* Analyse

Die Ergebnisse des *Ground Thruthings* und der damit verbundenen *Gap Fraction* Analyse stimmen mit den Ergebnissen der Schadkarten überein. So steigt der *Gap Fraction* Anteil mit zunehmender Schadklasse an, was auf eine zunehmende Entlaubung infolge von Vitalitätsabnahmen zurückgeführt werden kann (vgl. ALEXANDER & PALMER 1999). In diesem Zusammenhang auffällig ist jedoch der höher ausfallender Vegetationsanteil der Laubwaldklasse „Gestresst" gegenüber der Laubwaldklasse „Vital", welcher dementsprechend geringer ausfallen müsste. Hier kann jedoch auf das Potenzial der Fernerkundung hingewiesen werden, welches es ermöglicht für das menschliche Auge noch unsichtbare Schäden mit Hilfe von multispektralen Sensoren zu erfassen und sichtbar zu machen (vgl. CARTER 1991). Dementsprechend können durch die im Rahmen der Arbeit erstellten Schadkarten und den damit verbundenen Schadklassengrenzwerten, Schäden bereits in frühen Stadien ohne sichtbare Anzeichen erkannt werden, welche sonst möglicherweise unerkannt bleiben.

6.1.3 Ergebnisse der statistischen Auswertung

Entsprechend den Ergebnissen der Korrelationsanalyse besteht ein signifikant gering negativer Zusammenhang zwischen den Vitalitätsveränderungen 2018-2020 und der Hangneigung. Somit korreliert eine positive Vitalitätsveränderung mit einer geringeren Hangneigung. Gleiches zeigt sich in den Ergebnissen der Regressionsanalyse,

6 Diskussion – Fallstudie I

welche bei einer Zunahme der Hangneigung, entsprechend der Klassen „sehr leichte Steigung (<5°)", „leichte Steigung (5-15°)", „mittlere Steigung (15-30°)" und „starke Steigung (30-45°)", mit einer Vitalitätsabnahme von -0,02053012 einhergeht. Der Kruskal-Wallis-Test bestätigt den Einfluss der Hangneigung auf die Vitalitätsveränderungen bei einem p-Wert von unter 0,05 zusätzlich. Die Ergebnisse decken sich sowohl mit der Literatur als auch der eingängig formulierten Annahme, dass ein negativer Einfluss auf die Vitalität bei zunehmender Hangneigung besteht, was sich bereits in der Gegenüberstellung der Beispielgebiete in Abbildung 34 verdeutlichte (vgl. SEIBERT & AUERSWALD 2020).

Im Rahmen des Kruskal-Wallis-Test wurde zudem überprüft, ob ein Einfluss zwischen den Vitalitätsveränderungen und der Exposition besteht. Entsprechend der Verwerfung der Nullhypothese konnte angenommen werden, dass dies zutrifft. Da jedoch kein weiterführender Post-hoc Test möglich war, kann an dieser Stelle nicht gesagt werden, inwiefern sich dieser Einfluss genau äußert. Dennoch entspricht das Ergebnis dem in der Literatur bestätigten Zusammenhang zwischen der Exposition und der Vitalität von Pflanzen, welche insbesondere bei Südhängen durch eine erhöhte Solarstrahlung negativ beeinflusst werden kann (vgl. BUNDESANSTALT FÜR ERNÄHRUNG UND LANDWIRTSCHAFT 2021).

Die Korrelationsanalyse ergab des Weiteren einen signifikant geringen negativen Zusammenhang zwischen den Vitalitätsveränderungen und der Nutzbaren Feldkapazität, was sich auch in den Ergebnissen der Regressionsanalyse zeigt. Unter Berücksichtigung des Regressionskoeffizienten verursacht eine Zunahme der Nutzbaren Feldkapazität, entsprechend der Klassen „gering", „mäßig", „gut" und „sehr gut", eine signifikant geringe Vitalitätsabnahme von 0,1377198 Faktorstufen. Der Kruskal-Wallis-Test bestätigte den Einfluss der Nutzbaren Feldkapazität auf die Vitalitätsveränderungen. Das zugehörige Boxplotdiagramm zeigt das Lagemaß der einzelnen Faktorstufen. Demnach gehen eine „geringe", „mäßige" und „gute" Nutzbare Feldkapazität in erster Linie mit einer gleichbleibenden bis leichtzunehmende Vitalität einher, während eine „sehr gute" Nutzbare Feldkapazität in 50 % der Fälle mit einer gleichbleibenden Vitalität einhergeht. Die Ergebnisse stimmen somit nicht mit der Literatur überein, entsprechend derer bei einer höhere Nutzbaren Feldkapazität mit einer höheren Vitalität zu rechnen ist (vgl. ROLOFF 2018). Da die Vitalitätsveränderungen von 2018 bis 2020 jedoch im August 2018 beginnen, war die Vitalität des Waldes zu diesem Zeitpunkt bereits beeinträchtigt. Darauf basierend kann angenommen werden, dass der Waldzustand im August 2018 an Standorten mit einer „geringen" bis „guten" Nutzbaren Feldkapazität bereits verschlechtert war, während Standorte mit einer „sehr guten" Nutzbaren Feldkapazität einen noch vorwiegend unveränderten Waldzustand aufgewiesen haben. Somit würde die Veränderungskarte bis 2020 eine Vitalitätszunahme für Standorte mit „geringer" bis „guter" Nutzbarer Feldkapazität aufweisen, nicht aber für jede mit einer „sehr guten" Nutzbaren Feldkapazität und so mit der Literatur übereinstimmen. Für eine endgültige Annahme der Überlegung bedarf es jedoch weiterer Untersuchungen.

Gleiches gilt für die statische Analyse der Vitalitätsveränderungen im Zusammenhang mit der Kationenaustauschkapazität. Auch hier konnte eine signifikant schwach negative Korrelation festgestellt werden. Die Regressionsanalyse ergab zudem einen gering negativen Regressionskoeffizienten von -0,01269188. Darauf basierend geht eine Zunahme der Kationenaustauschkapazität entsprechend der Klassen „sehr gering", „gering", „mittel", „hoch", „sehr hoch" und „extrem hoch" mit einer schwachen Vitalitätsabnahme einher. Der Einfluss der Kationenaustauschkapazität auf die Vitalitätsveränderungen wurde im Rahmen des Kruskal-Wallis-Test bestätigt. Die Ergebnisse stimmen auch hier nicht mit der Literatur überein, entsprechend deren eine erhöhte Kationenaustauschkapazität mit einer erhöhten Nährstoffversorgung der Bäume und somit auch mit einer höheren Vitalität einhergeht (vgl. BLUME et al. 2011).

Das Boxplotdiagramm der Vitalitätsveränderungen 2018 bis 2020 in der Kombination mit der Kationenaustauschkapazität zeigt, genauso wie bei der Nutzbaren Feldkapazität, bei der Mehrheit der Klassen („sehr gering", „gering", „mittel", „hoch" und „sehr hoch") einen Interquartilsabstand von 4 („Gleichbleibend") bis 5 („Leichte Vitalitätszunahme"). Der Großteil der Standorte der genannten Klassen gehen somit mit einer gleichbleibenden Vitalität oder leichten Vitalitätszunahme einher. Die höchste Kationenaustauschkapazität („extrem hoch") befindet sich jedoch in vorwiegend an Standorten mit gleichbleibender Vitalität. Zurückgreifend auf die bereits im Zusammenhang mit der Nutzbaren Feldkapazität genannten Vermutung, kann die fehlende Übereinstimmung mit der Literatur auf den Untersuchungsbeginn im August 2018 zurückgeführt werden. Während die Vitalität an Standorten mit geringerer Kationenaustauschkapazität bereits zu Beginn der Analyse abgenommen hatte, waren Standorte mit „extrem hoher" Kationenaustauschkapazität in ihrer Vitalität weitestgehend unverändert, sodass diese im Gegensatz zu Standorten mit geringerer Kationenaustauschkapazität deutlich weniger Vitalitätszunahmen aufweisen. Zur endgültigen Überprüfung dieser Annahme sind jedoch erneut weitere Untersuchungen notwendig.

Hinsichtlich des Forschungsinteresses der Studie wurde zudem der Zusammenhang zwischen den Vitalitätsveränderungen und dem Bestandesalter überprüft. Die Korrelationsanalyse ergab einen signifikant negativen Korrelationskoeffizienten von 0,03208257. Da der Koeffizient unter 0,1 liegt kann von keinem statistischen Zusammenhang ausgegangen werden. Auch das Ergebnis der Regressionsanalyse weist einen signifikant negativ ausfallenden Regressionskoeffizienten von -0,0002617 auf. Dementsprechend ginge eine Zunahme des Bestandsalters mit einer geringfügig ausfallenden Abnahme der Vitalität einher. Da der Koeffizient jedoch auch hier sehr gering ausfällt, kann keine statistisch relevante Vorhersage getroffen werden. Im Rahmen des Kruskal-Wallis-Test konnte dennoch ein signifikanter Einfluss des Bestandsalters auf die Vitalitätsveränderungen ermittelt werden. Durch Betrachtung des Boxplotdiagrammes bezüglich der Vitalitätsveränderungen 2018 bis 2020 und dem Bestandsalter, können insbesondere die Werte der Altersklassen „<1" und „1-20" anhand der Literatur erklärt werden. So weisen die Klassen „<1" und „1-20" gegenüber den meisten anderen Altersklassen einen größeren Interquartilsabstand auf, der gleichzeitig mit einer stärkeren Vitalitätszunahme einhergeht. Dieser reicht von 4 („Gleichbleibend") bis 6 („Mittlere Vitalitätszunahme"), wobei der Median der unter einem Jahr alten Bäume höher liegt und einer „Leichten Vitalitätszunahme" entspricht. Wird entsprechend der Literatur davon ausgegangen, dass vor allem Jungbäume, aufgrund eines bisher noch unzureichend ausgebildete und weniger tief reichende Wurzelsystems, schneller unter Trockenstress leiden und aus diesem Grund zu Beginn der Untersuchungen bereits geschädigt waren, könnten die vorwiegend leichten bis mittleren Vitalitätszunahmen nach 2018 erklärt werden (vgl. SCHARDT 1990). Dies begründet jedoch nicht die Werte der Altersklasse der 81 bis 100

Jahre alten Bäume, welche denen der jungen Bäume gleichen. Mittelalte Bäume haben bereits ein ausgeprägtes Wurzelsystem entwickelt und nützliche Mirko-Wasserreservoirs im Boden erschlossen, sodass sie üblicherweise weniger anfällig gegenüber Trockenstress sind als Jungbäume. Dies konnte im Rahmen der vorliegenden Arbeit, aufgrund der abweichenden Werte der Altersklasse „81 bis 100", nur teilweise bestätigt werden.

Anhand der Regressionsanalyse konnten letztlich, entsprechend R^2, ausschließlich 4,81 % der stattgefundenen Vitalitätsveränderungen erklärt werden. Dies lässt darauf schließen, dass weitere Variablen bestehen, welche zudem einen stärkeren Einfluss auf die Vitalitätsveränderungen als die bereits berücksichtigten Variablen aufweisen. Es kann davon ausgegangen werden, dass es sich dabei erneut vor allem um die Variablen Temperatur und Niederschlag handelt, welche bereits zuvor erörtert wurden.

Ebenfalls überprüft, wurde der Einfluss des Waldtypen auf die Vitalitätsveränderungen. Der Kruskal-Wallis-Test wies bei einem p-Wert von unter 0,05 auf einen signifikant hohen Zusammenhang hin. Anhand der Boxplots war erkennbar, dass Nadelwälder entsprechend eines Medians von 5 („Leichte Vitalitätszunahme") die am stärksten positiven Vitalitätsveränderungen aufzeigten. Misch- und Laubwälder wiesen einen Median von 4 („Gleichbleibend") auf. Werden nun die Interquartilsabstände ebenfalls berücksichtigt, so zeigt sich, dass 50 % der Mischwälder mit einer gleichbleibenden bis leicht zunehmende Vitalität einhergingen, wohingegen die Hälfte der Laubwälder lediglich eine gleichbleibende Vitalität aufwiesen. Demnach gingen Mischwälder mit eine stärkere Vitalitätszunahme als Laubwälder einher was auf eine erhöhte Diversität und Struktur als auch Widerstandsfähigkeit von Mischbeständen zurückgeführt werden kann (vgl. FRITZ 2006; KREYLING et al. 2011). Im Gegensatz dazu stehen die auffällig positiven Werte der Nadelwälder, welche auf eine erhöhte Trockenstressresistenz von Nadelbäumen zurückgeführt werden können (vgl. BOCHENEK et al. 2017).

Daran anknüpfend wurde zudem der Zusammenhang zwischen den Vitalitätsveränderungen von 2018 bis 2020 und der Hauptbaumart untersucht. Anhand des Ergebnisses des Kruskal-Wallis-Tests konnte auch hier von einem statistisch signifikanten Zusammenhang ausgegangen werden, demnach die Baumart einen Einfluss auf die

6 Diskussion – Fallstudie I

Vitalitätsveränderungen ausübt. Unter Betrachtung der Boxplot konnte zunächst erkannt werden, dass die Laubbaumarten Buche, Eiche und Pappel einen weitestgehend gleichen Einfluss auf die Vitalitätsveränderungen ausüben. So gingen die Hälfte der jeweils vorkommenden Laubwaldarten mit einer gleichbleibenden bis leicht zunehmende Vitalität einher. Gleiches gilt für die Nadelbaumart Lärche. Auffallend positive Werte wiesen die Baumarten Douglasie und Kiefer auf, welche in 50 % der Fälle mit einer gleichbleibenden bis mittleren Vitalitätszunahmen in Verbindung standen. Im Gegensatz dazu stehen die Fichtenbestände, welche einen Interquartilsabstand von 2 („Mittlere Vitalitätsabnahme") bis 4 („Gleichbleibend") aufwiesen und demnach zu einem deutlich höheren Anteil mit Vitalitätsabnahmen einhergingen. Die vermehrten Vitalitätsabnahmen der Fichten entspricht den Ergebnissen der Waldzustandserhebung Nordrhein-Westfalens und kann unter anderem auf eine geringe Trockenstresstoleranz sowie einen zunehmenden Borkenkäferbefall infolge des starken Trockenstresses zurückgeführt werden. Die Kiefer ist im Allgemeinen weniger anfällig gegenüber Trockenstress und demnach weniger betroffen als die Fichte (siehe Kapitel 2.1.1). Sie weist auch gegenüber anderen Baumarten geringere Vitalitätsverluste auf (vgl. HENNING 2017; MULNV NRW 2021). Ähnlich verhält es sich mit der Douglasie, welche ebenfalls gegenüber der Fichte deutlich trockenstressresistenter ist (vgl. HENNING 2017). Dies kann im Rahmen der vorliegenden Untersuchung bestätigt werden.

Ebendiese Werte stellen eine mögliche Erklärung für die zuvor diskutierten Ergebnisse der statistischen Analyse der Vitalitätsveränderungen im Zusammenhang mit den Waldtypen dar, entsprechend derer Nadelwälder mit einer verhältnismäßig stärkeren Vitalitätszunahme einhergehen als andere Waldtypen. Mögliche Ursache könnten weitere Standortbedingungen darstellen, die einen stärkeren Einfluss auf die Vitalitätsveränderungen ausüben als der Waldtyp oder die Baumart selbst, worauf bereits durch die geringe Modellgüte der Regressionsanalyse hingedeutet wurde. In diesem Fall würde es sich lediglich um einen scheinbaren Zusammenhang handeln und müsste mithilfe weiterer Tests überprüft werden.

Die Ergebnisse der statistischen Analyse des Waldzustandes bestätigen die stärker positiv ausfallenden Vitalitätsveränderungen der Nadelwaldflächen zusätzlich. Entsprechend der prozentualen

Flächenanteile der einzelnen Vitalitätsklassen in den Jahren 2018 bis 2020, wiesen die Laubwaldflächen während des gesamten Untersuchungszeitraum einen verhältnismäßig geringeren Anteil an vitalen Waldflächen auf. Die Anteile der gestressten bis stark geschädigten Waldflächen waren hingegen größer. An dieser Stelle anzumerken ist jedoch die langfristige Abnahme der stark geschädigten Laubwaldflächen, wohingegen der Anteil der stark geschädigten Nadelwaldflächen bis 2020 zugenommen hat. Demnach neigen stark geschädigte Nadelwaldflächen, entgegen der Laubwaldflächen, eher zu einer weiteren Vitalitätsverschlechterung statt einer Erholung. Dies könnte auf einen durch Trockenstress verursachen Blattabwurf der Laubbäume zurückgeführt werden, welche die spektrale Signatur der Laubwaldflächen maßgeblich beeinflusst (siehe Kapitel 2.3 und 2.4.4). Sobald die Blätter im darauffolgenden Jahr neu wachsen, verändert sich die spektrale Signatur erneut und die Flächen werden als vitaler eingestuft. Ein Nadelverlust ist jedoch andauernd und tritt erst bei verhältnismäßig stärkerem Trockenstress auf, was den zunehmenden Anteil der stark geschädigten Nadelwaldflächen erklären würde (vgl. ANJUM et al. 2011; ROLOFF 2021b). Die Ergebnisse zeigen zudem eine allgemeine Vitalitätszunahmen in den Jahren 2018 bis 2020, sodass die Ergebnisse der statistischen Analyse mit den Waldzustandskarten und den Vitalitätsveränderungskarten übereinstimmen und diese erneut bestätigen.

6.2 Methodenkritik

Um mögliche Einschränkungen und Probleme der Studie bewusst zu machen, folgt eine kritische Reflexion der angewandten Methoden und Ergebnisse. Die Reihenfolge richtet sich nach dem methodischen Vorgehen, sodass zunächst die Schadkarten selber und anschließend das *Ground Thruthing* und die *Gap Fraction* Analyse sowie die statische Auswertung folgen.

6.2.1 Die Schadkarten

Um die durch Trockenstress verursachten Vitalitätsveränderungen der stark trockenen Jahre 2018 bis 2020 besser beurteilen zu können,

6 Diskussion – Fallstudie I

wäre das Hinzuziehen verhältnismäßig humiderer Jahre wünschenswert gewesen. Auf diese Weise hätten die Veränderungen vergleichend analysiert und die durch Trockenstress verursachten Vitalitätsveränderungen zusätzlich hervorgehoben werden können. Aufgrund einer unzureichenden Datenverfügbarkeit an wolkenfreien Sentinel-2-Szenen musste der Untersuchungszeitraum jedoch auf die Jahre 2018 bis 2020 beschränkt werden.

Obwohl im Rahmen der Datenvorbereitung darauf geachtet wurde, Mischpixel und Störfaktoren möglichst zu vermeiden, können diese nicht gänzlich ausgeschlossen werden. Zudem muss darauf hingewiesen werden, dass die im Vorfeld beschafften Daten sowie die im Rahmen der Arbeit erzeugten Daten, wie die Klassifizierung, unter Umständen Fehler aufweisen können. Dies betrifft vor allem die statistische Analyse, welche durch fehlerhafte Daten schnell verfälscht werden kann. Eine größtmögliche Zuverlässigkeit der Ergebnisse kann jedoch nur durch die Verwendung von In situ-Daten erreicht werden, was äußerst zeit- und oftmals auch kostenintensiv ist. Die Verwendung von Fernerkundungsdaten ermöglicht im Gegensatz dazu eine flächendeckende und weniger zeitintensive Ergebniserzeugung. Trotz der hohen zeitlichen und räumlichen Auflösung der Sentinel-2-Satellitenbilder sind die im Rahmen der Arbeit gewonnenen Ergebnisse dennoch teilweise ungenau. Bei einem Pixel der Sentinel-2-Satellitenbilder handelt es sich um eine 100 m^2 große Fläche von 10 m Auflösung. Dementsprechend setzt sich der Reflexionswert des Pixels aus den Reflexionswerten mehrerer Bäume, Wiesen als auch dem durchscheinenden Boden zusammen. Entsprechend der Auflösung der Sentinel-2-Szenen von zehn Metern ist eine Einzelbaumbeurteilung jedoch nicht möglich, wodurch einige Schäden unter Umständen unerkannt bleiben. Demnach erfolgt die Vitalitätsbeurteilung anhand von Beständen, wodurch leichtere Vegetationsveränderungen schneller übersehen werden. So kommt es vor, dass vereinzelt auftretende abgestorbene Bäume in den Ergebnissen nicht berücksichtigt werden können. Durch das Zurückgreifen auf höherauflösende Fernerkundungsdaten, wie LiDAR Landscannerdaten, könnte die Genauigkeit der Ergebnisse erhöht werden. Entsprechend des Kostenumfangs war das im Rahmen dieser Studie jedoch nicht möglich, sollte jedoch bei entsprechenden finanziellen Mittel in Betracht gezogen werden.

6 Diskussion – Fallstudie I

Die Festlegung der Grenzwerte erfolgte, auf Grund fehlender Standardisierung und Referenzwerte, mehr oder weniger „subjektiv". Je nachdem wie hoch oder niedrig die Klassengrenzen festgelegt werden, verändert sich das Endergebnis. Aus diesem Grund ist das Heranziehen von alternativen Referenzdaten wie Satellitenbildern im Nahinfrarot und Orthofotos notwendig. Auf diese Weise konnten, trotz fehlender Orientierungswerte, die einzelnen Vitalitätsstufen zuverlässig voneinander abgetrennt und repräsentative Klassengrenzen festgelegt werden. Insbesondere durch die Trennung von Laub- und Nadelwaldflächen anhand der Klassifizierung, konnten trotz der unterschiedlichen multispektralen Reflexion von Laub- und Nadelwaldflächen, sinnvolle Schadklassengrenzen für beide Waldtypen ermittelt werden.

An dieser Stelle muss darauf hingewiesen werden, dass die Ergebnisse durch die zusätzliche Berücksichtigung von Mischwaldflächen eventuell noch zusätzlich optimiert werden könnten. Da die zur Schadkartenerstellung verwendeten Indizes jedoch, aufgrund der unterschiedlichen Ausprägungen, sogar bei gleicher Wertespanne, nicht normalisiert werden konnten, erfolgte die Festlegung der Grenzwerte für jeden Index individuell. Die Grenzwerte eines Index können demnach nicht auf einen anderen Index übertragen werden. Dies schränkt die Übertragbarkeit der Waldzustandskarte insofern ein, als dass für die Berücksichtigung weiterer oder anderer Indizes neue Grenzwerte ermittelt werden müssten. Die Festlegung der Grenzwerte ist jedoch zeitintensiv und erfordert mehrfache Überprüfungen.

Die Grenzwerte der Vitalitätsveränderungskarte hingegen, können durch ihre Standardisierung, problemlos auf anderen Indizes angewendet werden. Durch die Berücksichtigung der prozentualen Veränderung basieren die ermittelten Grenzwerte auf Berechnungen und weisen eine dementsprechend hohe Genauigkeit auf. Zudem ist eine Anpassung der Grenzwerte entsprechend des Forschungsinteresse möglich, was im Rahmen der Waldzustandskarte nur geringfügig machbar ist, da diese in ihren Klassengrenzen durch Nahinfrarotdarstellungen und Orthofotos definiert wird. Die Klassengrenzen der Veränderungskarte können hingegen gezielt niedriger oder höher gesetzt werden um, die Ergebniskarte dementsprechend gegenüber mehr oder weniger starken Veränderungen zu sensibilisieren. Die Berücksichtigung der prozentualen Veränderungen gewährleistet zudem eine hohe gebietsübergreifenden Vergleichbarkeit und Repräsentativität.

6.2.2 Ground Thruthing & Gap Fraction Analyse

Um möglichst repräsentative Ergebnisse zu erhalten, wäre bei der Standortauswahl eine wissenschaftlichere Herangehensweise ratsam. Aufgrund der zeitlichen begrenzten Verfügbarkeit der Ausrüstung, des bevorstehenden Laubabwurfs sowie der zu gewährleistenden Erreichbarkeit der Standorte, war eine statistische Auswahl der Standorte jedoch nicht möglich. Gleiches gilt für die Witterungsbedingungen, welche idealerweise bewölkt, windarm und niederschlagsfrei ausfallen sollten. Entsprechend der zeitlich begrenzten Verfügbarkeit der Kamera konnte nur mäßig Rücksicht auf die vorherrschenden Witterungsbedingungen genommen werden, so dass die Fotos in der Belichtung variieren können. Die Klassifizierung der Bilder mithilfe der Bilderverarbeitungssoftware CAN-EYE verlief dennoch problemlos.

Die Aussagekraft der im Rahmen der *Gap Fraction* Analyse gewonnenen Ergebnisse ist aufgrund einer deutlich geringeren Anzahl an berücksichtigten Fotos verhältnismäßig gering. Üblicherweise wird die *Gap Fraction* anhand von mindestens acht Hemisphärischen Fotos ermittelt. Das *Ground Thruthing* und die damit verbundene *Gap Fraction* Analyse dienen, entsprechend der Fragestellung der vorliegenden Studie, jedoch nur zur Veranschaulichung, weshalb eine umfangreichere Durchführung der Analyse nicht zielführend wäre. Zudem würde eine umfangreichere Analyse im Zusammenhang mit einem gleichermaßen umfangreicherem *Ground Thruthing* einhergehen, was den zeitlichen Rahmen der Studie überschreiten würde.

Weiterhin ist die Überprüfung der Waldvitalität mithilfe Hemisphärischer Fotos eher für eine wiederholte Dokumentation der immer gleichen Flächen über einen längeren Zeitraum geeignet, da so genauere und repräsentativere Ergebnisse erzeugt werden könnten. Auch für die anschließende Auswertung mit CAN EYE wäre eine präzisere und langwierigere Planung sinnvoll, da so die übliche Mindestanzahl von acht Fotos berücksichtigt und repräsentative Mittelwerte der einzelnen Schadklassen ermittelt werden könnten. Anknüpfend an die vorliegende Studie könnten längere Studien bezüglich der Übereinstimmung der ermittelten Grenzwerte und dem tatsächlichen

Waldzustand durchgeführt werden. Durch das wiederholte Aufsuchen der ausgewählten Standorte über einen Zeitraum von mehreren Monaten bis Jahre, in Kombination mit der Hemisphärischen Fotografie, wäre eine umfangreichere Überprüfung und Anpassung der Grenzwerte möglich.

Trotz des geringen Umfangs des *Ground Truthings*, konnten die in der Studie gewonnenen Ergebnisse überprüft und die festgelegten Schadklassengrenzwerte nachträglich optimiert und angepasst werden. Dementsprechend ist die Durchführung mehrerer *Ground Thruthing* ratsam. Die Eignung von Hemisphärischen Fotos ist jedoch nicht in jeder Schadklasse gegeben. Während starke Vitalitätsabnahmen oftmals mit einer Kronenverlichtung einhergehen und mittels Hemisphärischer Fotos gut erfasst werden können, erscheinen gestresste Bäume mit anfänglichen Vitalitätsverlusten im Feld zumeist noch gesund. Derartige Veränderungen können mithilfe Hemisphärischer Fotografien kaum bis gar nicht festgehalten werden, was den Vorteil der Fernerkundung erneut hervorhebt. Obwohl anhand des Vegetations- beziehungsweise *Gap Fraction* Anteils alleine keine repräsentativen Aussagen bezüglich der Vitalität getroffen werden können, lieferten das *Ground Thruthing* und die anschließend durchgeführte *Gap Fraction* Analyse relevante Ergebnisse, welche eine zusätzliche Visualisierung und Veranschaulichung der ermittelten Schadklassen ermöglichten. Zudem ermöglichte das *Ground Thruthing* einen Einblick in den realen Vitalitätszustand des Waldes und somit einen direkten Vergleich zwischen den durch Fernerkundungsmethoden gewonnenen Ergebnissen und der Realität.

6.2.3 Statistische Auswertung

Anschließend an den Kruskal-Wallis-Test wäre das durchführen eines Post-hoc-Tests üblich. Auf diese Weise könnte geklärt werden, zwischen welchen Faktorgruppen der Variablen Unterschiede bezüglich der zentralen Tendenz bestehen. Aufgrund der unterschiedlichen Skalierung war dies bei den vorliegenden Daten jedoch nicht möglich, da die Ergebnisse bei unterschiedlich skalierten Variablen nicht repräsentativ wären.

Da es sich bei der Waldvitalität um ein komplexes Konstrukt handelt, welches durch eine komplizierte Verkettung diverser biotischer und abiotischer Faktoren beeinflusst wird, konnten im Rahmen der statistischen Analyse zudem nicht alle relevanten Einflussgrößen berücksichtigt werden. Daher sollten weitere Einflussvariablen, wie insbesondere der Niederschlag und die Temperatur, welche die Waldvitalität maßgeblich beeinflussen, für eine repräsentativere Ermittlung der Einflussvariablen herangezogen werden. Auch die Bodenart und der Bodentyp könnten entscheidende Informationen hinsichtlich der Walzustände und Vitalitätsveränderungen liefern und sollte in weiterführenden Studien ergänzend hinzugezogen werden. Des Weiteren bestünde die Möglichkeit, die statistische Analyse auf Grundlage der Waldzustandskarte anstelle der Veränderungskarte durchzuführen. Da die Veränderungskarte jedoch mit einer höheren Genauigkeit und Repräsentativität einhergeht, können anhand dieser verlässlichere Ergebnisse erzielt werden.

Entsprechend des immer wieder kehrenden Problems hinsichtlich des Untersuchungsbeginn im August 2018, sollte in weiteren statistischen Analysen der Untersuchungszeitraum vergrößert werden, sodass die der Veränderungsanalyse bereits vor der Trockenheit beginnen kann. Auf diese Weise wäre eine endgültige Klärung der im Rahmen der Ergebnisdiskussion genannten Annahmen möglich. Da für das vorliegende Untersuchungsgebiet jedoch keine wolkenfreien Sentinel-2-Szenen vor 2018 zur Verfügung stehen, war dies nicht möglich und könnte lediglich unter Berücksichtigung eines neuen Untersuchungsgebietes überprüft werden.

Es ist außerdem anzumerken, dass eine statistische Analyse aufgrund der unterschiedlichen Skalierung der Daten nur begrenzt möglich war. Daran anknüpfend könnte die statistische Auswertung anhand der berechneten Vegetationsindizes, anstelle der Veränderungskarte 2018-2020, durchgeführt werden. Dies würde sich insbesondere in der deskriptiven Statistik in Form der Boxplot bemerkbar machen sowie auch in weiteren statistischen Tests. Diese weisen aufgrund der Ordinalskalierung der Daten nur geringfügige Unterschiede auf. Das Differenzbild des jeweiligen Index würde in diesem Fall repräsentativ für die Vitalitätsveränderungen verwendet werden. Die dadurch ermittelten Ergebnisse wären hinsichtlich der erstellten Schadkarten jedoch nur in geringem Maß aussagekräftig, da sie lediglich den Zusammenhang zwischen den Indizes und den Einflussvariablen erklären würden. Der Zusammenhang zu den ermittelten Grenzwerten und den daraus resultierenden Schadklassen wäre damit nicht gegeben.

7 Fazit der Fallstudie I

Unterstützend für die forstliche Anwendung wurden im Rahmen der vorliegenden Studie gebietsübergreifende Grenzwerte zur Vitalitätsbeurteilung ermittelt und somit eine funktionale Lösung im Kontext des aktuellen Waldsterbens erzielt. Unter Berücksichtigung einer thematisch eng verwandten Studie von Laura Stangier mit dem Titel „Monitoring der Vitalität von Wäldern im Unteren Weserleinebergland auf Basis von Sentinel-2-Satellitenbildern unter besonderer Berücksichtigung von Buchenbeständen" (Studie II) konnte unter Verwendung von drei ausgewählten Vegetationsindizes eine Methode zur flächendeckenden Waldzustandsbeurteilung ermittelt werden.

Der Untersuchungszeitraum wurde entsprechend der hohen Aktualität des Themas auf die ungewöhnlich warmen und trockenen Jahre 2018, 2019 und 2020 festgelegt. Bei den berücksichtigten Vegetationsindizes handelt es sich um den *Normalized Difference Red Edge Index* (NDRE), den *Disease Water Stress Index* (DSWI) und den *Red Edge Normalized Difference Vegetation Index* (RENDVI), welche entsprechend ihrer Eignung im Rahmen des Forschungsinteresses unter insgesamt 22 berechneten Indizes ausgewählt wurden. Die Berechnung der Indizes erfolgte auf Grundlage von Sentinel-2-Daten, wodurch eine hohe zeitliche und räumliche Auflösung gewährleistet werden konnte. Als Untersuchungsgebiet dienten die Waldflächen des RVR-Gebiets. Entsprechend der zwei Schadkatentypen wurden verschiedene Grenzwerte mit unterschiedlichen Berechnungsmethoden entwickelt. Die Grenzwerte der Vitalitätsklassen wurden anhand der berechneten Vegetationsindizes in Kombination mit Orthofotos und den Satellitenbildern in Nahinfrarotdarstellung ermittelt, währen die Grenzwerte der Veränderungsklassen auf Berechnungen beruhen. Die Indizes wurden entsprechend der festgelegten Grenzwerte reklassifiziert und anschließend miteinander verrechnet.

Auf Grundlage dessen wurde zunächst eine Zeitreihe der Vitalitätsveränderungen und -zustände der vergangenen drei Jahre erstellt, was es ermöglichte die Vitalitätsveränderungen während des Untersuchungszeitraumes zu modellieren und zu überprüfen. Ergebnis dessen ist die erfolgreiche Generierung der Waldzustandskarten der

7 Fazit der Fallstudie I

Jahre 2018, 2019 und 2020 sowie der Vitalitätsveränderungskarten 2018-2019, 2019-2020 und 2018-2020. Die gewonnenen Ergebnisse wurden mithilfe eines *Ground Thruthing* sowie einer damit verbundenen *Gap Fraction* Analyse überprüft und optimiert. Um prägende Einflussvariablen, der im Rahmen der Studie berechneten Vitalitätsveränderungen, zu ermitteln, wurde zudem eine statistische Analyse in R Studio durchgeführt, wobei der Zusammenhang zwischen den Vitalitätsveränderungen und der Altersstruktur von besonderem Interesse war.

Aus den Walzustandskarten 2018 bis 2020 ging eine allgemeine Erholung der Waldflächen nach 2018 hervor, welche im Kontrast zu einem sich weiter verschlechternden Vitalitätszustand im Südosten des Untersuchungsgebietes steht. Während sich die Waldzustände der Jahre 2018 und 2019 nur geringfügig unterschieden, wies das Jahr 2020 einen auffallend besseren Vitalitätszustand auf, wobei erneut die im Südosten des RVR-Gebietes stark geschädigten Waldflächen herausstachen. Gleiches zeigte sich in den Vitalitätsveränderungskarten, welche von 2018 bis 2020 bei überwiegenden Vitalitätszunahmen starke Vitalitätsabnahmen im Südosten des Gebietes aufzeigen.

Die Ergebnisse konnten größtenteils auf die Einflussvariablen Temperatur und Niederschlag zurückgeführt werden, welche während der Vegetationsperiode 2018, 2019 und 2020 hinsichtlich der Temperatur auffallend über dem langjährigen Mittel von 1991 bis 2020 und hinsichtlich des Niederschlags deutlich unter dem langjährigen Mittel von 1991 bis 2020 lagen. Der Dürremonitor des Helmholz-Zentrums für Umweltforschung wies für die Jahre 2018 bis 2020 im August eine schwere bis starke Dürre auf und bestätigte damit den großen Einfluss der Temperatur und des Niederschlags zusätzlich. Der sich verhältnismäßig stark verbessernde Vitalitätszustand 2020 konnte auf die höher ausfallenden Niederschlagsmengen während der Winter- und Frühlingsmonate sowie einer verhältnismäßig weniger stark über dem langjährigen Mittel liegenden Temperatur während der Vegetationsperiode zurückgeführt werden. Der deutlich schlechter ausfallende Vitalitätszustand im Südosten des Untersuchungsgebietes konnte durch eine erhöhte Hangneigung begründet werden, welche oftmals mit einem geringeren Wurzelraum sowie einem erhöhten Oberflächenabfluss einhergeht.

7 Fazit der Fallstudie I

Aus den Ergebnissen des *Ground Thruthing* sowie der im Anschluss dessen durchgeführten *Gap Fraction* Analyse ging eine Übereinstimmung mit den festgesetzten Schadklassengrenzwerten hervor. Diese wiesen bei zunehmender Schadklasse von „Vital" bis „Stark geschädigt" auf einen ansteigenden Verlichtungsgrad infolge von Vitalitätsabnahmen hin und belegten damit die Genauigkeit der Grenzwerte. Einzig auffällig war der erhöhte Vegetationsanteil der Laubwaldklasse „Gestresst" gegenüber der Klasse „Vital". Dies bestätigte jedoch lediglich den Vorteil der Fernerkundung, Schäden bereits in frühen Stadien zu erkennen, wenn noch keine sichtbaren Schäden vorhanden sind, und steht somit im Einklang mit den festgelegten Schadklassengrenzwerten.

Im Rahmen der statistischen Analyse konnte der Zusammenhang zwischen den Vitalitätsveränderungen und der Hangneigung, welcher bereits im Rahmen der Schadkarteninterpretation festgestellt werden konnten, mittels verschiedener Tests bestätigt werden. Diese wiesen bei zunehmender Hangneigung auf eine Abnahme der Vitalität hin, was in der Literatur bestätigt wird. Ebenfalls festgestellt werden, konnte ein Einfluss der Exposition auf die Vitalitätsveränderungen, welcher sich entsprechend der Literatur vor allem an Südhängen durch einen negativen Einfluss auf die Vitalität äußert. Da ein Posthoc Test an dieser Stelle jedoch nicht möglich war, konnte die genaue Wirkung des Einflusses der Exposition im Rahmen der vorliegenden Studie nicht überprüft werden.

Hinsichtlich des Einflusses der Nutzbaren Feldkapazität und der Kationenaustauschkapazität konnte festgestellt werden, dass eine geringe Ausprägung der beiden Variablen in dem Zeitraum von 2018 bis 2020 mit einer leichten Vitalitätszunahme einherging, wohingegen die stärksten Ausprägungen – sehr gute Nutzbare Feldkapazität und extrem hohe Kationenaustauschkapazität- vorwiegend mit einer gleichbleibenden Vitalität in Verdingung stehen. Dies steht zunächst im Gegensatz zu dem üblicherweise erwarteten positiven Einfluss der beiden Variablen. Eine mögliche Erklärung liegt in dem Beginn des Untersuchungszeitraums im August 2018. Wenn Standorte mit einer sehr guten Nutzbaren Feldkapazität und extrem hoher Kationenaustauschkapazität von vornherein weniger starke Vitalitätsabnahmen aufweisen, fallen die Verbesserungen dieser Flächen in den folgenden Jahren dementsprechend geringer aus. An dieser Stelle zeigte sich

7 Fazit der Fallstudie I

jedoch die Notwendigkeit weiterführender Untersuchungen, um den Einfluss der Variablen Nutzbaren Feldkapazität und Kationenaustauschkapazität mit Gewissheit klären zu können.

Das eingängig formulierte Forschungsinteresse bezüglich des Einflusses der Bestandsalters auf die Vitalität, wurde ebenfalls mithilfe diverser statistischer Tests überprüft. Diese deuteten zwar auf einen stark signifikanten Einfluss der Bestandsalters hin, konnten jedoch keinen signifikanten statistischen Zusammenhang belegen. So zeigten die Ergebnisse eine Vitalitätszunahme der Altersklassen der unter einem Jahr alten sowie der ein bis zwanzig Jahre alten Bäume nach 2018. Da sich Bestände mit höheren Altersklassen vorwiegend durch gleichbleibende Vitalitätszustände auszeichneten, kann auch hier davon ausgegangen werden, dass weiterführende Untersuchungen eine anfängliche Vitalitätsabnahme jüngerer Bestände im Sommer 2018 aufzeigen würden. Dies würde die im Rahmen der vorliegenden Studie ermittelten Vitalitätszunahmen junger Bäume bis 2020 erklären und entsprechend der Literatur auf ein bisher noch weniger stark ausgeprägtes und weniger tief reichendes Wurzelsystem junger Bäume verweisen. Zur Klärung dessen wären jedoch auch an dieser Stelle weiterführende statistische Analysen notwendig.

Zuletzt wurde die Einflüsse des Waldtyps sowie der in den Untersuchungsflächen vorherrschenden Hauptbaumarten überprüft. Dabei wurde zunächst eine erhöhte Vitalitätszunahme innerhalb der Nadelbaumflächen von 2018 bis 2020 festgestellt, was sich auch in den prozentualen Flächenanteilen der einzelnen Vitalitätsklassen entsprechend der Laub- und Nadelwaldflächen in den Waldzustandskarten 2018, 2019 und 2020 zeigte. So fiel der Anteil der Laubwalflächen mit Vitalitätsabnahmen in allen drei Jahren tendenziell höher aus als bei den Nadelwaldflächen. Auch die Vitalitätsveränderungen der im Rahmen der statischen Analyse, berücksichtigten Mischwaldbeständen wiesen entgegen der Erwartungen geringere Vitalitätszunahmen als die Nadelwaldflächen auf. Die Analyse des Einflusses der Baumarten auf die Vitalitätsveränderungen zeigte hingegen deutlich stärker negativ ausfallende Vitalitätsveränderungen der Fichtenbestände gegenüber sämtlichen anderen Baumarten, was sich mit der Literatur deckt. Die Nadelbaumarten Douglasie und Kiefer weisen auffällig häufiger Vitalitätszunahmen auf, während die Vitalitätsveränderungen der Lärchen mit denen der Laubbaumarten Buche, Eiche und Pappel

7 Fazit der Fallstudie I

einhergehen. Ursache dessen könnten weitere Variablen sein, deren Einfluss den des Waldtyps und der Hauptbaumart übertreffen und im Rahmen weiterer statistischer Tests überprüft werden sollte.

Zukünftige Forschungen könnten demnach an die statische Analyse anknüpfen und die Zusammenhänge zwischen den Einflussvariablen und den Vitalitätsveränderungen fortführend prüfen. Hierbei sollten zunächst der Zusammenhang zwischen den bereits berücksichtigten Variablen Bestandesalter, Waldtyp, Hauptbaumart als auch der Nutzbaren Feldkapazität und Kationenaustauschkapazität mit den Vitalitätsveränderungen weiterführend untersucht werden. Eine Möglichkeit bestünde in der Berücksichtigung weiterer Zeiträume oder Untersuchungsgebiete. Daran anschließend sollte zudem der Einfluss diverser weiterer Variablen wie der Temperatur und dem Niederschlag herangezogen und statistisch überprüft werden. Des Weiteren bestünde die Möglichkeit eines umfangreicheren *Ground Thruthings* sowie einer damit einhergehenden *Gap Fraction* Analyse. Durch das wiederholte Aufsuchen der gewählten Standorte über einen längeren Zeitraum wäre es möglich die im Rahmen der Studie ermittelten Grenzwerte einer ausführlicheren Überprüfung und Anpassung zu unterziehen.

Zusammenfassen konnte, durch die erfolgreiche Ermittlung von Schadklassengrenzwerten und der Erstellung zweier verschiedener Schadkartentypen, an den akuten Forschungsbedarf bezüglich flächendeckender Waldzustandsinformationen angeknüpft und das Ziel der Studie erreicht werden. Die ermittelten Schadklassengrenzwerte bieten eine repräsentative Grundlage für weiterführenden Waldzustandsbeurteilungen und stellen somit eine mögliche Unterstützung für die forstliche Anwendung dar, welche im Kontext des voranschreitenden Klimawandels von zunehmender Bedeutung sind. Mithilfe der Schadkartenzeitreihen war es zudem möglich, die Walzustände und Vitalitätsveränderungen der RVR-Waldflächen der Jahre 2018 bis 2020 zu visualisieren und zu interpretieren. Durch die anschließende statistische Analyse konnte außerdem die Frage nach einem potenziellen Zusammenhang zwischen den Vitalitätsveränderungen und dem Bestandesalter, sowie weiterer Einflussvariablen, teilweise geklärt werden.

8 Literaturverzeichnis Fallstudie I

Abdfullah, H., Skidmore, A. K., Darvishzadeh, R. & M. Heurich (2019): Sentinel-2 accurately maps green-attack stage of Eurpean spruce barkk beetle (Ips typographus, L.) compared with Ladsat-8- Remote Sensing in Ecology and Conservation. 5. S. 87-106.

Abuard, V., Paulo, J. A. & J. M. N. Silva (2019): Long-Term Monitoring of Cork and Holm Oak Stand Productivity in Portugal with Landsat Imagery. Remote Sensing 11(5). 525.

ADJOGNON, G. S., RIVERA-BALLESTEROS, A. & D. VAN SOEST (2019): Satellite-based tree cover mapping for forest conservation in the drylands of Sub Sahara Africa (SSA). Application to Burkina Faso gazetted forests.

ALEXANDER, S. A. & C. J. PALMER (1999): Forest health monitoring in the united states. First four years. Enviromental Monitoring Asess. 55. S. 267-277.

ALLEN, C. D., BRESHEARS, D. D. & G. McDOWELL (2015): On underestimation of global vulnerability to tree mortality and forest die-off from hotter drought in the Anthropocene. Ecosphere 6. (8). S. 1–55.

ANDEREGG, W. R. L., ANDEREGG, L. D. L., KERR, K. L. & A. T. TRUGMAN (2019): Widespread drought-induced tree mortality at dry range edges indicates that climate stress exceeds species' compensating mechanisms. Global Change Biology. 25. S. 3793–3802.

ANJUM, S. A., XIE, X., WANG, L., SALEEM, M. F., MAN, C. & W. LEI (2011): Morpholofical, physiological and biochemical responses of plants to drought stress. African Journal of Agricultural Research Vol. 6. (9). S. 2026-2032.

ARBEITSGEMEINSCHAFT KRONENZUSTAND DES BUNDES UND DER LÄNDER IN DEUTSCHLAND (2007): Waldbäume. Bilderserie zur Einschätzung von Kronenverlichtungen bei Waldbäumen. 2. Auflage. M. Faste Verlag.

BADGLEY, G., FIELD, C. B. & J. A. BERRY (2017): Canopy near-infrared reflectance and terrestrial photosynthesis. Enviromental Science. 3. O.S.

BÁRTA, V., LUKEŠ & L. HOMOLOVÁ (2021): Early detection of bark beetle infestation in Norway spruce forets of Central Europe using Sentinel-2. International Journal of Applied Earth Observation and Geoinformation. 100. o.S.

BAUMGARTEN, M. & K. VON TEUFFEL (2005): Nachhaltige Waldwirtshaft in Deutschland. – in: VON TEUFEL, K., BAUMGARTEN, M., HANEWINKEL, M., SAUTER, U. H., SPIECKER, H. & K. VON WILPERT (Hrsg.): Waldumbau. Für eine zukunftsorientierte Waldwirtschaft. Springer. Berlin. Heidelberg. S. 1-10.

BAFU (2020): Wissenstransfer: Erkennen der Vitalität von Bäumen anand von Satellitendaten. Abschlussbericht SBB Pilot „Forest & Remote Sensins". Bundesamt für Umwelt. Bern.

Blume, H. P., Stahr, K. & P Leinweber (2011): Bodenkundliches Praktikum. Eine Einführung in pedologisches Arbeiten für Ökologen, Land- und Forstwirte, Geo- und Umweltwissenschaftler. 3. neubearbeitete Auflage. Spektrum Akademischer Verlag. Heidelberg.

BOAIN, R. J. (2005). A-B-Cs of Sun-Synchronous Orbit Mission Design, Spaceflight Mechanics 2004. Advances in the Astronautical Sciences Series. Univelt. Incorporated. S. 85–104.

BOCHENEK, Z., ZIOLKOWSKI, D., BARTOLD, M., ORLOWSKA, K. & A. OCHTYRA (2017): Monitoring forest biodiversity and the impact of climate on forest environment using high-resolution satellite images. European Journal of Remoe Sensing. 51. S. 166-181.

BOIARSKII, B. & H. HASEGAWA (2019): Comparison of NDVI and NDRE Indices to Detect Differences in Vegetation and Chloropyll Content. International Conferene on Applied Science Technologiy and Engineering. Special Issue. 4. S. 20-29.

BUCHHOLZ, H. J., HEILBERG, H., MAYR, A. & P. SCHÖLLER (1971): Modelle kommunaler und regionaler Neugliederung im Rhein-Ruhr-Wupper-Ballungsgebiet und die Zukunft der Stadt Hattingen. - In: STADT HATTINGEN (Hrsg.): Materialien zur Raumordnung aus dem Geographischen Institut der Ruhr-Universität Bochum, Forschungsabteilung für Raumordnung, IX. Bochum. S.135.

BUNDESMINISTERIUM FÜR ERNÄHRUNG UND LANDWIRTSCHAFT (BMEL) (2017): Die dritte Bundeswaldinventur BWI 2012. Inventur- und Auswertungsmethoden. Thünen-Institut für Waldökosysteme.

8 Literaturverzeichnis Fallstudie I

BUNDESMINISTERIUM FÜR ERNÄHRUNG UND LANDWIRTSCHAFT (BMEL) (2020a): Ergebnisse der Waldzustandserhebung 2019. Referat 515 – Nachhaltige Waldbewirtschaftung. Bonn.

BUNDESMINISTERIUM FÜR ERNÄHRUNG UND LANDWIRTSCHAFT (BMEL) (2020b): Waldstrategie 2020. Abrufbar unter: https://www.bmel. de/DE/themen/wald/ waldstrategie2020.html. (zuletzt aufgerufen am: 20.08.2021)

BUNDESMINISTERIUM FÜR ERNÄHRUNG UND LANDWIRTSCHAFT (BMEL) (2021): Trockenheit im Wald. Maßnahmen bei außergewöhnlichen Naturereignissen. Abrufbar unter: https://www.bmel.de/DE/ themen/wald/wald-in-deutschland/extremwetter-hilfe-wald.html. (zuletzt abgerufen am: 05.11.2021)

BWI (2017): Wald in Deutschland – Wald in Zahlen. Ergebnisse der Kohlenstoffinventur 2017. Bundeswaldinventur. Johann Heinrich von Thünen-Institut für Waldökosysteme. Braunschweig.

CARTER, G. A. (1991). Primary and Secondary Effects of Water Content on the Spectral Reflectance of Leaves. American Journal of Botany, 78(7), S. 916–924.

CASSEL-GINTZ, M. (2001): GIS-gestützte Analyse globaler Muster anthropogener Waldschädigung. Eine sektorale Anwendung des Syndromkonzepts. PIK-Report 71. Potsdam-Institut für Klimafolgenforschung.

CHRISTENSEN, O. B. & J. H. CHRISTENSEN (2004): Intensification of extreme European summer precipitation in a warmer climate. Global and Planetary Change. 44. S. 107-117.

CROFT, H., CHEN, J. M., LUO, X., BARTLETT, P., CHEN, B., STAEBLER, R. M. (2017): Leaf chlorophyll content as a proxy for leaf photosynthetic capacity. Global Change Biology. 23. S. 3513–3524.

DALEZIOS, N. R., BLANTA, A., & N. V. SPYROPOULOS (2012). Assessment of remotely sensed drought features in vulnerable agriculture. Natural Hazards and Earth System Sciences, 12(10). S. 3139–3150.

DEGE, W. (1983): Das Ruhrgebiet. 3. Auflage. Borntraeger Verlag. Berlin.

DETTMAR, J. & K. GANSER (1999): Industrie Natur. Ökologie und Gartenkunst im Emscher Park. Ulmer Verlag. Stuttgart (Hohenheim).

DEUTSCHER WETTERDIENST (2019): Klimastatusbericht Deutschland. Jahr 2018. Selbstverlag des Deutschen Wetterdienstes. Offenbach am Main.

8 Literaturverzeichnis Fallstudie I

DEUTSCHER WETTERDIENST (2020): Klimastatusbericht Deutschland. Jahr 2019. Selbstverlag des Deutschen Wetterdienstes. Offenbach am Main.

DEUTSCHER WETTERDIENST (2021): Klimastatusbericht Deutschland. Jahr 2020. Selbstverlag des Deutschen Wetterdienstes. Offenbach am Main.

DIERCKE WELTATLAS (2002): Diercke Weltatlas. 5. Auflage. Bildungshaus Schulbuchverlag Westermann. Braunschweig. S. 52, 74.

DOBBERTIN, M. (2006): Tree grwoth as indicator for tree vitality and of tree reaction to enviromental stress. A review. European Journal of Forest Research. 124. (4). S. 319-333.

Eichhorn, J., P. Roskams, N. Potočić, V. Timmermann, M. Ferretti, V. Mues, A. Szepesi, D. Durrant, I. Seletković, H.-W. Schröck, S. Nevalainen, F. Bussotti, P. Garcia, & S. Wulff (2016): Visual Assessment of Crown Condition and Damaging Agents. - In: UNECE ICP Forests Programme Co-ordinating Centre (Hrsg.): Manual on methods and criteria for harmonized sampling, assessment, monitoring and analysis of the effects of air pollution on forests. Thünen Institute of Forest Ecosystems, Eberswalde, S. 49.

EINZMANN, K., IMMITZER, M., BÖCK, S., BAUER, O., SCHMITT, A. & C. ATZBERGER (2017): Windthrow Detection in European Forests with Very High-Resolution Optical Data. Forests. 8. S. 21.

EITEL, J., VIERLING, L., LITVAK, M., LONG, D., SCHULTHESS, U., AGER, A., KROFCHECK, D. & L. STOSCHECK (2011): Broadband, red-edge information from satellites improves early stress detection in a New Mexico conifer woodland. Remote Sensing of Environment. 115. S. 3640–3646.

ELLEBERG, H. & C. LEUSCHNER (2010): Vegetation Mitteleuropas mit den Alpen. 6. Auflage. Stuttgart.

FAO (2020): The State of the World's Forests 2020. Forests, Biodiversity and People. Food and Agriculture Organisation of the United Nations. Rom.

Fernandez-Carillo, A., Patočka, Z., Dobrovolny, L., Franco-Nieto, A. & B. Revilla-Romero (2020): Monitoring Bark Beetle Forest Damage in central Europe. A Remote Sensing Approach Validated with Field Data. Remote Sensing. 12. (21). S. 3634-3653.

FLL (2010): Baumkontrollrichtlinien. Richtlinien für Regelkontrollen zur Überprüfung der Verkehrssicherheit von Bäumen. Forschungsgesellschaft Landschaftsentwicklung Landschaftsbau e.V. Bonn.

FLL (2017): Zusätzliche Technische Vertragsbedingungen und Richtlinien für die Baumpflege. „ZTV-Baumpflege". Forschungsgesellschaft Landschaftsentwicklung Landschaftsbau e.V. Bonn.

FRAMPTON, W., DASH, J., WATMOUGH, G. R. & E. J. MILTON (2013): Evaluating the capabilities of Sentinel-2 for quantitative estimation of biophysical variables in vegetation. ISPRS Journal of Photogrammetry and Remote Sensing. 82. S. 83-92.

FRITZ. P. (Hrsg.) (2006): Ökologischer Waldumbau in Deutschland. Fragen, Antworten, Perspektiven. Oekom Verlag. München.

Galvão L. S., Formaggio A. R., D. A. Tisot (2005): Discrimination of sugarcane varieties in Southeastern Brazil with EO-1 Hyperion data. Remote Sensing of Environment. Vol. 94. Issue 4. S. 523–534.

GANZELEWSKI, M. (2019): Die Steinkolelagerstätte an der Ruhr.- in: FARBENKOPF, M., GOCH, S., RASCH, M. & H.-W. WELING (Hrsg.): Die Stadt der Städte. Das Rurgebiet und seine Umbrüche. Essen. S.40-46.

GAO, B. (1996). NDWI. A normalized difference water index for remote sensing of vegetation liquid water from space. Remote Sensing of Environment, 58(3), S. 257–266.

GAUSMAN, H. W. (1984): Evaluation of factors causing reflectance difference between Sun and Shade Leaves. Remote Sensing of Enviroment. 15. S. 177-181.

GITELSON, A. A., & M. N. MERZLYAK (1994). Quantitative estimation of chlorophyll using reflectance spectra. Experiments with autumn chestnut and maple leaves. Journal of Photochemistry and Photobiology B: Biology. 22. S. 247–252.

GITELSON, A. A., KAUFMAN, Y. J. & M. N. MERZLYAK (1996): Use of a Green Channel in Remote Sensing og Global Vegetation from EOS-MODIS. Remote Sensing of Enviroment. 58. S. 289-298.

GITELSON, A. A., CIGANDA, V. S., RUNDQUIST, D. C., VIÑA, A. & T. J. ARKEBAUER (2005): Remote Estimation of Canopy Chlorophyll Content in Crops. Geophysical Research Letters. 35. 08403.

8 Literaturverzeichnis Fallstudie I

GOTTARDINI, E., CRISTOFOLINI, F., CRISTOFOLINI, A., POLLASTRINI, M., CAMIN, F. & M. FERETTI (2020): A multi.proxy approach reveals common and species-specific features associated wit tree defoliation in broadleaved species. Forest Ecology and Management. 467. (3). O.S.

GÜNTER, R., GÜNTER, J. & P. LIEDTKE (2007): Industrie-Wald und Landschafts-Kunst im Ruhrgebiet. Ein Handbuch zu den Zusammenhängen von Wald – Industrie-Wald – Landschafts-Kunst. Klartext-Verlag. Essen. 1. Auflage.

HAGHIGHIAN, F., YOUSEFI, S. & S. KEESSTRA (2020): Identifying tree health using sentinel-2 images. A case study on Tortrix viridana L. infected oak trees in western Iran. Geocarto International. 1. S. 1–11.

HAIS, M., NEUDERTOVÁ HELLEBRANDOVÁ, K. & V. ŠRÁMEK (2019): Potential of Landsat spectral indices in regard tot he detection of forest health changes due to drought effects. Journal of Forest Science. 65. (2). S. 70-78.

HARDISKY, M., KLEMAS, V., & R. M. SMART (1983). The influence of soil salinity, growth form, and leaf moisture on the spectral radiance of Spartina Alterniflora canopies. Photogrammetric Engineering and Remote Sensing, 48, S. 77–84.

HEITEL, J. U. H., VIERLING, L. A., LITVAK, M. E., LONG, D. S., SCHULTHESS, U., AGER, A. A., KROFCHECK, D. J. & L. STOSCECK (2011): Broadband, red-edge information from satellites improves early stress detection in a New Mexico conifer woodland. Remote Sensing of Enviroment. 115. S. 3640-3646.

HELMHOLTZ-ZENTRUM FÜR UMWELTFORSCHUNG (2021): Entwicklung der Dürre 2018. Abrufbar unter: https://www.ufz.de/index.php?de=40990. (zuletzt abgerufen am 04.11.2021)

HENNING, B. (2017): Waldumbau. Gesunden Mischwald bewirtschaften. Eugen Ulmer KG. Stuttgart.

HICKLER, T., BOLTE, A., HARTARD, B., BEIERKUHNLEIN, C., BLATSCHKE, M., BLICK, T., BRÜGGEMANN, W., DOROW, W. H. O., FRITZE, M. –A. GREGOR, T., IBISCH, P., KÖLLING, C., KÜHN, I., MUSCHE, M., POMPE, S., PETERCORD, R., SCHWEIGER, O., SEIDLING, W., TRAUTMANN, S., WALDENSPUHL, T., WALENTOWSKI, H. & N. WELLENBROCK (2014): Folgen des Klimawandels für die Biodiversität in Wald und Forst. – in: MOSBRUGGER, V., BRASSEUR, G., SCHALLER, M. & B. STRIBRNY (Hrsg.): Klimwadel und Biodiversität. Folgen für Deutschland. 2. Auflage. Wissenschaftliche Buchgesellschaft. Darmstadt.

8 Literaturverzeichnis Fallstudie I

HILDEBRANDT, G. (1996): Fernerkundung und Luftbildmessung. Für Forstwirtschaft, Vegetationskartierung und Landschaftsökologie. Wichmann. Heidelberg.

HOULÈS, V., MARY, B., MACHET, J.M., GUÉRIF, M., & S. MOULIN (2001): Do crop characteristics available from remote sensing allow to determine crop nitrogen status? – In: G. Grenier, & S. Blackmore (Hrsg.): 3rd European Conferance on Precision Agriculture. Agro Montpellier. S. 917-922.

HUETE, A. R. (1988): A soil-adjusted vegetation index (SAVI). Remote Sensing of Enviroment. 25. 3. S. 295-309.

HUO, L., PERSSON, H. J. & E. LINDBERG (2021): Early detection of forest stress from European spruce bark beetle attack, and a new vegetation index. Normalized distance red & SWIR (NDRS). Remote Sensing of Enviroment. Vol. 255. o.S.

IPCC (2021): Summary for Policymakers. In: Masson-Delmotte, V., P. Zhai, A. Pirani, S. L. Connors, C. Péan, S. Berger, N. Caud, Y. Chen, L. Goldfarb, M. I. Gomis, M. Huang, K. Leitzell, E. Lonnoy, J.B.R. Matthews, T. K. Maycock, T. Waterfield, O. Yelekçi, R. Yu and B. Zhou (Hrsg.): Climate Change 2021. The Physical Science Basis. Contribution of Working Group I to the Sixth Assessment Report of the Intergovernmental Panel on Climate Change. Cambridge University Press. In Press.

Jensen J. R. (2007): Remote sensing of the environment. An earth resource perspective. Prentice Hall series in geographic information science. Pearson Prentice Hall. Upper Saddle River. NJ. 2. Aufl.

JONES, H. G., & VAUGHAN, R. A. (2010). Remote sensing of vegetation. principles, techniques, and applications. Oxford University Press. Oxford. New York KEIL, A. & K.-H. OTTO (2007): Industriewald Ruhrgebiet. Neue Natur auf alten Industrieflächen. – In: OTTO, K.-H. (Hrsg.): Industriewald als Baustein postindustrieller Stadtlandschaften. Interdisziplinäre Ansätze aus Theorie und Praxis am Beispiel des Ruhrgebiets. Materialien zur Raumordnung. Band 70. Geographisches Institut der Ruhr-Universität Bochum. Bochum.

KENNEWEG, H., FÖRSTER, B. & M. RUNKEL (1991): Diagnose und Erfassung von Waldschäden auf der Basis von Spektralsignaturen. Untersuchungen und Katieungen von Waldschäden mit Methoden der Fernerkundung. Teil B. Deutsche Forschungsanstalt für Luft und Raumfahrt. Berlin.

8 Literaturverzeichnis Fallstudie I

KIEßLING, R. & W. REININGHAUS (2018): Wirtschaftslandschaften und (De)Industrialisierung. Oberschaben / Das Rurgebiet.- in: OBERFREITAG, W., KIßENER, M., REINLE, C. & S. ULLMANN (Hrsg.): Handbuch Landesgeschichte. De Gruyter. Berlin. Boston.

KNIPLING, E. B. (1970): Physical and physiological basis fort he reflectance of visible and near-infrared radiation from vegetation. Remote Sensing of Enviroment 1. (3). S. 155-159.

KLINGE, M., DULAMSUREN, C., ERASMI, S., KARGER, D. N. & M. HAUCK (2018): Climate effects on vegetation vitality at the treeline of boreal forests of Mongolia. Bioscience. 15. S. 1319-1333.

KLUG, P. (2005): Vitalität und Entwicklungsphasen bei Bäumen. – In: PRO BAUM 1/2005. Platzer Verlag. Berlin. S. 2-5.

KLUG, P. (2017): Praxis Baumkontrolle. Baumbeurteilung und Baumkataster. Arbus Verlag. Gammelshausen.

KNIESEL, B. (2021): Wie kann man die Holzanatomie und Jahrringe als Informationsquelle nutzen? – in: ROLOFF, A. (HRSG.): Trockenstress bei Bäumen. Ursachen, Strategien, Praxis. Quelle & Meyer Verlag. Wiebelsheim. S. 87-103.

KOCH, B., AMMER, U., KRITIKOS, G. & D. KÜBLER (1984): Untersuchungen zur Beurteilung der Vitalität von Fichten anhand multispektraler Scannerdaten. Forstwissenscaftliches Zentralblatt 103. S. 214-231.

KOMMUNALVERBAND RUHRGEBIET (1984): Waldschäden im Ruhrgebiet. Beispiel „Die Haard". Essen.

KRABEL, D. (2021): Baumphysiologie und Trockenstress. Eine komplexe Beziehung? – in: ROLOFF, A. (HRSG.): Trockenstress bei Bäumen. Ursachen, Strategien, Praxis. Quelle & Meyer Verlag. Wiebelsheim. S. 140-149.

KRETSCHMER, J. (2005): Auswirkungen des Waldumbaus auf die Verjüngerungsstruktur. – in: VON TEUFEL, K., BAUMGARTEN, M., HANEWINKEL, M., SAUTER, U. H., SPIECKER, H. & K. VON WILPERT (Hrsg.): Waldumbau. Für eine zukunftsorientierte Waldwirtschaft. Springer. Berlin. Heidelberg. S. 121 f.

KREYLING, J., HUBERT, G., KONNERT, M., THIEL, D., WELLSTEIN, C., JENTSCH, A. & C. BEIERKUHNLEIN (2011): Innerartliche Plastizität und lokale Anpassungen von Waldbäumen. Die innerartliche Vielfalt ist ein Schlüsselkriterium für eine erfolgreiche Klimaanpassung. LWF aktuell 85. S. 12-14.

8 Literaturverzeichnis Fallstudie I

KREYLING, J., BUHK, C., BACKHAUS, S., HALLINGER, M., HUBER, G., HUBER, L., JENTSCH, A., KONNERT, M., THIEL, D., WILMKING, M. & C. BEIERKUHNLEIN (2014): Local adaptions to forest are stronger in marginal than central populations of Fagus sylvatica L. Ecology and Evolution 4(5). S. 594-605.

LIU, H. Q. & A. HUETE (1995): Feedback based modification oft he NDVI to minimize canopy background and atmospheric noise. IEEE Transactions on Geoscience and Remote Sensing. 33. 2. S. 457-465.

LYMBRUNER, L., BEGGS, P. J. & C. R. JACOBSON (2000): Estimation of canopy-average surface-specific leaf area using Landsat TM data. Photogrammetric Engineering and Remote Sensing. 66. 2. S. 183-191.

LYUBEOVA RAEVA, P., ŠEDINA, J. & A. DLESK (2018): Monitoring of crop fields using multispectral and thermal imagery from UAV. European Journal of Remote Sensing. 52. S. 192-201.

MINISTERIUM FÜR UMWELT, LANDWIRTSCHAFT, NATUR- UND VERBRAUCHERSCHUTZ DES LANDES NORDRHEIN-WESTFALEN (2018): Waldzustandsbericht 2018. Bericht über den ökologischen Zustand des Waldes in NRW.

MINISTERIUM FÜR UMWELT, LANDWIRTSCHAFT, NATUR- UND VERBRAUCHERSCHUTZ DES LANDES NORDRHEIN-WESTFALEN (2019): Waldzustandsbericht 2019. Bericht über den ökologischen Zustand des Waldes in Nordrhein-Westfalen.

MINISTERIUM FÜR UMWELT, LANDWIRTSCHAFT, NATUR- UND VERBRAUCHERSCHUTZ DES LANDES NORDRHEIN-WESTFALEN (2020): Waldzustandsbericht 2020. Bericht über den ökologischen Zustand des Waldes in Nordrhein-Westfalen.

MODZELEWSKA, A., STEREŃCZAK, K., MIERCZYK, M., MACIUK, S., BALAZY, R. & T. ZAWILA-NIEDŹWIECHI (2017): Sensitivity of vegetation indices in relation to parameters of Norway spruce stands. Folia Forestalia Polonica. Serie A. 59. 2. S. 85-98.

MONTZKA, C., BAYAT, B., TEWES, A., MENGEN, D. & H. VEREECKEN (2021): Sentinel-2-Analysis of Spruce Crown Transparency Levels and Their Enviromental Drivers After Summer Drought in the Northern Eifel (Germany). Frontiers in Forests and Global Change. 4. 667151.

MÜLLER, H. (1950): Die Halterner Talung. Westfälische Geographische Studien. Geographisches Institut der Universität Münster und der Geographischen Kommission im Provinzialinstitut für westfälische Landes- und Volkskunde. Münster.

NAVARRO, G., CABALLERO, I., SILVA, G., PARRA, P. C., VÁZQUEZ, Á & R. CALDEIRA (2017): Evaluation of forest fire on Madeira Island using sentinel-2A MSI imagery. Intertnational Journal of Applied Earth Observation and Geoinformation. 58. S. 97-106.

NAVARRO, A., CATALAO, J. & J. CALVAO (2019): Assessing the Use of Sentinel-2 Time Series Data for Monitoring Cork Oak Decline in Portugal. Remote Sensing. 11. S. 2515-2531.

NUSSBAUMER, A., MEUSBURGER, K., SCHMITT, M., WALDNER, P., GEHRIG, R., HAENI, M., RIGLING, A., BRUNNER, I. & A. THIMONIER (2020). Extreme summer heat and drought leads to early fruit abortion in European beech. Scientific Reports. 10. O.S.

OFFENBERG, K. (1997): Zustand des Waldes im Ruhrgebiet Anfang des 19. Jahrhunderts. Erläutert am Kreis Recklinghausen. – in: BURGHARDT, W. (Hrsg.): Vestische Zeitschrift. Zeitschrift der Vereine für Orts- und Heimatkunde im Vest Recklinghausen. Band 92/93. Druck- und Verlagshaus Bitter GmbH & Co. Recklinghausen.

PINDER, J. E. & K. W. MCLEOD (1999): Indications od relative drought stress in longleaf pine from Thematic Mapper data. Photogrammetric Engineering and Remote Sensing. 65. S. 495-501.

PULETTI, N., MATTIOLI, W., BUSSOTTI, F. & M. POLLASTRINI (2019): Monitoring the effects of extreme drought events on forest healt by Sentinel-2 imagery. J. of Applied Remote Sensing. 13. (2).

PRETZSCH, H. (2019): Grundlagen der Waldwachstumsforschung. Springer. Berlin. Heidelberg.

RASPE, S., FOULLOIS, N., NEUMANN, J. & L. ZIMMERMANN (2020): Wasserversorgung für Wald und Mensch, Trends und Auswirkungen von Trockenjahren am Beispiel des Hochspessarts. –in: LWF AKTUELL (Hrsg.): Wenn der Hahn zu ist. Wald im Trockenstress. 3/2020. Ausgabe 126. S. 2-13.

ROLOFF, A. (2012): Bäume. Lexikon der praktischen Baumbiologie. Wiley-VCH. 2. Auflage.

ROLOFF, A. (2018): Vitalitätsbeurteilung von Bäumen. Aktueller Stand und Weiterentwicklung. 1. Auflage. Haymarket Media GmbH. Braunschweig.

8 Literaturverzeichnis Fallstudie I

ROLOFF, A. (2021a): Was ist Trockenstress und welche Einflussfaktoren sind besonders wichtig? – in: ROLOFF, A. (HRSG.): Trockenstress bei Bäumen. Ursachen, Strategien, Praxis. Quelle & Meyer Verlag. Wiebelsheim. S. 10-21.

ROLOFF, A. (2021b): Was gibt es für Anpassungsstrategien bei Bäumen? Die große Vielfalt. – in: ROLOFF, A. (HRSG.): Trockenstress bei Bäumen. Ursachen, Strategien, Praxis. Quelle & Meyer Verlag. Wiebelsheim. S. 22-43.

ROUSE, J. W. JR., HAAS, R. H., SCHELL, J. A. & D. W. DEERING (1974): Monitoring vegetation systems in the great plains with ERST. Proceedings oft he Third ERST-1 Symposium. NASA Paper A 20. S. 309-317.

RUNNING, S. W. & R. R. NEMANI (1988): Relating seasonal patterns oft he AVHRR vegetation index to simulated photosynthesis and transpiration of forests in different climates. Remote Sensing of Enviroment 24. S. 347-367.

RVR RUHR GRÜN (2019): Wald- und Freiflächen in guten Händen. Nachhaltig und zukunftsorientiert. Wald bewirtschaften – Natur schützen – Erholung ermöglichen – Natur erleben. RVR Ruhr Grün. Essen.

SCHALLER, A. (2002): Die Abwehr von Fressfeinden. Selbstverteidigung im Pflanzenreich. Vierteljahrschrift der Naturforschenden Gesellschaft in Zürich. 147. (4). S. 141-150.

SCHARDT, M. (1990): Verwendbarkeit von Thematic Mapper-Daten zur Klassifizierung von Baumarten und natürlichen Altersklassen. Köln.

SCHERRER, H. U., SCHMIDTKE, H. & B. OESTER (1994): Folgeaufnahmen. Erfassen von Veränderungen des Waldzustandes mit Luftbildern. Berichte. Eidenössische Forschungsanstalt für Wald, Schnee und Landschaft. Birmensdorf. Heft 338.

SCHLOSSMACHER, M. (2019): State-aid to protect Germany's forests (Waldgipfel). – In: EFI (Hrsg.): Resilience Blog. Nürnberg.

SCHMIDT, U. E. (2001): Waldfrevel contra staatlihe Interessen. In: Ladeszentrale für politische Bildung Baden-Württember (Hrsg.): Der Bürger im Staat. 51. Jahrgang. Heft 1. S. 17-23.

SCHMIDT, U. E. (2003): Der Wald in Deutschland im 18. und 19. Jahrhundert. Conte-Verlag.

SCHRADER, L. (2021): Schadsymptome in Verbindung mit Trockenstress. Welche Ursachen gibt es und wie geht man damit um? -in: ROLOFF, A. (HRSG.): Trockenstress bei Bäumen. Ursachen, Strategien, Praxis. Quelle & Meyer Verlag. Wiebelsheim. S. 65-86.

SCHULDT, B., BURAS, A., AREND, M., VITASSE, Y., BEIERKUNLEIN, C., DAMM, A., GHARUN, M., GRAMS, T. E. E., HAUCK, M., HAJEK, P., HARTMANN, H., HILTBRUNNER, E., HOCH, G., HOLLOWAY-PHILLIPS, M., KÖRNER, C., LARYSCH, E., LÜBBE, T., NELSON, D. B., RAMMIG, A., RIGLING, A., ROSE, L., RUEHR, N. K., SCHUHMANN, K., WIESER, F., WERNER, C., WOGLHEMUTH, T., ZANG, C. S. & A. KAHMEN (2020): A first assessment of the impact of the extreme 2018 summer drought on Central European forests. Basic and Applied Ecology. 45. S. 86-103.

SEIBERT, S. P. & K. AUERSWALD (2020): Abflussentstehung. Wie aus Niederschlag Abfluss wird. Hochwasserminderung im ländlichen Raum. S. 61-93.

SIMS, D. & J. GAMON (2002): Relationship Between Leaf Pigment and Spectral Reflectance Across a Wide Range of Species, Leaf Structure and Developement Stages. Remote Sensing of Enviroment. 81. S. 337-354.

SKIADARESIS, G., SCHWARZ, J. A., STAHL, K. & J. BAUHAUS (2021): Groundwater extraction reduces tree vitality, growth and xylem hydraulic capacity in *Quercus robur* during and after drought events. Scientific Reports. 11. (1). o.S.

SOLBERG, S. & B. TVEITE (2000): Crown Density and Growth Relationsip Between Stands of Picea abies in Norway. Scandinavian Journal of Forest Research. 15. (1). S. 87-96.

SOUSA-SILVA, R., VERHEYEN, K., PONETTE, Q., BAY, E., SIOEN, G., TITEUX, H., VAN DE PEER, T., VAN MEERBEECK, K. & B. MUYS (2018): Tree diversity mitigates defoliation after a drought-induced tipping point. Global Change Biology. 24. S. 4304.-431

SRIWONGSITANON, N., GAO, H., SAVENIJE, H. H. G., MAEKAN, E., SAENGSAWANG, S., & S. THIANPOPIRUG (2015). The Normalized Difference Infrared Index (NDII) as a proxy for soil moisture storage in hydrological modelling. Hydrology and Earth System Sciences Discussions, 12(8), S. 8419–8457.

8 Literaturverzeichnis Fallstudie I

STADT OER-ERKENSCHWICK – UNTERE DENKMALBEHÖRDE (1992): Natur- und heimatkundlicher Lehrpfad Oer-Erkenschwick. Abrufbar unter: http://geschichte-oe.de/Ge-Oer/haardlehrpfad.pdf. (zuletzt abgerufen am 16.05.2021)

Städtisches Staatsministerium für Energie, Klimaschutz, Umwelt und Landwirtschaft (SMUL) (2019): Waldzustandsbericht 2019. SMUL. Dresden.

Stahr, K, Kadeler, E, Hermann, L. & T. Streck (2008): Bodenkunde und Standortlehre. 3. überarbeitete Auflage. Verlag Eugen Ulmer. Stuttgart.

Sutmöller, J., Scheler, B., Wagner, M., Dammann, I., Paar, U. & J. Eichhorn (2019): Auswirkungen der Trockenheit 2018 auf Wachstum und Vitalität. Abrufbar unter: https://www.nw-fva.de/fileadmin/nwfva/publikationen/pdf/sutmoller_2018_auswirkungen_der8.pdf. (zuletzt abgerufen am 08.11.2021)

The European Space Agency (o.J.): Sentinel-2. Abrufbar unter: https://sentinel.esa.int/web/sentinel/missions/sentinel-2. (zuletzt abgerufen am: 02.07.2021)

The European Space Agency (o.J. a): Sentinel Overview. Abrufbar unter: https://earth.esa.int/web/sentinel/missions. (zuletzt abgerufen am 09.07.2021)

Tucker, C. J. & P. J. Sellers (1986): Satellite remote sensing of primary production. International Journal of Remote Sening. 7. S. 1395–1416.

UMWELTBUNDESAMT (2021): Trockenheit in Deutschland. Fragen und Antworten. Abrufbar unter: https://www.umweltbundesamt.de/themen/trockenheit-in-deutschland-fragen-antworten. (zuletzt aufgerufen am 04.11.2021)

United Nations Educational, Scientific and Cultural Organization (UNESCO) (2013): World Social Science Report 2013. Changing Global Enviroments. UNESCO. Paris.

Vogelmann, T. C. (1989). Penetration Of Light Into Plants. Photochemistry and Photobiology, 50(6), S. 895–902.

Waldhilfe (2018): Waldumbau. Vom Nadelwald zum Mischwald. Abrufbar unter: https://www.waldhilfe.de/waldumbau/. (zuletzte aufgerufen am 23.05.2021)

WEIER, J., & D. HERRING (2000). Measuring vegetation (NDVI & EVI). Earth observatory. National Aeronautics and Space Administration. Abrufbar unter: https://earthobservatory.nasa.gov/features/ MeasuringVegetation. (zuletzt abgerufen am 01.07.2021)

WILSON, B. T., KNIGHT, J. F. & R. E. MCROBERTS (2018): Harmonic regression of Landsat time series for modeling attributes from national forest inventory data. - In: ISPRS Journal of Photogrammetry and Remote Sensing 137, S. 29–46.

ZANG, C., HARTL-MEIER, C., DITTMAR, C., ROTHE, A. & A. MENZEL (2014): Patterns of drought tolerane in major European temperate forest trees. Climatic drivers and levels of variability. Globale Cange Biology. 20. (12). S. 3767-3779.

ZARCO-TEJADA, P. J., HORNERO, A., BECK, P. S. A., KATTENBORN, T., KEMPENEERS, P. & R. HERNÁNDEZ-CLEMENTE (2019): Chlorophyll content estimation in an open-canopy conifer forest with Sentinel-2A and yperspectral imagery in the context of forest decline. Remote Sensing of Envirment. 223. S. 320-335.

ZARNOCH, S. J., BRECHTOLD, W. A. & K. STOLTE (2004): Using crown cindition variables as indicators for forest health.Canadian Journal of Forest Research. 34. S. 1057-1070.

Zellweger, F., De Frenne, P., Lenoir, J., Vangansbeke, P., Verheyen, K., Bernhardt-Römermann, M., Baeten, L., Hédl, R., Berki, I., Brunet, J., Van Calster, H., Chudomelová, M., Decocq, G., Dirnböck, T., Durak, T., Heinken, T., Jaroszewicz, B., Kopecký, M., Máliš, F., Macek, M., Marek, M., Naaf, T., Nagel, T. A., Ortmann-Ajkai, A., Petřík, P., Pielech, R., Reczyńska, K., Schmidt, W., Standovár, T., Świerkosz, K., Teleki, B., Vild, O., Wulf, M. & D. Coomes (2020): Forest microclimate dynamics drive plant response to warming. Science. 368. (6492). S. 772-775.

9 Anhang

Anhang 1: Mosaikierte Sentinel-2-Szenen

Anhang 1.1: Sentinel-2-Satellitenbilder des RVR-Gebietes in Echtfarbkomposition (06. August 2018)

9 Anhang

Anhang 1.2: Sentinel-2-Satellitenbilder des RVR-Gebietes in Echtfarbkomposition (26. August 2019)

9 Anhang

Anhang 1.3: Sentinel-2-Satellitenbilder des RVR-Gebietes in Echtfarbkomposition (05. August 2020)

9 Anhang

Anhang 2: Klassifizierung nach Laubwald, Nadelwald und Freifläche

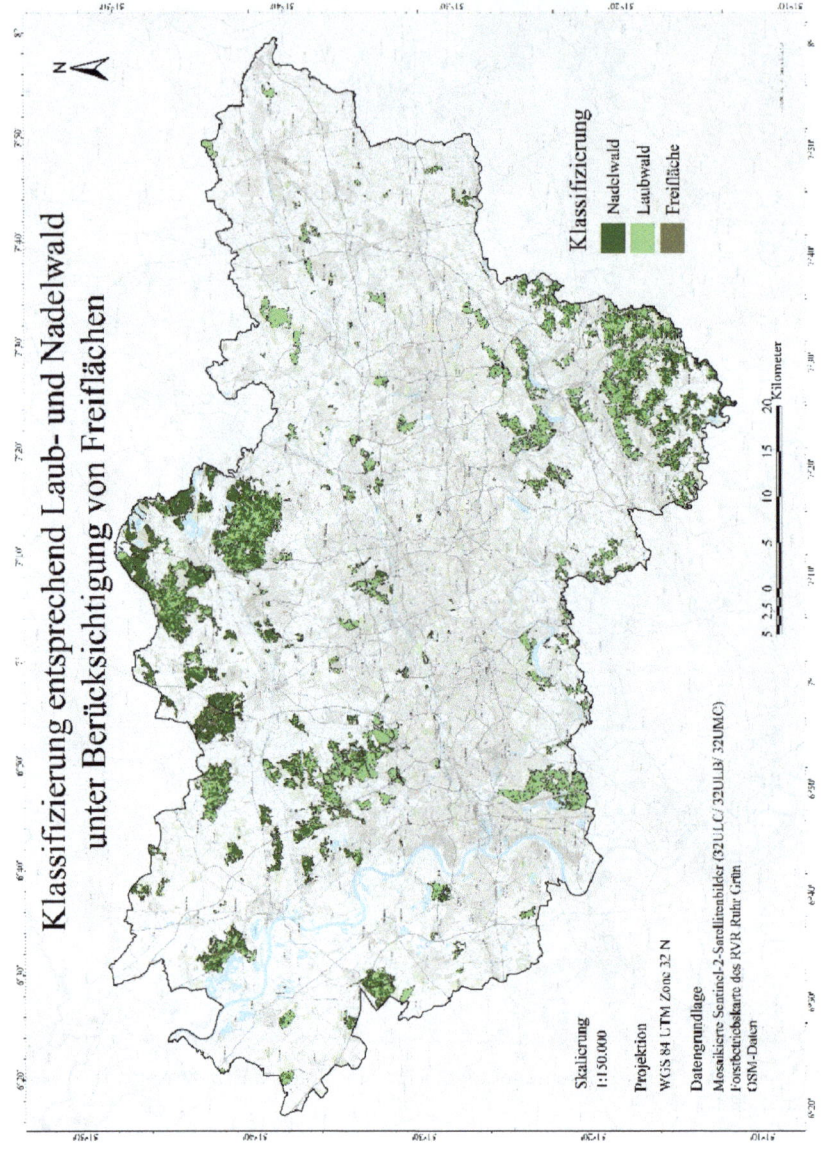

144

Anhang 3: Gegenüberstellung der berechneten Vegetationsindizes

Im Rahmen der Arbeit in ArcGIS Pro berechnete Vegetationsindizes in alphabetischer Reihenfolge mit entsprechender Berechnungsformel und Referenz.

Bezeichnung	Berechnung entsprechend Sentinel-2	Referenz
Chlorophyll Green (Clg)	$CLg = \frac{B8A}{B3} - 1$	vgl. GITELSON et al. 2005
Chlorophyll Red-Edge (Clr)	$CLr = \frac{B8A}{B5} - 1$	vgl. GITELSON et al. 2005
Disease Water Stress Index (DSWI)	$DSWI = \frac{B8 + B3}{B4 + B11}$	vgl. GALVÃO et al. 2005
Enhanced Vegetation Index (EVI)	$EVI = \frac{2{,}5 * (B8 - B4)}{B8 + B6 * B4 - 7{,}5 * B2 + 1}$	vgl. LIU & HUETE 1995
Green Leaf Are Index (LAI Green)	$LAI_{green} = 6{,}753 \cdot \frac{(B5 - B4)}{(B5 + B4)}$	vgl. FERNANDEZ-CARILLO et al. 2020
Green Normalized Difference Vegetation Index (GNDVI)	$GNDVI = \frac{B9 - B3}{B9 + B3}$	vgl. GITELSON et al. 1996
Inverted Red-Edge Chlorophyll Index (IRECI)	$IRECI = \frac{B7 - B4}{\frac{B5}{B6}}$	vgl. FRAMPTON et al. 2013
Near-Infrared reflectance of terrestrial vegetation (NIRv)	$NIRv = \frac{B8 - B4}{B8 + B4} * B8$	vgl. BADGLEY et al. 2017
Normalized Difference Infrared Index (NDII)	$NDII = \frac{B8 - B11}{B8 + B11}$	vgl. HARDINSKY et al. 1983
Normalized Difference Moisture Index (NDMI)	$NDMI = \frac{B8 - B11}{B8 + B11}$	vgl. GAO 1996
Normalized Difference Red-Edge Index (NDRE)	$NDRE = \frac{B8A - B5}{B8A + B5}$	vgl. GITELSON & MERZLYAK 1994
Normalized Difference Red-Edge Index 1 (NDRE1)	$NDRE1 = \frac{B6 - B5}{B6 + B5}$	vgl. SIMS & GAMON 2002

Normalized Difference Red-Edge Index 2 (NDRE2)/	$NDRE2 = \dfrac{B8 - B5}{B8 + B5}$	vgl. CROFT et al. 2017
Normalized Difference Red-Edge Index 3 (NDRE3)	$NDRE3 = \dfrac{B9 - B7}{B9 + B7}$	vgl. NAVARRO et al. 2017
Normalized Difference Red-Edge Blue Index (NDREDI)	$NDREDI = \dfrac{B5 - B2}{B5 + B2}$	vgl. EINZMANN 2017
Normalized Difference Vegetation Index (NDVI)	$NDVI = \dfrac{B8 - B4}{B8 + B4}$	vgl. ROUSE et al. 1974
Normalized Difference Water Index (NDWI)	$NDWI = \dfrac{B8 - B11}{B8 + B11}$	vgl. GAO 1996
Normalized Difference Water Index (8A) (NDWI (8A))	$NDWI\ (8A) = \dfrac{B8A - B11}{B8A + B11}$	vgl. MCFEETERS 1996
Normalized Distance Red & SWIR (NDRS)	$NDRS = \dfrac{DRS - DRS'min}{DRS'max - DRS'min}$ $DRS = \sqrt{B4^2 - B12^2}$	vgl. HUO et al. 2021
Ratio Drought Index (RDI)	$RDI = \dfrac{B12}{B8A}$	vgl. PINDER & MCLEOD 1999
Red-Edge Normalized Difference Vegetation Index (RENDVI)	$RENDVI = \dfrac{B6 - B5}{B6 + B5}$	vgl. GITELSON & MERZLYAK 1994
Specific Leaf Area Vegetation Index (SLAVI)	$SLAVI = \dfrac{B8}{B4 + B12}$	vgl. LYMBURNER et al. 2000
Soil Adjusted Vegetation Index (SAVI)	$SAVI = \dfrac{B8 - B4}{B8 + B4 + 0{,}428} * 1 + 0{,}428$	vgl. HUETE 1988

Quelle: Eigene Darstellung.

Anhang 4: Waldzustandskarten 2018, 2019 und 2020

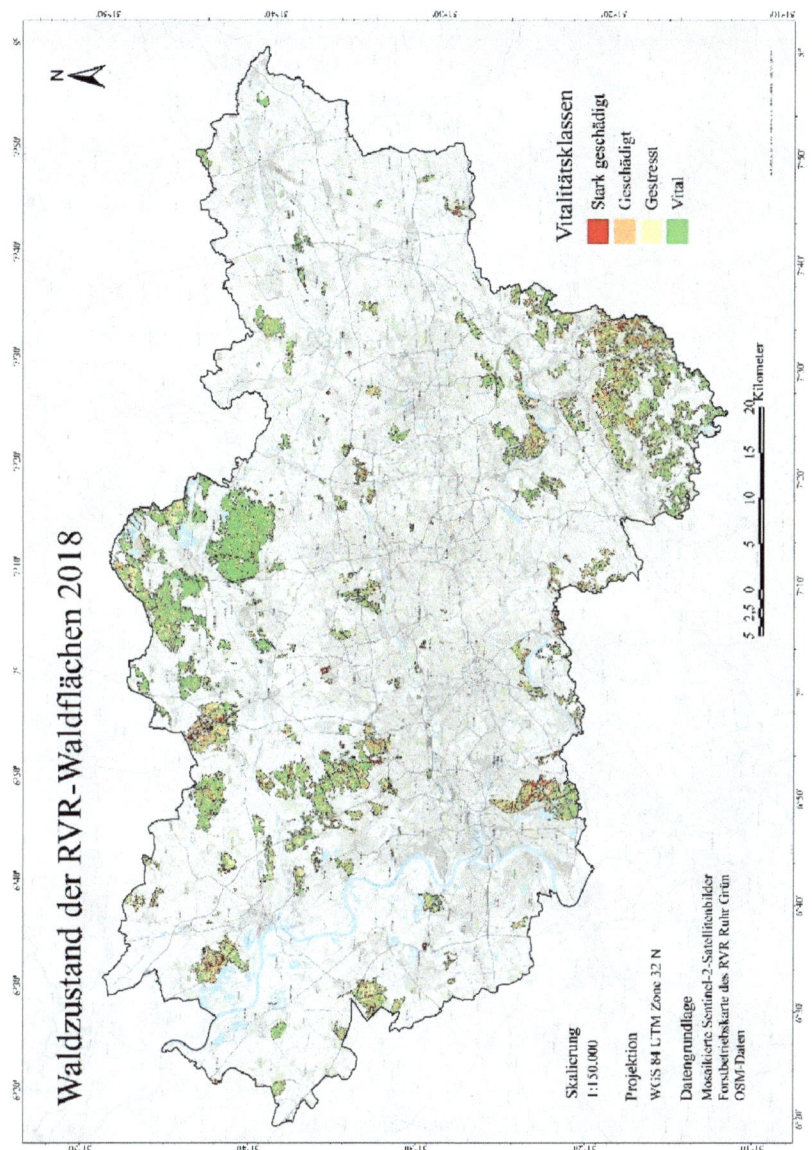

Anhang 4.1: Waldzustand der RVR-Waldflächen 2018

9 Anhang

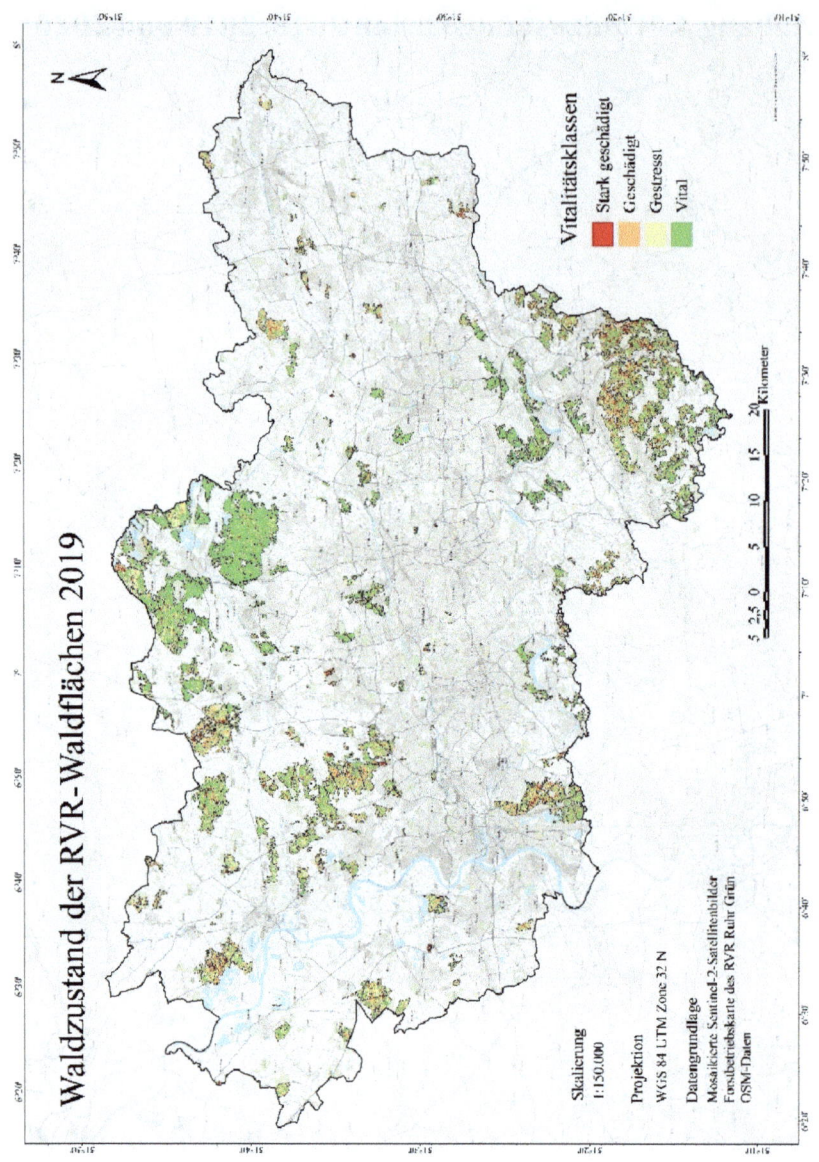

Anhang 4.2: Waldzustand der RVR-Waldflächen 2019

9 Anhang

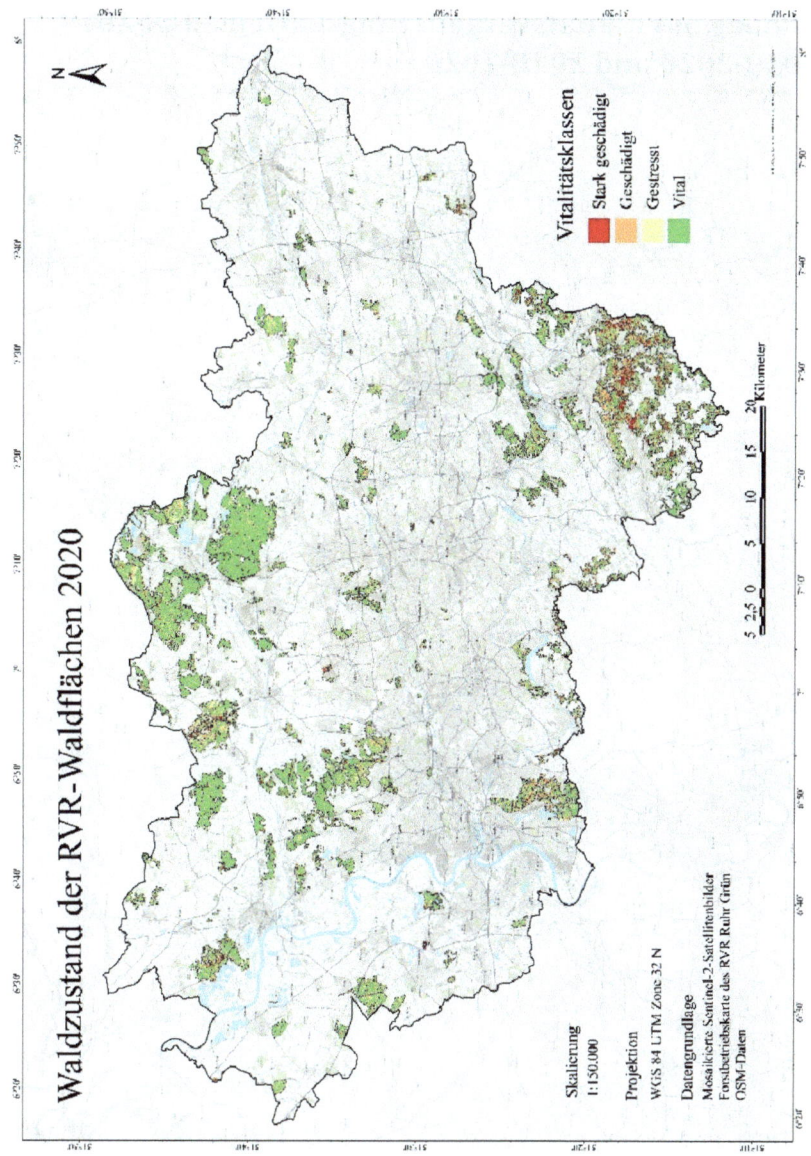

Anhang 4.3: Waldzustand der RVR-Waldflächen 2020

Anhang 5: Vitalitätsveränderungskarten 2018-2019, 2019-2020 und 2018-2020

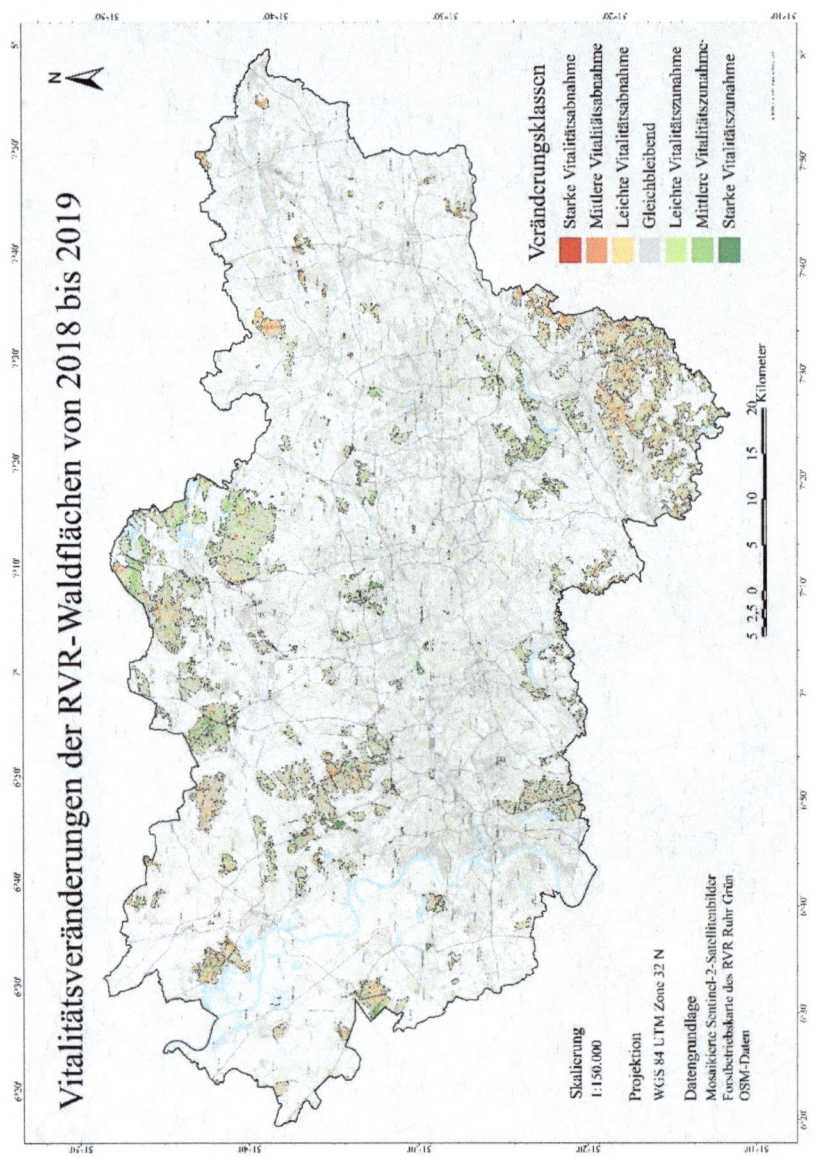

Anhang 5.1: Vitalitätsveränderungen der RVR-Waldflächen von 2018 bis 2019

9 Anhang

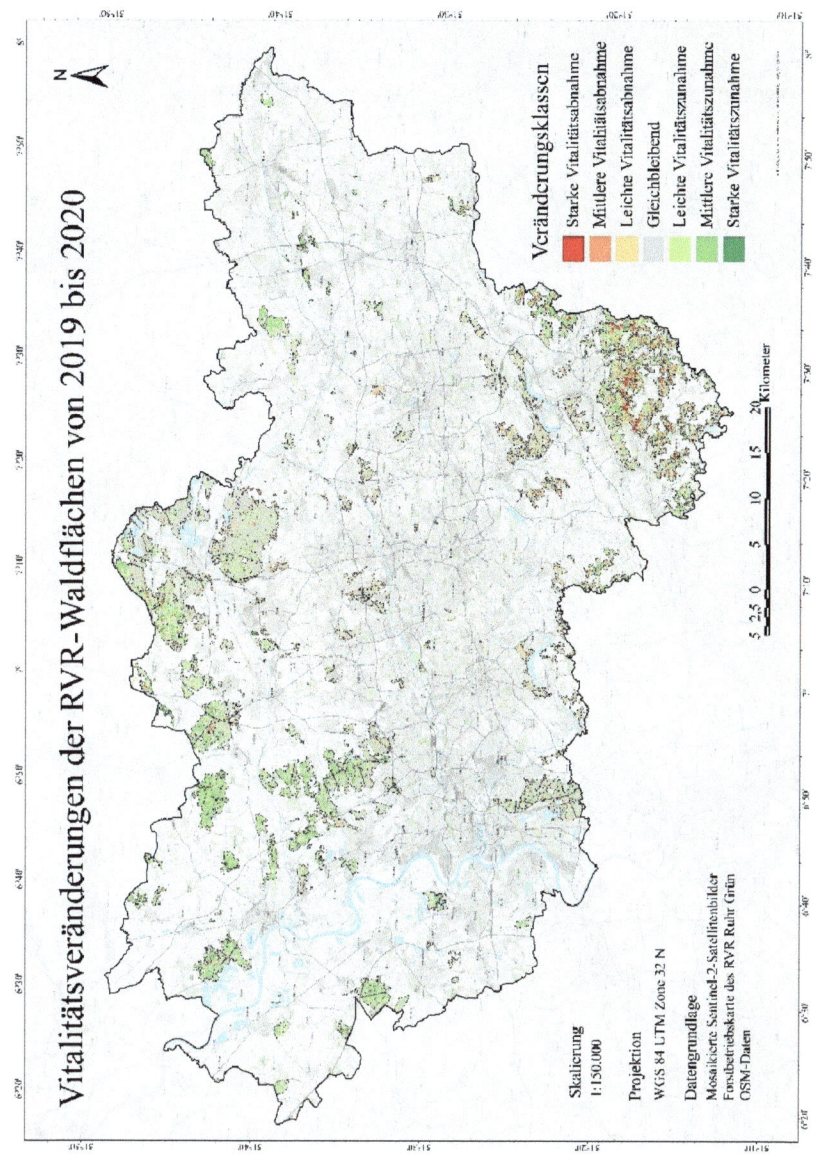

Anhang 5.2: Vitalitätsveränderungen der RVR-Waldflächen von 2019 bis 2020

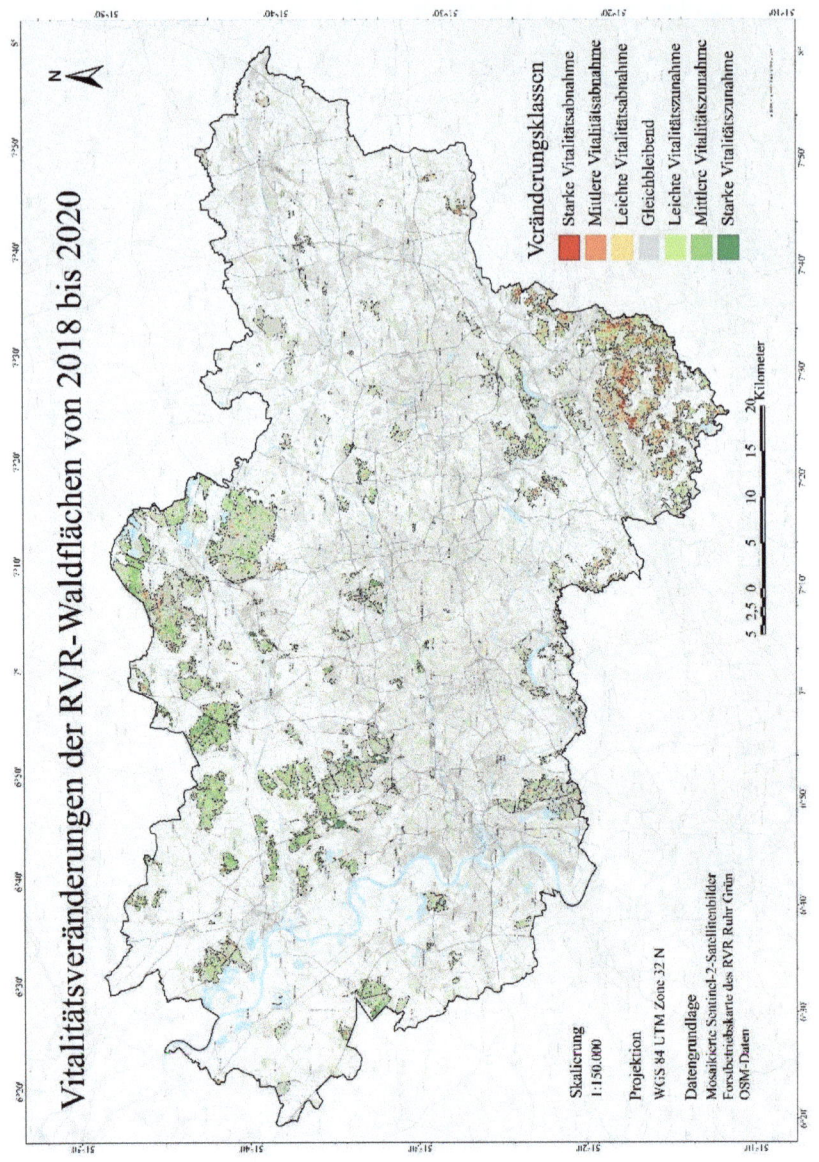

Anhang 5.3: Vitalitätsveränderungen der RVR-Waldflächen von 2018 bis 2020

Anhang 6: CAN EYE Klassifizierungsergebnisse

Anhang 6.1: CAN EYE Klassifizierungsergebnisse der Nadelwaldflächen

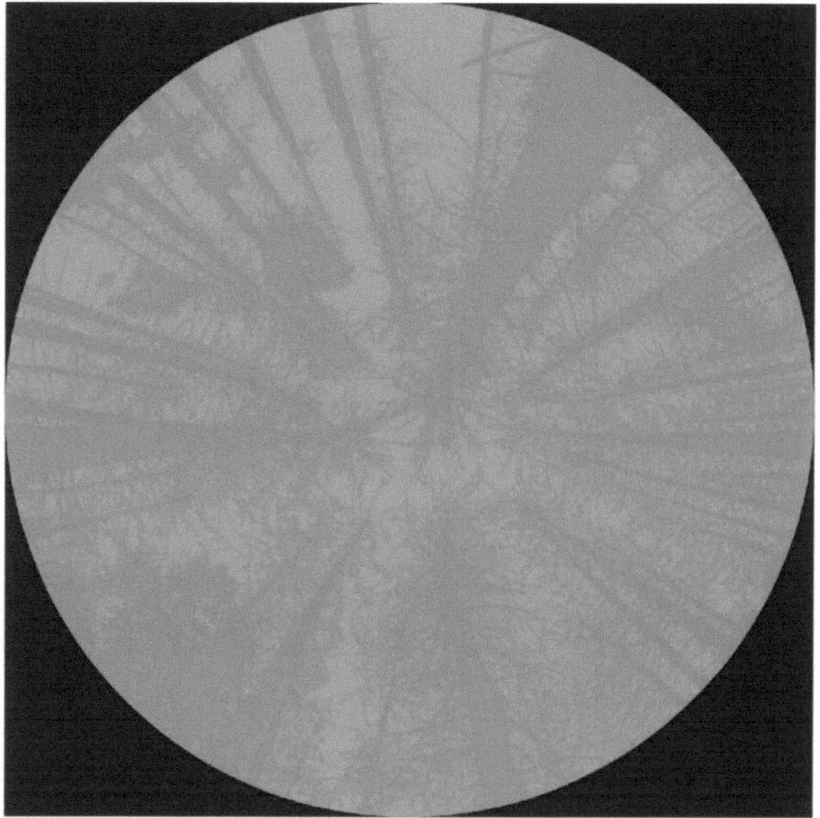

Klassifizierungsergebnis Nadelwald „Stark geschädigt".
Quelle: Eigene Darstellung.

9 Anhang

Klassifizierungsergebnis Nadelwald „Geschädigt".
Quelle: Eigene Darstellung.

9 Anhang

Klassifizierungsergebnis Nadelwald „Gestresst".
Quelle: Eigene Darstellung.

9 Anhang

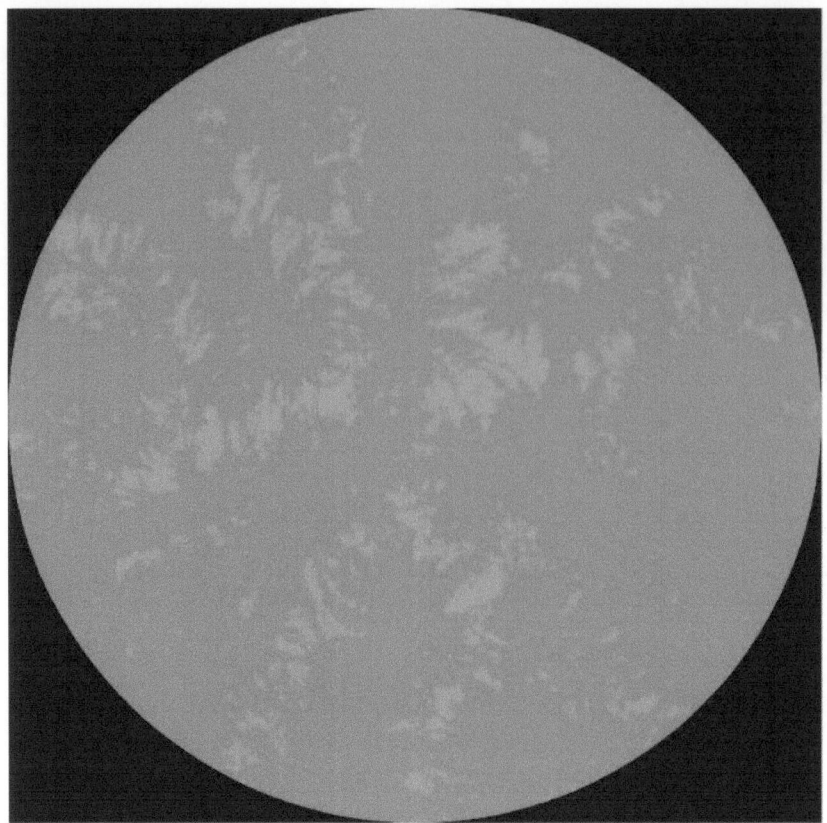

Klassifizierungsergebnis Nadelwald „Vital".
Quelle: Eigene Darstellung.

9 Anhang

Anhang 6.2: CAN EYE Klassifizierungsergebnisse der Laubwaldflächen

Klassifizierungsergebnis Laubwald „Stark geschädigt".
Quelle: Eigene Darstellung.

9 Anhang

Klassifizierungsergebnis Laubwald „Geschädigt".
Quelle: Eigene Darstellung.

9 Anhang

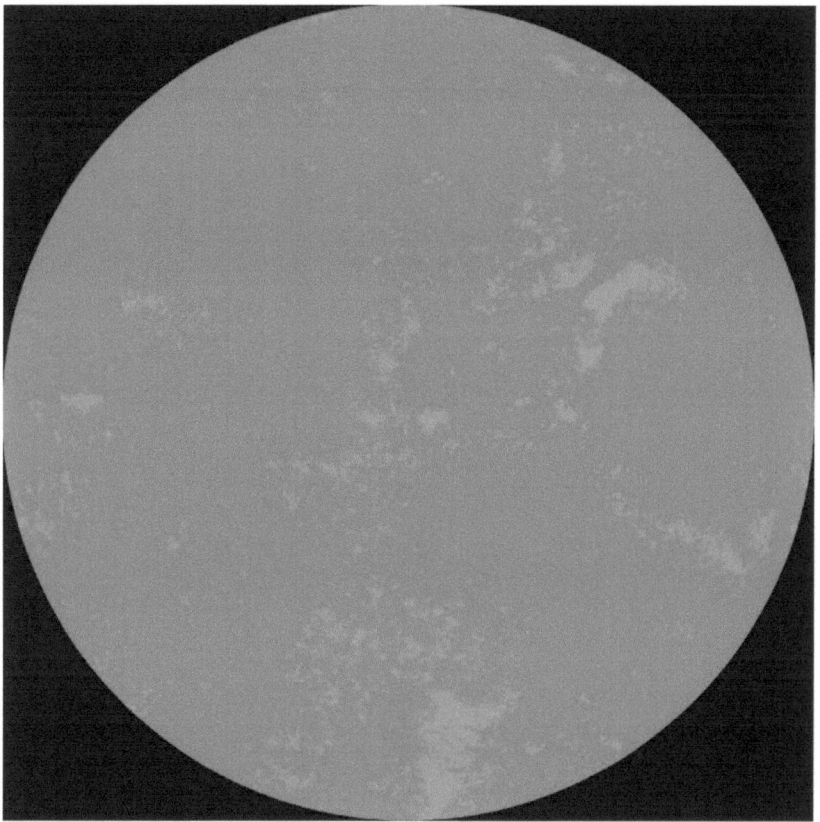

Klassifizierungsergebnis Laubwald „Gestresst".
Quelle: Eigene Darstellung.

9 Anhang

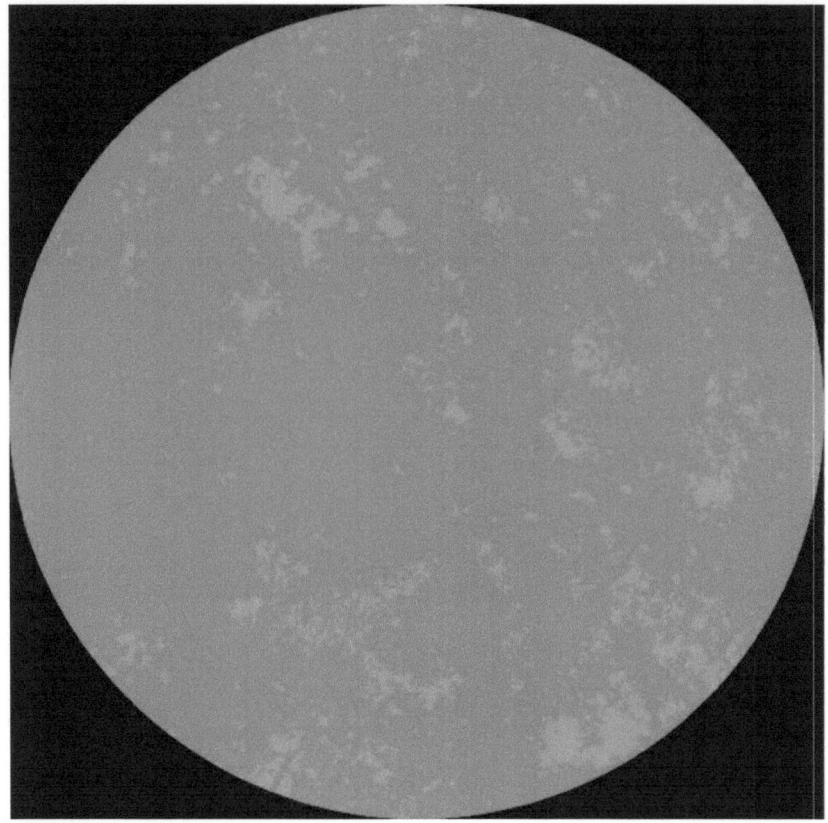

Klassifizierungsergebnis Laubwald „Vital".
Quelle: Eigene Darstellung.

Fallstudie II
Monitoring der Vitalität von Wäldern im Unteren Weser-Leine-Bergland auf Basis von Sentinel-2 Satellitenbildern unter besonderer Berücksichtigung von Buchenbeständen

Laura Stangier

Kurzfassung

Die Auswirkungen der Trockenperiode von 2018 bis 2020 waren auch im Unteren Weser-Leine-Bergland, einem forstlichen Wuchsbezirk in Südniedersachsen, deutlich festzustellen. In diesem Zeitraum ist im Vergleich zum langjährigen Mittelwert der Klimareferenzperiode 1981-2010 bis zu 35 % weniger Jahresniederschlag gefallen, bei einer Zunahme der Jahresmitteltemperatur um bis zu 1,16 °C. Besonders das Jahr 2018 war durch sehr hohe Temperaturen im Sommer geprägt, was insgesamt zum Auftreten von massiven Waldschäden geführt hat, wie deutschlandweit im Rahmen der jährlichen Waldzustandserhebungen beobachtet wurde. Um das Ausmaß und die zeitliche Dynamik der Vitalitätsveränderungen des Waldes im Untersuchungsgebiet genauer zu charakterisieren, wurden in dieser Arbeit auf Basis von Sentinel-2 Satellitenbildern zwei Arten von Wald-Schadkarten erstellt, die die Waldvitalität großflächig erfassen. Die Quantifizierung der Vitalität erfolgte anhand einer Kombination der spektralen Vegetationsindizes NDRE, DSWI und RENDVI. Die Waldzustandskarten bilden die Vitalität des Waldes in vier Schadklassen ab, während die Vitalitätsveränderungskarten auf der prozentualen Veränderung der Indizes zwischen zwei Zeitpunkten beruhen.

Fallstudie II

Im Zeitraum von 2017 bis 2021 ist es insgesamt zu einer deutlichen Verschlechterung des Waldzustandes gekommen, wobei zwischen Laub- und Nadelbäumen unterschieden werden muss. Der Nadelwald ist von einer schnelleren und stärkeren Abnahme der Vitalität geprägt, wobei vor allem die Fichte hervorzuheben ist, die von den größten Vitalitätsverlusten aller Baumarten betroffen ist. Zurückzuführen ist dies auf die massenhafte Vermehrung des Borkenkäfers, was ein großflächiges Absterben dieser Baumart verursacht hat. Auch auf Laubwaldflächen ist es zu einem deutlichen Rückgang der Vitalität gekommen, was sich besonders im Jahre 2019 zeigte. Da sich der Zustand des Laubwaldes danach allerdings überwiegend wieder verbessert hat, ist davon auszugehen, dass es sich um temporäre Trockenstress-Symptome und Anpassungsmechanismen gehandelt hat. Jedoch ist festzuhalten, dass es wahrscheinlich großflächig zur Mortalität einzelner Laubbäume in Beständen gekommen ist, die aufgrund der räumlichen Auflösung der Sentinel-2 Daten allerdings nicht einzeln erfasst werden können.

Das Forschungsinteresse bestand darüber hinaus darin, inwiefern die *Buche (fagus sylvatica)* als Hauptbaumart des Untersuchungsgebietes von Vitalitätsveränderungen betroffen ist und welche Standortfaktoren diese beeinflussen. Die durchgeführte statistische Datenanalyse, bei der zusätzliche Standorts- und Bestandesdaten der Niedersächsischen Landesforsten hinzugezogen wurden, hat ergeben, dass es insbesondere auf Standorten mit einer schlechten Wasserhaltefähigkeit zu Vitalitätseinbußen der Buche gekommen ist. Außerdem sind Buchenbestände auf Flächen mit großer Hangneigung oder mit einer Exposition nach Süden bzw. Südwesten nachweislich stärker geschädigt worden. Auch zwischen der Vitalitätsveränderung und der Baumaltersklasse konnte ein schwacher statistischer Zusammenhang ermittelt werden.

1 Einleitung

Der fortschreitende Klimawandel zeigt mittlerweile deutliche Auswirkungen auf die Wälder in Deutschland. Die anhaltende Hitze und Trockenheit der Jahre 2018 bis 2020 hat dazu geführt, dass fast alle Hauptbaumarten von massiven Vitalitätsverlusten und Schadsymptomen betroffen sind (BMEL 2021). Zwar ist die Mortalität von Bäumen ein natürlicher Prozess der Walddynamik, jedoch wird sie aus menschlicher Perspektive zu einem Problem, wenn die Ökosystemfunktionen und -leistungen nicht mehr gesichert sind (PLUESS et al. 2016). Seit 2012 hat der deutsche Wald jährlich etwa 62 Millionen Tonnen CO_2 aus der Atmosphäre aufgenommen und leistet damit einen erheblichen Beitrag zur Begrenzung des Klimawandels (BMEL 2021a, S. 20). Bereits in den 1980er Jahren kam es in Teilen Mittel- und Osteuropas zu einem weit verbreiteten Waldsterben, das mit der Luftverschmutzung in Verbindung gebracht wurde. Die heutigen Schäden an den Bäumen sind allgegenwärtig, sodass von Medien und Akteuren inzwischen der Begriff „Waldsterben 2.0" eingeführt wurde (SCHULDT et al. 2020).

In welchem Umfang auch der niedersächsische *Wuchsbezirk Unteres Weser-Leine-Bergland* von Einbußen der Waldvitalität betroffen ist, soll in dieser Fallstudie anhand von fernerkundlichen Methoden ermittelt werden. Das Ziel besteht darin, auf Basis von multispektralen und multitemporalen Sentinel-2 Satellitendaten Wald-Schadkarten zu erstellen, die die Waldvitalität räumlich erfassen und in Schadens-Klassen einordnen. Die Fallstudie II lehnt sich methodisch an die Fallstudie I an und nutzt vergleichbare Indikatoren. Die Vitalität von Waldbäumen kann nur anhand verschiedener Indikatoren beurteilt werden, da sie keine direkt messbare Eigenschaft ist. In der praktischen Baumbeurteilung ist die Einordnung der Vitalität eines Baumes in Schadstufen üblich (vgl. ROLOFF 2018). So wird im Rahmen der jährlichen Waldzustandserhebung der Bundesländer in erster Linie der Kronenzustand als Indikator für die Waldgesundheit herangezogen und der *Verlichtungsgrad* in einem Stufen-Schema erfasst (WELLBROCK et al. 2018).

1 Einleitung

In dieser Untersuchung werden die Informationen über die Vitalität des Waldes anhand von spektralen Vegetationsindizes abgeleitet, da die photosynthetische Aktivität oder Wasserstress von Pflanzen zur Formung des Spektralsignals beitragen. Dabei ist vor allem die Reflexion des Red-Edge Bereiches von großer Bedeutung, da dieser Wellenlängenbereich des elektromagnetischen Spektrums sehr sensibel auf Veränderungen des Chlorophyllgehaltes von Pflanzen reagiert und sich für die Früherkennung von Trockenstress sehr gut eignet (vgl. BOIARSKII und HASEGAWA 2019; ABDULLAH et al. 2019; ZARCO-TEJADA et al. 2018). Mit Hilfe der daraus abgeleiteten Schadkarten soll es gebietsübergreifend möglich sein, die Dynamik des Waldzustandes großflächig abzubilden und zu quantifizieren. Die fernerkundungsbasierte Beurteilung des Waldzustandes geht über die visuelle Einschätzung des äußerlich erkennbaren Gesundheits- bzw. Schädigungszustandes der einzelnen Bäume hinaus und kann feldbasierten Kartierungen ergänzen (SCHULDT et al. 2020, ABDULLAH et al. 2019).

Als Untersuchungszeitraum dient die Zeitspanne zwischen 2017 und 2021, um sowohl die unmittelbaren Auswirkungen der Trockenperiode als auch die mittelfristigen Waldschäden zu erfassen. Von besonderem Forschungsinteresse ist es, inwiefern die Vitalität der Buche (*fagus sylvatica*) als Hauptbaumart des Untersuchungsgebietes von der Trockenperiode beeinflusst wurde. Mittels einer statistischen Datenauswertung, bei der zusätzlich Standorts- und Bestandesdaten der Niedersächsischen Landesforsten hinzugezogen werden, wird überprüft, inwiefern verschiedene Standortfaktoren die Ausprägung der Vitalitätsveränderungen von Buchenbeständen beeinflussen. Eine aktuelle Studie des Thünen-Institutes hat ermittelt, dass deutschlandweit etwa 30 % der Waldflächen mit führender Baumart Buche gefährdet sind, wobei einer der räumlichen Schwerpunkte im Weserbergland liegt (BOLTE et al. 2021), sodass die Relevanz eines großflächigen Vitalitätsmonitorings erneut deutlich wird.

Aus dem Forschungsinteresse und der Zielsetzung ergeben sich folgende Forschungsfragen:

1 Inwiefern kann die Waldvitalität des Unteren Weser-Leine-Berglandes auf Basis von Sentinel-2 Satellitenbildern ermittelt werden?

1 Einleitung

2 Wie hat sich die Waldvitalität des Untersuchungsgebietes zwischen 2017 und 2021 verändert und welche Ursachen sind dafür verantwortlich?

3 In welchem Maß ist die Buche (*fagus sylvatica*) von Vitalitätsveränderungen betroffen und welche Standortfaktoren beeinflussen die Vitalität?

Zur Beantwortung dieser Forschungsfragen werden in dieser Fallstudie zunächst die theoretischen Grundlagen erläutert, um die Auswirkungen des Klimawandels auf den Wald und seine Ökosystemdienstleistungen deutlich zu machen und um ein Verständnis gegenüber den trockenstressbedingten physiologischen Reaktionen von Bäumen zu erlangen. Weiterhin werden die Auswirkungen der Trockenperiode 2018-2020 auf die Wälder in Deutschland und Niedersachsen dargestellt, die im Rahmen der Waldzustandserhebung der Bundesländer festgestellt wurden, um die Ergebnisse des fernerkundungsbasierten Vitalitätsmonitorings später mit diesen Erkenntnissen in Verbindung zu setzen. Darauffolgend wird gezeigt, wie die Vitalität von Wäldern mit Satellitendaten erfasst werden kann, wobei besonders auf die hier verwendete Sentinel-2 Mission des Erdbeobachtungsprogramms „Copernicus" der Europäischen Weltraumorganisation ESA eingegangen wird. Anschließend wird die Eignung dieser Satellitenbilder hinsichtlich der Anwendung im Waldbereich thematisiert, bevor dann der aktuelle Forschungsstand zum Vitalitätsmonitoring von Wäldern auf Grundlage von Vegetationsindizes beleuchtet wird.

Im darauffolgenden Kapitel wird zunächst das Untersuchungsgebiet genauer hinsichtlich der geographischen Lage und der naturräumlichen Eigenschaften charakterisiert. Danach wird umfassend die methodische Vorgehensweise erläutert, die neben dem GIS-basierten Vitalitätsmonitoring und der statistischen Datenanalyse auch eine Auswertung von lokalen Wetterdaten und ein *Ground Truthing* umfasst. Im darauffolgenden Kapitel werden alle Ergebnisse in Form von Karten oder Diagrammen visualisiert, wobei die Wald-Schadenskarten im Mittelpunkt stehen. In der abschließenden Diskussion werden die Ergebnisse interpretiert und miteinander in Verbindung gebracht, Implikationen für die Praxis genannt und weiterer Forschungsbedarf aufgezeigt.

2 Theoretische Grundlagen

2.1 Beobachtete Klimaänderungen und Klimaszenarien

Am 09. August 2021 ist der erste Teil des sechsten Sachstandsberichtes des IPCC (Intergovernmental Panel on Climate Change, Weltklimarat) veröffentlicht worden, aus dem hervorgeht, dass die anthropogenen Treibhausgasemissionen für die bisherigen und die zukünftigen Veränderungen des Klimas verantwortlich sind (Umweltbundesamt 2021). Im Zeitraum zwischen 2011 und 2020 war die globale Oberflächentemperatur um durchschnittlich 1,09 °C höher als zwischen 1850 und 1900 (IPCC 2021, S. 6), wobei auch zu beachten ist, dass der Anstieg der Temperatur seit 1970 schneller abgelaufen ist als in jedem anderen 50-jährigen Zeitfenster der mindestens letzten 2000 Jahre (IPCC 2021, S. 10). Seit 1950 haben die globalen gemittelten Niederschläge zugenommen (IPCC 2021, S. 6). Extremwetterereignisse wie Hitzewellen, Starkniederschläge oder Dürren können seit dem fünften Sachstandsbericht des IPCC (2014) stärker dem vom Menschen verursachten Klimawandel zugeordnet werden. Außerdem ist praktisch sicher, dass Hitzeextreme in den meisten Regionen an Land seit den 1950er Jahren häufiger und intensiver geworden sind (IPCC 2021, S. 11).

Das regionale Klima in Niedersachsen hat sich ebenfalls bereits messbar und statistisch signifikant verändert. Von 1881 bis 2020 hat die Jahresmitteltemperatur um +1,7 °C zugenommen, bei einem geringen Anstieg der Jahresniederschlagssumme von +83 mm, der sich vor allem im Winter vollzieht (Landesregierung Niedersachsen 2021, S. 4). Das bisher wärmste Jahr in Niedersachsen seit Beginn der systematischen Wetteraufzeichnungen war 2018 mit einer Jahresmitteltemperatur von 10,5 °C, gefolgt von 2020 mit 10,4 °C und 2019 mit 10,3 °C (Landesregierung Niedersachsen 2021, S. 5). Außerdem traten in den Jahren 2018-2020 ausgeprägte *Frühjahrstrockenheiten* auf. Im Zeitraum von 1951-2020 wurde ebenfalls eine Zunahme der Sommertage (Tageshöchsttemperatur ≥ 25 °C) um 20 Tage/Jahr und von

2 Theoretische Grundlagen

heißen Tagen (Tageshöchsttemperatur ≥ 30 °C) um 7,5 Tage/Jahr gemessen (Landesregierung Niedersachsen 2021, S. 5).

Die Klimamodellprojektionen des IPCC wurden auf Basis verschiedener Emissionsszenarien entwickeln und geben an, dass im Laufe des 21. Jahrhunderts die globale Erwärmung von 1,5 °C– 2 °C bei allen Emissionsszenarien überschritten wird, wenn keine drastische Reduktion der Treibhausgasemissionen erfolgt (IPCC 2021, S. 19). Beim mittleren Szenario (SSP2-4.5) wird die globale Oberflächentemperatur der Jahre 2081-2100 sehr wahrscheinlich um 2,1 °C bis 3,5 °C höher liegen als 1850-1900 (IPCC 2021, S. 19). Das Szenario mit sehr hohen Treibhausgasemissionen (SSP5-8.5) berechnet für diesen Zeitraum einen Anstieg der globalen Oberflächentemperatur zwischen 3,3 °C und 5,7 °C gegenüber dem vorindustriellen Niveau (IPCC 2021, S. 19) (vgl. Abb. 1).

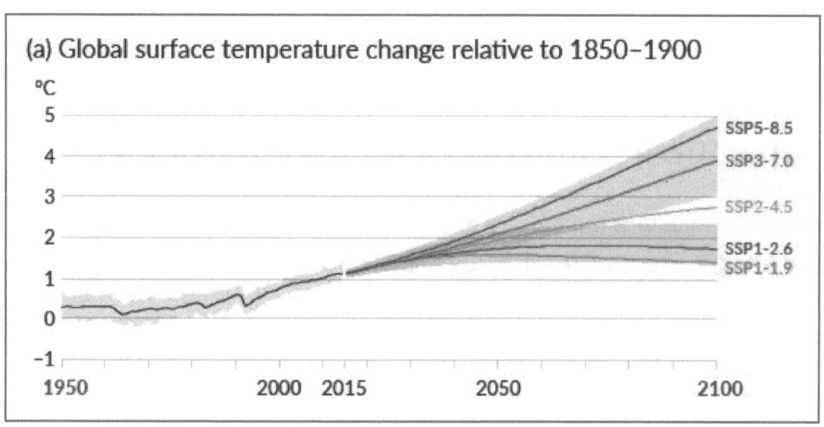

Abbildung 1: Anstieg der globalen Oberflächentemperatur gegenüber 1850-1900 entsprechend der SSP-Szenarien, Quelle: IPCC 2021, S. 31.

In unmittelbarem Zusammenhang mit der zunehmenden globalen Erwärmung steht beispielsweise auch die deutlich erkennbare Zunahme der Häufigkeit und Intensität von Hitzeextremen und Starkniederschlägen, da sich der globale Wasserkreislauf intensivieren wird, einschließlich seiner Variabilität. Des Weiteren werden Niederschläge und Oberflächenabflüsse über den meisten Landflächen pro Jahreszeit und von Jahr zu Jahr variabler werden (IPCC 2021).

Die Projektionen des zukünftigen Klimas von Niedersachsen basieren auf einem repräsentativem Multi-Modellensemble, welche eine

Kombination verschiedener globaler und regionaler Klimamodelle darstellt (Landesregierung Niedersachsen 2021). Die mittlere projizierte Änderung der Jahresmitteltemperatur gegenüber dem Referenzzeitraum 1971-2000 beträgt für die ferne Zukunft (2071-2100) unter dem RCP8.5-Szenario +3,8 °C und unter dem RCP2.6-Szenario +1,0 °C (Landesregierung Niedersachsen 2021, S. 10). Außerdem ist davon auszugehen, dass auch in Niedersachsen die Wahrscheinlichkeit von Sommer- und Hitzetagen sowie von Hitzewellen zunehmen wird (Landesregierung Niedersachsen 2021, S. 11). Im Hinblick auf die zukünftige Entwicklung der Jahresniederschlagsmengen ist im langfristigen Planungshorizont eine geringfügige Zunahme von 5 % zu erwarten (DWD 2018, S. 20), wobei vor allem die innerjährliche Verschiebung der Niederschläge von Relevanz ist. Die Modellrechnungen projizieren eine Abnahme der Niederschlagmenge im Sommer und eine Zunahme im Winter, wobei die Änderungen nur geringfügig sind und innerhalb der Größenordnung natürlicher Klimavariabilität liegen (Landesregierung Niedersachsen 2021, S. 12).

2.2 Die Ressource Wald im Klimawandel

Mit einem Waldanteil von 32 % ist Deutschland eines der waldreichsten Länder Europas (BMEL 2021, S. 15). Der Wald in Deutschland ist ein prägender Bestandteil der Natur- und Kulturlandschaft. Wälder sind Pflanzenformationen, die sich physiognomisch und ökologisch von anderen Vegetationsformationen deutlich unterscheiden. Durch die dicht zusammenstehenden Waldbäume bildet sich ein Ökosystem mit einem typischen Waldinnenklima und einer Ansiedlung von charakteristischer Flora und Fauna (BARTSCH et al. 2020).

Dabei erfüllt die Ressource Wald wichtige Funktionen, die als *Ökosystemdienstleistungen* bezeichnet werden. Die Nutzungsfunktion beschreibt den Wald als wichtigen Rohstofflieferanten, denn die Forstwirtschaft konnte zwischen 2010 und 2019 jährlich durchschnittlich 73 Millionen m³ Holz zur Verfügung stellen (BMEL 2021, S. 17). In einer weit verzweigten Wertschöpfungskette ist der größte stoffliche Verwender von Rohholz die Sägeindustrie mit einem Anteil von über 50 %; die andere Hälfte des geernteten Rohholzes wird energetisch genutzt (BMEL 2021, S. 17).

2 Theoretische Grundlagen

Eine weitere wichtige Funktion des Waldes ist die Schutzfunktion. Wälder bieten einer Vielzahl von Tier-, Pilz- und Pflanzenarten einen Lebensraum und sind außerdem ein bedeutsamer Schutz gegenüber Erosion, Überschwemmung, Wind, Lärm oder Temperaturextreme. Des Weiteren sind sie Wasserspeicher und Wasserfilter sowie eine wichtige Kohlenstoffsenke, sodass sie auch eine große Bedeutung für den Klimaschutz haben. Durch die Photosynthese der Bäume binden Wälder Kohlendioxid (CO_2) und speichern es als Kohlenstoff (C) in der Biomasse, also überwiegend im Holz und in den Böden (BARTSCH et al. 2020).

Die *Sozialfunktion der Wälder* umfasst die Förderung der Gesundheit der Bevölkerung, indem er eine erholungsfördernde Umgebung bietet, die 70 % der Bevölkerung mindestens einmal im Jahr nutzt (BMEL 2021, S. 8). Zudem sind mit den deutschen Wäldern und der Holzverarbeitung ungefähr 735.000 Arbeitsstellen verbunden (BMEL 2021, S. 8). In seiner kulturellen Funktion dient der Wald der Erhaltung von Naturdenkmalen, seltenen Pflanzen, Tieren und Biotopen und wird auch im Rahmen von Forschung und Lehre aktiv genutzt (BARTSCH et al. 2020).

Die generellen Verbreitungsgrenzen einer Baumart werden durch das Klima bestimmt. Innerhalb dieser Grenzen beeinflusst es außerdem das Wachstum und die phänologische Entwicklung. Lang- und kurzfristige Klimawirkungen verändern die Konkurrenzverhältnisse zwischen Waldbaumarten, wodurch ihre Häufigkeit und regionale Verbreitung beeinflusst wird (AREND et al. 2016). Die projizierten Klimaänderungen führen zu veränderten Wachstumsbedingungen der Waldbäume. Die Auswirkung hängt stark von Standorteigenschaften und den vorhandenen Baumarten ab (AREND et al. 2016). Generell ist zu sagen, dass die erhöhte CO_2-Konzentration in der Atmosphäre vermutlich zu einer Steigerung des Zuwachses der Waldbäume in den vergangenen Jahrzehnten geführt hat. Eine CO_2-Düngung fördert die Fotosyntheseleistung und damit die Nettoprimärproduktion, allerding nur dann, wenn andere Ressourcen nicht limitiert sind (BARTSCH und RÖHRIG 2016).

Die negativen Auswirkungen des Klimawandels auf die Wälder, ihre Ökosystemleistungen und die Waldwirtschaft werden allerdings höchstwahrscheinlich überwiegen. Vor allem die Zunahme von Extremereignissen wird zu erheblichen Störungen der Wälder führen

(BAUHUS et al. 2021). Störungen durch Feuer, Dürre und Insekten werden vor allem durch wärmere und trockenere Bedingungen begünstigt. Dahingegen verstärken wärmere und feuchtere Bedingungen Störungen durch Wind und Krankheitserreger. Es wird außerdem zu vielseitigen Wechselwirkungen zwischen den Störungsfaktoren kommen, welche die Störungen wahrscheinlich verstärken (BAUHUS et al. 2021).

2.2.1 Bäume im Trockenstress

Das durch den Klimawandel verursachte Sterben von Bäumen ist ein komplexes Syndrom, an dem mehrere voneinander abhängige Prozesse beteiligt sind. Verschiedene Faktoren, sowohl biotische als auch abiotische, können letztendlich und artspezifisch zum Absterben eines einzelnen Baumes beitragen (SCHULDT et al. 2020). Im Folgenden werden die Auswirkungen von Trockenstress auf die physiologischen Prozesse von Bäumen erläutert, da Trockenheit aus physiologischer Sicht der bedeutendste Faktor des Klimawandels ist (AREND et al. 2016) und eine Kenntnis über die Reaktionen der Bäume auch bei der fernerkundlichen Vitalitätsbeurteilung von entscheidender Bedeutung ist. Die Temperatur und die Wasserverfügbarkeit haben den größten Einfluss auf das Wachstum von Wäldern, gefolgt von der Nährstoffverfügbarkeit und den Effekten der Bestandsstruktur (HAUCK et al. 2019).

Wie in Kapitel 2.1 erläutert, werden die Waldökosysteme zukünftig häufiger sehr trockenen und heißen Sommern ausgesetzt sein. Hitze und Trockenheit sind meist miteinander verbunden und erzeugen gegenseitig positive Rückkopplungen (TESKEY et al. 2015). Die Kombination von Niederschlagsmangel, einer hohen Evaporation und Bodentrockenheit führt zur Entstehung von Trockenstress. Dieser verursacht als erste Reaktion einen Rückgang des Turgors (Zellinnendruck) in den Zellen, woraufhin das Phytohormon Abscisinsäure den Stomataverschluss (Schließzellen in der Epidermis) in den Blättern einleitet, um den Wasserverlust zu minimieren (BARTSCH und RÖHRIG 2016).

Dabei wird die Transpiration vermindert und somit auch die Aufnahme von CO_2 behindert. Bei einem vollständigen Verschluss der Stomata stellen die Bäume die Fotosynthese ein, in dessen Folge Blätter welken und zum Teil vergilben. Anfangs ist dies noch

2 Theoretische Grundlagen

reversibel, anhaltende Trockenheit führt allerdings zu einer starken Reduktion der Wachstumsvorgänge (BARTSCH und RÖHRIG 2016). Die Abnahme des Blattwassergehaltes wirkt außerdem direkt auf die biophysikalischen und biochemischen Vorgänge der Photosynthese (MATYSSEK und HERPPICH 2019). Nicht nur die Photosynthese, sondern auch andere physiologische Prozesse der Bäume, wie Atmung, Transpiration oder Photorespiration, werden durch hohe Temperaturen und Trockenheit beeinflusst (TESKEY et al. 2015). Viele Forscher ermittelten, dass die Chlorophyllkonzentration des Kronendachs mit dem Gesundheitszustand des Waldes zusammenhängt und den Stress der Vegetation im Wald vorhersagt, da Entlaubung und Verfärbungen die Chlorophyll-Mengen der Baumkronen bestimmen (GUPTA und PANDEY 2021).

Zeitweilige Trockenheit führt in erster Linie zur Einschränkung der Produktion organischer Substanz. Das Sprosswachstum wird beeinträchtigt, die Zunahme von Höhe wird vermindert und es kommt es zu einem geminderten Durchmesserzuwachs. Trockenstress kann auch eine verfrühte und verstärke Samenbildung und ein Sinken der Abwehrkräfte gegen den Befall von Insekten verursachen (BARTSCH und RÖHRIG 2016). Eine kurzfristige Verringerung der Blattfläche ist ein Mechanismus zur Trockenheitstoleranz. Eine anhaltende Entlaubung geht allerdings in der Regel dem Absterben voraus (ZARCO-TEJADA et al. 2018). Wenn alle Wasserreserven des Holzkörpers erschöpft sind, vertrocknet die Pflanze (BARTSCH und RÖHRIG 2016). Die durch Trockenheit verursachte Mortalität ist wesentlich wahrscheinlicher als ein durch Hitze verursachtes Absterben der Bäume. Allerdings ist der Grad des Trockenstresses und die Geschwindigkeit seines Einsetzens bei hohen Temperaturen stark erhöht (TESKEY et al. 2015).

Die Sterblichkeitsrate erhöht sich sowohl mit der Trockenheit des Frühsommers als auch mit hohen Sommertemperaturen im Vorjahr. Nach heutigem Kenntnisstand sind zwei eng miteinander verknüpfte physiologische Mechanismen an der trockenheitsbedingten Mortalität beteiligt, die die Bäume auch für einen späteren Schädlingsbefall prädisponieren können (SCHULDT et al. 2020). Zum einen kann es durch ein hydraulisches Versagen, welches durch Austrocknung des Gewebes verursacht wird, zum Verlust der Xylemfunktionalität kommen, sodass das Wasser und die darin gelösten Mineralien nicht mehr in den

Leitgefäßen der Pflanze von der Wurzel zu den Blättern transportiert werden. Zum anderen kann ein Kohlenstoffmangel sich auf die Photosynthese auswirken. Bei starker Trockenheit kommt es zu einer Gewebeaustrocknung und einer Xylembolie, die auch bei wiederkehrender Bodenfeuchtigkeit die Leitungsbahnen verschließt (SCHULDT et al. 2020). Auch die durch den Klimawandel zunehmende Niederschlagsvariabilität kann die Mortalität von Bäumen erhöhen. Nach mehreren feuchten Jahren können Bäume für die trockenheitsbedingte Mortalität prädisponiert sein, da in feuchten Sommern größere Blattflächen ausgebildet werden, die in Trockenperioden physiologisch nicht sinnvoll sind (HAUCK et al. 2019). Dabei ist zu beachten, dass die Reaktion auf Wasserstress vom funktionellen Typ abhängig ist. Laubbäume können das im Kernholz gespeicherte Wasser während längerer Trockenperioden nutzen, während Nadelbäume ihre Wasserreserven hauptsächlich durch zeitnahe Absorption erhalten (MORENO-FERNÁNDEZ et al. 2021). Die Trockenheitsresistenz der fünf wichtigsten Nadelbäume Deutschlands wurde an der Bayrischen Landesanstalt für Wald und Forstwirtschaft (LWF) anhand von vier Modellen abgeschätzt. THURM et al. kamen zu dem Ergebnis, dass von den betrachteten Arten die Douglasie, gefolgt von der Europäischen Lärche, am besten mit der Trockenheit klarkommen. Die höchsten Vitalitätseinbußen zeigt dagegen die Fichte (THURM et al. 2020).

2.2.2 Auswirkungen der Trockenperiode 2018-2020

Die Trockenperiode von 2018 bis 2020 hat zu erheblichen Schäden in Deutschlands Wäldern und einen Schadholzanfall von 170,6 Millionen m^3 geführt (BMEL 2021, S. 27). Davon sind 156,5 Millionen m^3 auf Nadelholz und 14,1 Millionen m^3 auf Laubholz entfallen (BMEL 2021, S. 27). Intensive Sommertrockenheit und geringe Winterniederschläge haben zu niedrigen Bodenwasservorräten, absinkenden Grundwasserständen und einer geringen Grundwasserneubildung geführt. Besonders die geringen Niederschlagsmengen in Frühjahren 2018-2020 führten im weiteren Jahresverlauf zu starkem Trockenstress und einer hohen Vulnerabilität der Waldbäume (BMEL 2021). Die weit verbreitete frühe Verfärbung und vorzeitige Blattseneszenz der vorherrschenden Laubbaumarten war eine auffällige

Stressreaktion auf das Dürreereignis im Sommer 2018. Auch Nadelbaumarten zeigten Anzeichen von Nadelverfärbungen. In Deutschland, Österreich und der Schweiz wurde ein partielles oder vollständiges Absterben der Kronen beobachtet (SCHULDT et al. 2020).

Abbildung 2 verdeutlicht den Dürrezustand des Gesamtbodens bis zu einer Tiefe von ca. 1,8 m von 2017 bis 2020 am 01.08. des jeweiligen Jahres. Anhand dieser Karten des Dürremonitors Deutschland ist deutlich die extreme Trockenheit in den Jahren 2018 und 2019 zu erkennen. Auch 2020 herrscht in weiten Teilen Deutschlands noch eine schwere bis außergewöhnliche Dürre. Der Dürremonitor des Helmholz Zentrum für Umweltforschung (UFZ) liefert täglich flächendeckende Informationen zum Bodenfeuchtezustand in Deutschland. Auf Basis eines hydrologischen Modellsystems werden ökosystemare Prozesse mathematisch beschrieben und als Karten zum Download bereitgestellt (UFZ 2021).

2 Theoretische Grundlagen

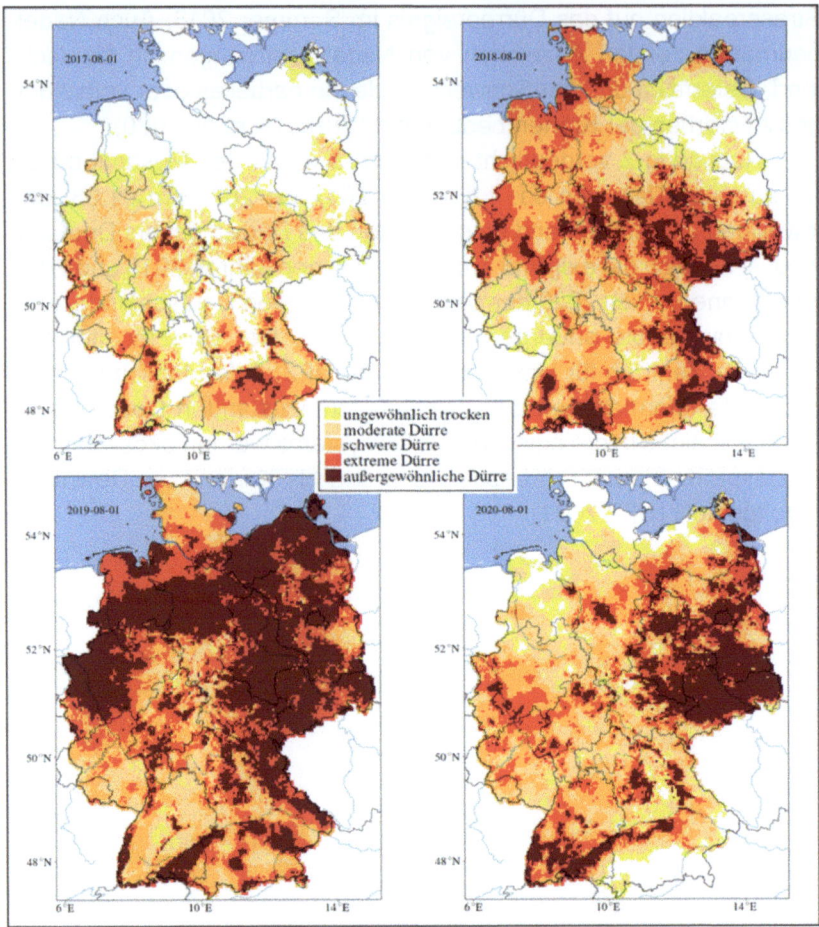

Abbildung 2: Entwicklung der Trockenheit von 2017 (oben links) bis 2020 (unten rechts). Dargestellt ist der Bodenfeuchtezustand des Gesamtbodens (ca. 1,8 m) am 01.08. des jeweiligen Jahres, Quelle: eigene Darstellung nach UFZ 2021.

2.2.3 Zustand der Wälder in Niedersachsen

Als Teil des forstlichen Umweltmonitorings wird im Rahmen der jährlichen Waldzustandserhebung der Vitalitätszustand der Waldbäume unter dem Einfluss sich ändernder Umweltbedingungen in einem systematischen Stichprobennetz in jedem Bundesland erfasst. Die Niedersächsische Waldzustandserhebung des Jahres 2021 hat nach den extremen Witterungsbedingungen der Jahre 2018-2020 anhaltend hohe Schäden in den Wäldern belegt. Die mittlere Kronenverlichtung aller Baumarten und aller Altersstufen ist im Beobachtungszeitraum dieser Arbeit von 17 % im Jahre 2017 (NW-FVA 2017, S. 10) deutlich auf 22 % im Jahre 2019 angestiegen (NW-FVA 2019, S. 8). Nach einem leichten Rückgang auf 21 % im Jahre 2020 (NW-FVA 2020, S. 8), ist sie 2021 erneut auf 22 % angestiegen, womit sich die Verlichtungswerte seit drei Jahren auf dem höchsten Niveau in der Zeitreihe seit 1984 befinden (NW-FVA 2021, S. 8) (vgl. Abb. 3).

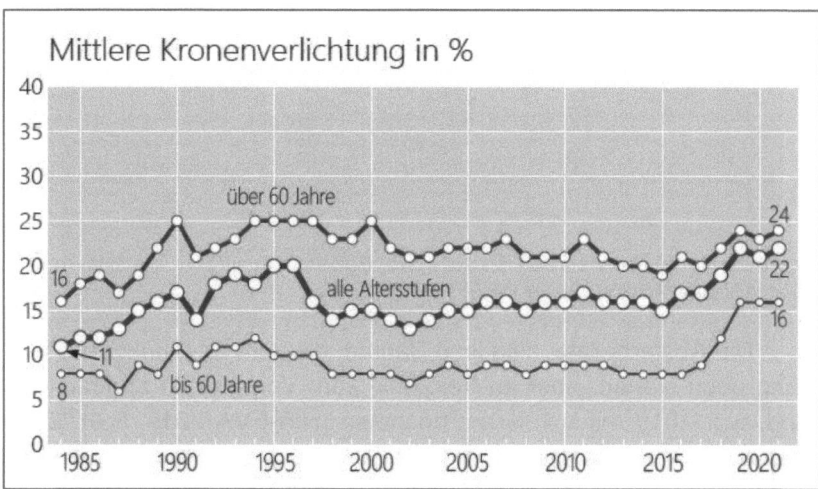

Abbildung 3: Anteil der mittleren Kronenverlichtung aller Baumarten seit 1984 in Niedersachsen, Quelle: NW-FVA 2021, S. 8.

Besonders deutlich wird das Ausmaß der Waldschädigungen bei der Betrachtung des Anteils starker Schäden. Im Jahre 2019 hat der Anteil der starken Schäden erstmalig den langjährigen Mittelwert von 1,6 % mit 3 % stark überschritten (NW-FVA 2019, S. 8). Im darauffolgenden Jahr 2020 betrug der Anteil der starken Schäden 3,8 % (NW-FVA 2020, S. 8). Auch 2021 ist dieser Wert nochmals gestiegen, auf 4,1 % (NW-FVA 2021, S. 8) (vgl. Abb. 4).

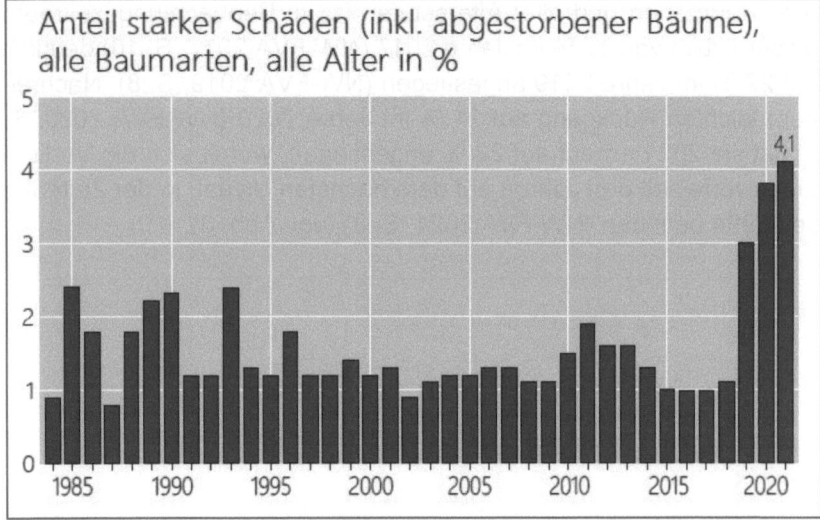

Abbildung 4: Anteil der starken Schäden aller Baumarten und aller Altersklassen seit 1984 in Niedersachsen, Quelle: NW-FVA 2021, S. 8.

Die Absterberate, also jene Bäume, die zum Zeitpunkt der Erhebung noch stehen, aber im Vergleich zum Vorjahr neu abgestorben sind, war 2019 mit 1,4 % am höchsten (NW-FVA 2019, S.9). 2020 betrug die Absterberate 1,1 % (NW-FVA 2020, S.9) und 2021 0,6 %, was zwar eine Abnahme im Vergleich zu den Vorjahren darstellt, das langjährige Mittel allerdings immer noch um das Dreifache übersteigt (NW-FVA 2021, S.9).

Einzelne Baumarten zeigen teilweise deutliche Abweichungen von den durchschnittlichen Werten aller Baumarten. Schadensausmaß und -intensität sind bei der Kiefer geringer als bei Fichten, Buchen und Eichen. Sie zeigten nur eine moderate Reaktion auf das Witterungsgeschehen der letzten Jahre. Der Anteil starker Schäden betrug 2021 1,2 %, die mittlere Kronenverlichtung belief sich, je nach Alter der Bäume, auf 15-20 % (NW-FVA 2021, S. 10).

Im Gegensatz dazu ist die Fichte in den vergangenen Jahren durch starke Vitalitätsverschlechterungen geprägt. Die mittlere Kronenverlichtung hat bei jüngeren Fichten (bis 60 Jahre) von 10 % 2018 auf 32 % 2021 stark zugenommen (NW-FVA 2021, S. 11). Bei älteren Fichten (ab 60 Jahre) ist der Anteil von 26 % 2018 auf 35 % 2021 gestiegen (NW-FVA 2021, S. 11). Die Werte beider Altersgruppen haben sich also nach 2018 angenähert und sind nun fast gleich hoch. Im außerordentlich hohen Anteil der starken Schäden zeigt sich das Ausmaß der Vitalitätsverschlechterungen. Im Jahre 2021 betrug der Wert der starken Schäden 15,3 % und erreichte damit den Höchststand seit 1984 (NW-FVA 2021, S. 11).

2.3 Buchen (Fagus sylvatica)

Da der Vitalitätszustand der Buchen von besonderem Forschungsinteresse ist, werden an dieser Stelle die Ergebnisse der Waldzustandserhebungen in Niedersachsen für die Buche ebenfalls erläutert, bevor anschließend erklärende Ansätze und wissenschaftliche Erkenntnisse genannt werden. Die mittlere Kronenverlichtung unterscheidet sich deutlich zwischen älteren und jüngeren Buchen. Jüngere Buchen (bis 60 Jahre) wiesen 2017 eine mittlere Kronenverlichtung von 5 % auf (NW-FVA 2017, S. 14), bevor dieser Anteil 2019 auf 10 % angestiegen ist (NW-FVA 2019, S. 12). Danach ist dieser Wert wieder auf 6 % im Jahre 2021 gefallen (NW-FVA 2021, S. 12). Ältere Buchen (ab 60 Jahre) dahingegen wiesen bereits zu Beginn der Trockenjahre eine deutlich höhere Kronenverlichtung auf. Der Wert stieg von 24 % 2017 (NW-FVA 2017, S. 14) auf 32 % 2019 (NW-FVA 2019, S. 12) und fiel dann wieder auf 28 % im Jahre 2021 (NW-FVA 2021, S. 12) (vgl. Abb. 5).

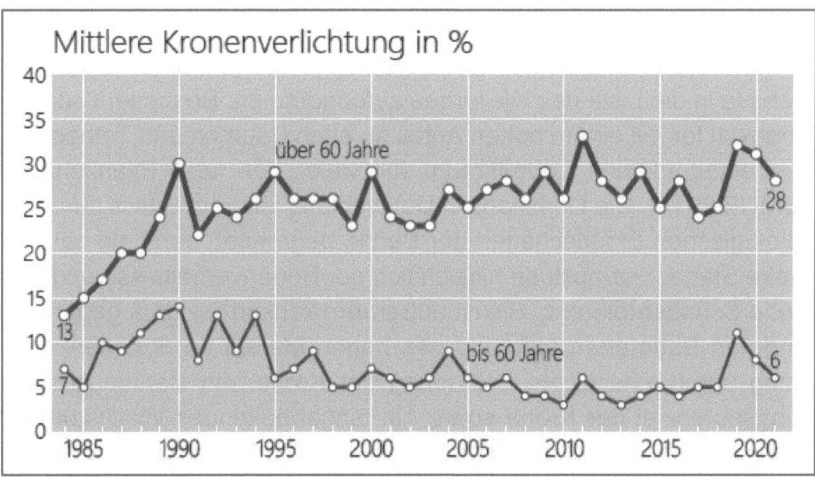

Abbildung 5: Anteil der mittleren Kronenverlichtung der Buchen seit 1984 in Niedersachsen, Quelle: NW-FVA 2021, S. 12.

Das langjährige Mittel der starken Schäden bei Buchen liegt bei 2,1 % (NW-FVA 2021, S. 12). Der höchste Anstieg der starken Schäden wurde 2019 festgestellt. In dem Jahr ist der Wert von 0,8 % im Vorjahr (NW-FVA 2018, S. 12) auf 5,5 % gestiegen (NW-FVA 2019, S. 12). Danach hat sich dieser Wert wieder verringert, bis auf 3,3 % im Jahre 2021 (NW-FVA 2021, S. 12). Als wichtigste Laubbaumart in Mittel- und Westeuropa ist die Rotbuche von hoher ökologischer und wirtschaftlicher Bedeutung. Als Kulturfolger hat sich die Buche wahrscheinlich vor 3000 Jahren im nördlichen Mitteleuropa nach bereits erfolgter Besiedlung durch den Menschen ausgebreitet. Das aktuelle Verbreitungsgebiet umfasst West- und Mitteleuropa (BARTSCH et al. 2020).

Nach dem Konzept der potenziellen natürlichen Vegetation (pnV), welches Reinhold Tüxen 1956 veröffentlichte, wären 67 % der Fläche Deutschlands mit Buchenwäldern bedeckt (PANEK 2016, S. 15). Die potenzielle natürliche Vegetation ist der natürliche Zustand, der ohne die menschliche Wirkung auf die Vegetation unter derzeitigen Standortbedingungen vorhanden wäre (KOWARIK 2016). Zwischen der zweiten Bundeswaldinventur im Jahre 2002 und der Dritten im Jahre 2012 hat die Buchenfläche um 6 % zugenommen und beträgt 1,68 Millionen Hektar (Stand 2012) (BMEL 2018, S. 19), was einem Anteil von 16 % an der gesamten Waldfläche entspricht (BMEL 2021a, S. 11).

Auch aus ökologischer Perspektive sind Buchenwälder schützenswert. Das UNESCO-Welterbekomitee hat 2011 fünf Buchenwaldgebiete in die Liste des Welterbes aufgenommen. Besonders alte Buchenwälder mit einem hohen Anteil an alten Bäumen und Totholz bieten einen idealen Lebensraum für viele Tier- und Pflanzenarten (BMUB 2015). Die Dominanz in Deutschland ist größtenteils durch die ökologischen Eigenschaften der Buche begründet, denn sie hat eine weite Standortsamplitude hinsichtlich der Bodenverhältnisse und eine hohe Schattentoleranz. Sie ist außerdem konkurrenzstark gegenüber anderen Baumarten aufgrund des hohen Maßes an Schattenerzeugung durch eine dichte Belaubung der Krone, ein starkes Ausbreitungspotenzial der Krone sowie ein langanhaltendes Wachstum mit einer großen Endhöhe (BARTSCH et al. 2020). Die klimatische Spannweite der Buche liegt bei einer mittleren Jahrestemperatur von 4-12 °C

2 Theoretische Grundlagen

und einem mittleren Jahresniederschlag von 450 bis über 2000 mm (BARTSCH et al. 2020, S. 87).

In der Vergangenheit wurde der Buche eine hohe Plastizität und Anpassungsfähigkeit an Dürreereignisse zugeschrieben. Die Trockenheit der letzten Jahre führte jedoch zu deutlichen Vitalitätsverlusten. Buchen wurden in der Trockenperiode von 2018 bis 2020 vor allem durch die direkte Wirkung von Hitze geschädigt, was sich in Blattschädigungen und Sonnenbrand äußert. Aber auch indirekte Wirkungen, wie die durch die lange Trockenheit verursachte Kronenwelke und ein frühzeitiger Laubabwurf, sind festgestellt worden (BMEL 2021).

In einer Studie untersuchten Schweizer Wissenschaftler das Phänomen vorzeitigen Laubabwurfs und kamen zu dem Ergebnis, dass dies im Rahmen einer Trockenheit weniger als eine Resistenzfunktion gegenüber der Trockenheit, sondern vielmehr als markanter Indikator für Trockenstress angesehen werden muss. Eine vorzeitige Blattverfärbung mit verfrühtem Laubabfall hängt mit deutlich erhöhten Kronenmortalitäten im Folgejahr zusammen (WOHLGEMUTH et al. 2020).

Beobachtungen von Trockenperioden der letzten zwei Jahrzehnte zeigen kein einheitliches Bild bezüglich der Eignung von Buchen für wärmere und trockenere Bedingungen. Einige Studien kamen zu dem Ergebnis, dass Buchen nicht primär durch Trockenheit eingeschränkt sind, auch nicht durch starke Trockenheit. Andere Studien wiederum bestätigen einen deutlich negativen Einfluss von Trockenheit auf das Wachstum der Buche, besonders bei häufig wiederkehrenden Trockenperioden (MEYER et al. 2020; WALTHERT et al. 2021).

Das flache Feinwurzelsystem der Buche beeinträchtigt die Wasseraufnahme bei Trockenheit. Zusätzlich haben Buchen als zerstreutporige Baumart eher Schwierigkeiten eine hohe stomatäre Leitfähigkeit aufrecht zu erhalten (MEYER et al. 2020). Der Vergleich von Eichen und Buchen macht deutlich, dass die Buche eine geringere Resistenz gegenüber Dürreereignissen aufweist als die Eiche. Außerdem zeigte die Buche im Laufe der Zeit einen rückläufigen Trend der Widerstandsfähigkeit, der vermutlich durch eine Zunahme der Häufigkeit von Dürreereignissen verursacht wird, wodurch sich der Erholungszeitraum verkürzt. Angesichts der projizierten Klimaänderungen wird sich der Trend der abnehmenden Widerstandsfähigkeit vermutlich fortsetzen, da die Häufigkeit von Dürren voraussichtlich zunehmen wird (MEYER et al. 2020).

Weitere aktuelle Untersuchungen zum Trockenstressverhalten der Buche zeigen ebenfalls, dass diese Baumart gegenüber Trockenheit empfindlich reagiert und eine frühe Entlaubung als Vorhersage für das Absterben der Krone im folgenden Jahr verwendet werden kann. Dies beeinträchtigt die Vitalität der Buche und macht sie wahrscheinlich anfälliger gegenüber Krankheitserregern und Schadinsekten, was zum Absterben des gesamten Baumes führen kann (WALTHERT et al. 2021).

2.4 Anpassung an den Klimawandel: Waldumbau

Angesichts der weit verbreiteten und massiven Waldschäden sowie der zu erwartenden Klimaentwicklung ist es erforderlich, die Wälder und ihre Bewirtschaftung anzupassen, um negative Folgen abzupuffern und die vielfältigen Ökosystemdienstleistungen des Waldes zu erhalten. Durch waldbauliche Unterstützung sollen diverse, resiliente und anpassungsfähige Wälder entstehen, die durch die Vielfalt standortangepasster Baumarten und einen intakten Waldboden gekennzeichnet sind (BAUHUS et al. 2021). Die Anpassung der Wälder stellt sich als komplexe Herausforderung mit einem Finanzbedarf von 13 bis 43 Mrd. Euro in 30 Jahren dar (BOLTE et al. 2021, S. 16). Im Gegensatz zu den meisten Produktionsformen in der Landwirtschaft, sind die Produktionszeiträume in der Forstwirtschaft deutlich länger, weswegen der Artenzusammensetzung und der Bewirtschaftungsform eine weitreichende Bedeutung zukommt (BAUHUS et al. 2021).

In der Vergangenheit, insbesondere nach den beiden Weltkriegen und nach großen Sturm- und Waldbrandkatastrophen, wurden Baumarten an Standorte angepflanzt, für die sie aus heutiger Sicht weniger geeignet sind. Gründe dafür sind ein Handeln aus wirtschaftlichen Zwängen oder aus Kostengründen, der Mangel an geeignetem Saat- und Pflanzgut, Unwissenheit über die standörtlichen Möglichkeiten und die waldbaulichen Risiken oder der Zeitgeist der reinen Ertragssteigerung des frühen 20. Jahrhunderts. Aufgrund dessen ist

2 Theoretische Grundlagen

heute die Widerstandskraft der standörtlich nicht angepassten Wälder gegen biotische und abiotische Schäden deutlich herabgesetzt (Landesregierung Niedersachsen 2021).

Die natürliche Anpassungsfähigkeit der Baumarten ist aufgrund des Ausmaßes und der Geschwindigkeit des Klimawandels nicht ausreichend, um die notwendige Anpassung sicherzustellen (Landesregierung Niedersachsen 2021). Deswegen ist eine aktive und gesteuerte Waldentwicklung erforderlich, sodass der Wald auch zukünftig alle Funktionen erfüllen kann (vgl. Kapitel 2.2). Eine Umgestaltung der Wälder in Deutschland muss anhand lokaler Empfehlungen und Entscheidungen zur Baumartenwahl und Bewirtschaftung auf Bestandesebene erfolgen. Erforderlich sind hierzu differenzierte regionale und lokale Informationen zu Standort, Klima und Baumarteneignung (BOLTE et al. 2021).

Es wird angenommen, dass deutschlandweit circa 70 % der Waldflächen mit führender Baumart Fichte und 30 % der Standorte mit führender Baumart Buche gefährdet sind (BOLTE et al. 2021, S. 14). Fichten sind unter anderem in niedrigen und mittleren Mittelgebirgslagen bedroht, auf Standorten mit einer Geländehöhe unter 600 m ü. NN. Die Risikogebiete der Buchen sind deutlich kleinteiliger und umfassen trockene Standorte mit einer geringen Wasserkapazität, die sich unter anderem im Weserbergland befinden (BOLTE et al. 2021).

Die aktuelle Waldstrategie des Bundesministeriums für Ernährung und Landwirtschaft strebt eine möglichst naturnahe Waldbewirtschaftung an, damit alle Ökosystemdienstleistungen erhalten bleiben und nachhaltig genutzt werden (BMEL 2021a). Aufgrund der Langfristigkeit forstlicher Entscheidungen müssen alle Maßnahmen sowohl für die heutigen Wälder als auch für den klimaangepassten Waldumbau geeignet sein (Landesregierung Niedersachsen 2021). Da die Folgen des Klimawandels für einzelne Arten oder Wälder nicht eindeutig vorausgesagt werden können, ist Risikostreuung und -minderung ein wichtiger Aspekt, der im Rahmen der Bewirtschaftung von Mischwäldern berücksichtig wird (SCHÄFER et al. 2017).

Eine notwendige Maßnahme ist es, forstliche Reinbestände, wie die stark verbreiteten Fichtenmonokulturen, zu struktur- und artenreichen und mehrschichtigen Mischwäldern umzubauen. Die Schadrisiken können somit auf unterschiedliche Baumarten verteilt und vermindert werden, indem eine besser angepasste Baumart den Platz und die Funktion einer geschädigten Baumart übernimmt. Die höhere Artendiversität bringt eine höhere Elastizität zum Ausgleich von Störungen mit sich, weswegen Mischbestände gegenüber biotischen und abiotischen Störungen weniger anfällig sind als Reinbestände (SCHÄFER et al. 2017).

Bei den heimischen Baumarten werden Traubeneiche, Spitz- und Feldahorn, Hainbuche, Elsbeere, Vogelkirsche, Winterlinde und Weißtanne als trockenheitstolerant eingeschätzt (SCHÄFER et al. 2017). Die Anpassung der Wälder kann auch durch die gezielte Einmischung von Bäumen aus trockeneren bzw. kontinentaleren Klimaten unter die heimischen Baumarten gesteigert werden (BOLTE et al. 2021a). Aus dem süd- bis südöstlichen Europa werden Baumarten wie Ungarische Eiche, Zerreiche, Hopfenbuche und Orientbuche als geeignet angesehen. Des Weiteren werden für Douglasien, Küstentannen oder Roteichen relativ gute Perspektiven ausgewiesen. Wissenschaft und Praxis müssen eine für das zukünftige Klima optimierte Baumartenwahl, Baumartenmischung und Bestandesbehandlung entwickeln (BOLTE et al. 2021a). Außerdem sollten vorhandene Waldbestände durch eine angepasste Bewirtschaftung stabilisiert werden, indem angepasste Pflegemaßnahmen dafür sorgen, dass einzelne Bäume genug Raum zur Entwicklung vitaler Kronen und Wurzelwerke haben und somit die Konkurrenz gesenkt wird (SCHÄFER et al. 2017).

2.5 Messbarkeit der Vitalität mit fernerkundlichen Methoden

Eine Weiterentwicklung des Waldmonitorings ist zur Früherkennung von Schäden und Schadorganismen sowie zur Schadenerfassung von großer Bedeutung (Landesregierung Niedersachsen 2021). In der Praxis der Vitalitätsbeurteilung von Waldbäumen findet die Baumkontroll-Richtlinie und die ZTV (Zusätzliche Technische Vertragsbedingungen) Anwendung, in der definiert ist, anhand welcher Merkmale sich die Vitalität eines Baumes äußert: „Wachstum, Kronenstruktur und Zustand der Belaubung; Anpassungsfähigkeit an die Umwelt; der Widerstandsfähigkeit gegen Krankheiten und Schädlinge; der Regenerationsfähigkeit" (ROLOFF 2018, S. 79). In der jährlichen Waldzustandserhebung dient der Kronenzustand als Indikator für die Vitalität

2 Theoretische Grundlagen

der Waldbäume. Der Kernparameter ist hierbei die Kronenverlichtung, die anhand des Nadel- bzw. Blattverlustes im Verhältnis zu einem Referenzbaum in 5 %- Stufen eingeschätzt wird. Es wird eine visuelle Einschätzung des erkennbaren Gesundheits- bzw. Schädigungszustandes einzelner Bäume vorgenommen (WELLBROCK et al. 2018).

Feldbasierte Monitoring-Aktivitäten sind zeitlich und räumlich begrenzte Momentaufnahmen von Waldbeständen. Die fernerkundliche Beurteilung der Vitalität von Waldbäumen kann die Beobachtungen vor Ort entscheidend ergänzen, durch Bewertungen auf einer höheren räumlichen Ebene. Stress beeinflusst die biophysikalischen und biochemischen Eigenschaften der Pflanze und damit ihre spektrale Signatur (ABDULLAH et al. 2019). Die meisten Fernerkundungsmethoden basieren auf der Erfassung anhaltender struktureller Veränderungen in den Baumkronen aufgrund von Entlaubungsprozessen, die für fortgeschrittene Störungen im Wald typisch sind, wie beispielsweise die Bestimmung des Leaf Area Index mit Standard-Vegetationsindizes wie dem NDVI (*Normalized Difference Vegetation Index*) (ZARCO-TEJADA et al. 2018). Um die zeitliche Dynamik der Waldschäden zu überwachen, sollten Indikatoren verwendet werden, die nicht nur die strukturellen Veränderungen der Baumkronen aufzeigen, sondern auch Spektralbereiche nutzen, die mit photosynthetischen Pigmenten in Verbindung stehen. Diese reagieren empfindlich auf physiologische Veränderungen, die der Verringerung der Blattfläche und der Mortalität vorausgehen können (ZARCO-TEJADA et al. 2018).

Physikalische Zustände von Pflanzen, wie die photosynthetische Aktivität oder Wasserstress, tragen zur Formung des Spektralsignals bei. Gesunde, grüne Vegetation weist ein Chlorophyll-Reflexionsmaximum im grünen Spektralbereich (500-600 nm) auf. Die Chlorophyllpigmente a und b absorbieren selektiv blaue (400-500 nm) und rote Wellenlängen (600-700 nm) für die Photosynthese. Typisch ist außerdem ein steiler Anstieg der Reflexion zwischen dem roten und dem Nahinfrarot (NIR)-Bereich (ROCCHINI et al. 2016) (vgl. Abb. 6).

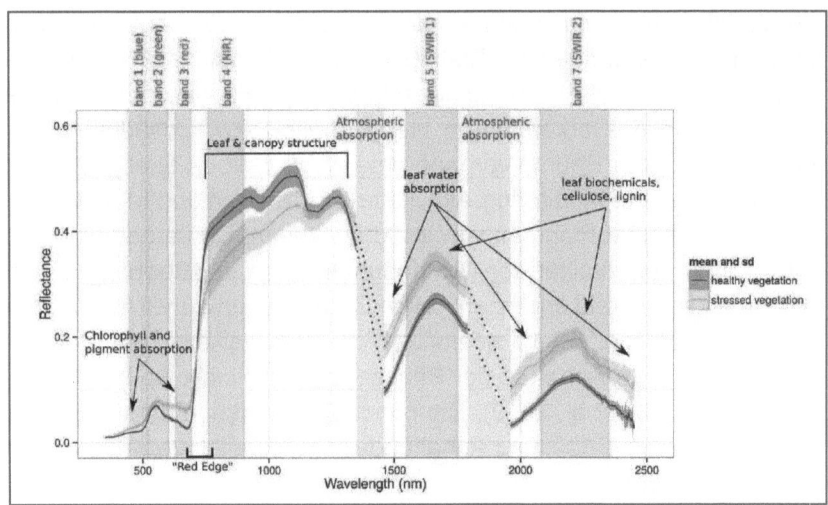

Abbildung 6: Spektrale Reflexion von gesunder und gestresster Vegetation. Im Bereich der gestrichelten Linien ist aufgrund der atmosphärischen Absorption keine Messung der Reflexion messbar. Die roten Streifen verdeutlichen die Spektralkanäle der Landsat-Satelliten 5 und 7, die in dieser Arbeit allerdings nicht verwendet werden, Quelle: ROCCHINI et al. 2016, S. 2.

Dieser Gradient wird als *Red-Edge* bezeichnet und besitzt eine große Bedeutung bei der fernerkundlichen Vegetationsanalyse (DE LANGE 2020). Spektralbänder im Red-Edge Bereich haben sich als wichtig für verschiedene Anwendungsbereiche erwiesen, darunter Landwirtschaft und Forstwirtschaft, da sich dadurch die Vitalitätsveränderungen noch genauer erfassen lassen (FORKUOR et al. 2017; WEBER 2018). Er wird oft zur Erkennung von Pflanzenstress verwendet, da mit abnehmender photosynthetischer Aktivität auch das Verhältnis der Reflexion von roten und NIR-Wellenlängen abflacht (ROCCHINI et al. 2016).

Die Reflexion der Wellenlängen im grünen und Red-Edge Bereich reagieren sehr sensibel auf Veränderungen des Chlorophyllgehaltes von Pflanzen. Der Red-Edge Bereich hat darüber hinaus eine sehr hohe Empfindlichkeit für die Erkennung von Veränderungen, die durch Stressoren wie Austrocknung, Krankheiten oder Insektenbefall verursacht werden und kann daher die Früherkennung von Pflanzenstress verbessern (ABDULLAH et al. 2019).

Außerdem ist bereits in den 1980er Jahren gezeigt worden, dass der Red Edge Bereich von strukturellen Eigenschaften des

Kronendachs weitgehend unbeeinflusst bleibt. Seit dem wird dieser Spektralbereich dazu genutzt, beispielsweise Baumartenzusammensetzungen in Wäldern zu kartieren, da er unabhängig von Kronenschatten auf Chlorophyll reagiert (ZARCO-TEJADA 2018). Zur Bewertung des Wassergehaltes und der Stickstoffkonzentration in Pflanzen werden die NIR- und SWIR-Regionen des elektromagnetischen Spektrums herangezogen (ABDULLAH et al. 2019).

2.6 Sentinel-2

Die Copernicus Sentinel-2 Mission der *European Space Agency* (ESA) basiert auf einer Konstellation von zwei identischen, polarumlaufenden Satelliten mit einer durchschnittlichen Umlaufbahnhöhe von 786 km (ESA 2021, o.S.). Die beiden Satelliten Sentinel-2A und Sentinel-2B wurden im Juni 2015 bzw. im März 2017 gestartet und liefern seitdem Aufnahmen im sichtbaren und infraroten Spektrum zwischen 443 und 2190 nm (ESA 2021, o.S.). Sie befinden sich im selben sonnensynchronen Orbit und sind im Winkel von 180° zueinander ausgerichtet. Damit wird der Winkel des Sonnenlichtes auf der Erdoberfläche konstant gehalten, sodass mögliche Einflüsse von Schatten oder unterschiedlichen Beleuchtungsstärken minimiert werden, was sich positiv auf Zeitreihenanalysen auswirkt (ESA 2021, o.S.).

Ziel der Copernicus Mission ist die Überwachung der Variabilität der Landoberflächen und der Gewinn von Daten über Ozeane, Landoberflächen, die Atmosphäre und den Klimawandel. Die Sentinel-2 Satelliten sind durch eine hohe Wiederbesuchszeit von maximal 5 Tagen gekennzeichnet, in den mittleren Breiten werden alle 2-3 Tage neue Aufnahmen erzeugt (ESA 2021, o.S.). Das multispektrale Instrument MSI (*Multi-Spectral Imager*) an Bord der Sentinel-2 Satelliten arbeitet passiv und nutzt das von der Erde reflektierte Sonnenlicht. Mit einer Schwadbreite von 290 km wird ein breiterer Bereich gescannt als bei früheren multispektralen, optischen Missionen wie SPOT oder Landsat (ESA 2021). Der MSI Sensor ermöglicht die Aufnahme von hochauflösendem Bildmaterial in 13 Spektralbändern mit drei verschiedenen räumlichen Auflösungen. 4 Spektralkanäle erfassen die Reflexion im sichtbaren Licht und im nahen Infrarot mit einer Auflösung von 10 m. Weitere 6 Kanäle bilden die Reflexion des Red-Edge

Bereiches und des kurzwelligen Infrarotes in einer Auflösung von 20 m ab. 3 Bänder zur atmosphärischen Korrektur haben eine räumliche Auflösung von 60 m (vgl. Abb. 7) (ESA 2015, S.7).

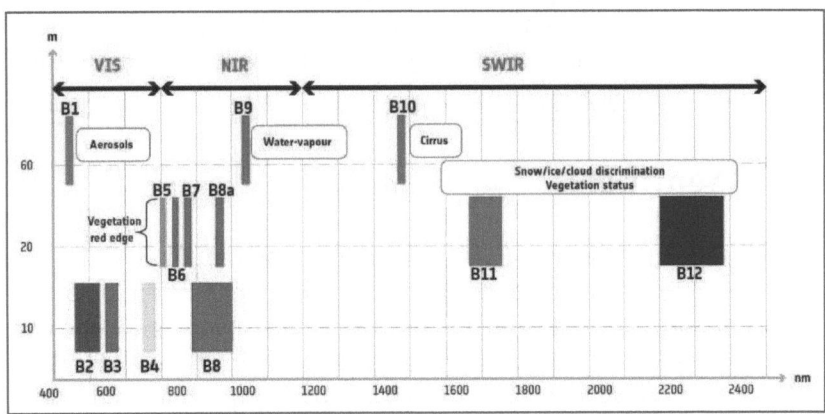

Abbildung 7: Darstellung der Sentinel-2 Spektralkanäle (B1-B12) und ihrer räumlichen Auflösung, Quelle: ESA 2015, S.8.

Die Sentinel-2 Datenprodukte sind für alle Nutzer frei und kostenlos über verschiedene Portale zu beziehen. Beispielsweise stellt der *Copernicus Open Access Hub* der ESA die Satellitenbilder via Download zur Verfügung. Der Zugang zu den Satellitendaten, die über Deutschland aufgenommen wurden, kann auch über das Erdbeobachtungsportal *CODE-DE* erfolgen, welches vom Deutschen Zentrum für Luft- und Raumfahrt (DLR) betrieben wird.

Zur Verfügung stehen verschiedene Produkttypen, die sich in ihrem Prozessierungslevel unterscheiden. Für Endnutzer eignen sich die Level-1C und die Level-2A-Produkte. Bei den Level-1C-Produkten handelt es sich um *Top-of-atmosphere reflectance in cartographic geometry (TOA)*, das heißt sie sind radiometrisch und geometrisch korrigiert. Produkte mit dem Level-2A sind dagegen *Bottom-of-atmosphere reflectance in cartographic geometry (BOA)*, also zusätzlich atmosphärisch korrigierte und orthorektifizierte Produkte. Sie enthalten außerdem eine Szenenklassifizierungskarte, die beispielsweise zwischen Wolken, Vegetation und Wasser unterscheidet (vgl. Abb. 8) (ESA 2021a). Die Bereitstellung der Sentinel-2 Produkte der Level 1C und 2A erfolgt als quadratischen Kacheln die in UTM/WGS84-

Projektion vorliegen. Die geographische Abdeckung beträgt 100 km x 100 km (ESA 2021).

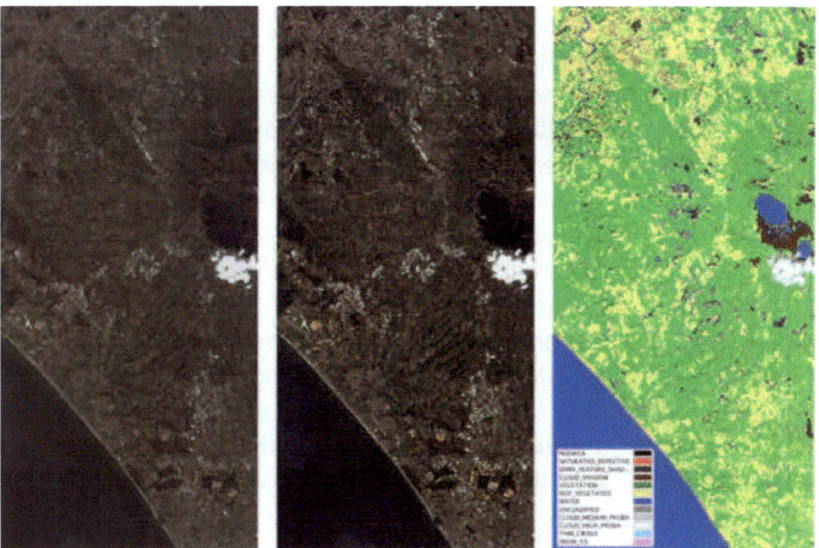

Abbildung 8: Vergleich der Prozessierungslevel der Sentinel-2 Produkte: Links: Level 1-C (TOA), Mitte: Level 2-A (BOA), rechts: Szenenklassifizierungskarte, Quelle: ESA 2021a, o.S.

Vor dem Start der Sentinel-2-Mission setzte der Landsat-Datensatz der NASA (National Aeronautics and Space Administration) den Standard der großflächig und frei verfügbaren Satellitenbilder (WEBER 2018). Im Gegensatz zu vorherigen Erdbeoachtungsdaten haben Sentinel-2- Daten aufgrund der verbesserten Aufnahmerate, einer höheren räumlichen Auflösung und einer besseren Verfügbarkeit flächendeckender Multispektraldaten einige Vorteile (WEINMANN et al. 2020). Gegenüber den ebenfalls frei verfügbaren MODIS-Daten ist bei einer ähnlichen Wiederholungsrate die deutliche Überlegenheit der räumlichen Auflösung zu nennen (10 m vs. 250 m) (HAWRYLO et al. 2018).

Obwohl die Auflösung der Spektralbänder von Sentinel-2 für sehr detaillierte Analysen trotzdem einige Einschränkungen mit sich bringt, ist das Potenzial der Daten in dieser räumlichen Auflösung und der globalen Abdeckung beispiellos (IMMITZER et al. 2016). Die Sentinel-2 Daten haben eine vergleichbare räumliche Auflösung wie kommerzielle SPOT- oder RapidEye-Systeme. Multispektrale oder hyperspektrale, sehr hoch auflösende Satellitendaten ermöglichen beispielsweise die Klassifizierung einzelner Baumkronen, was jedoch häufig mit hohen Datenkosten und einer begrenzten Flächenabdeckung einher geht (IMMITZER et al. 2019).

Die Kombination von hoher räumlicher und zeitlicher Auflösung sowie innovativer Spektralkanäle, wie die Red-Edge-Kanäle und die beiden SWIR-Kanäle eröffneten für die Charakterisierung von Vegetation mittels der Sentinel Satellitenbilder neue Perspektiven (IMMITZER et al. 2016). Beispielsweise kann dadurch die Veränderung der Vegetation auch innerhalb eines Jahres verfolgt werden (WEBER 2018). Studien haben den Vorteil von Sentinel-2 gegenüber Landsat-8 deutlich gemacht. Veränderungen in der Vegetation aufgrund eines Borkenkäferbefalls waren aufgrund der geringeren spektralen und räumlichen Auflösung des OLI-Sensors mit Landsat-8 nur begrenzt nachweisbar. Die Auswertung von ABDULLAH et al. (2019, S. 9) ergab eine Genauigkeit von 36 % für Landsat-8 und von 67 % für Senitnel-2. Vergleichende Studien schreiben den Vorteil von Sentinel-2 gegenüber Landsat-8 vor allem der Hinzunahme der drei Bänder im Red-Edge Bereich des elektromagnetischen Spektrums zu (FORKUOR et al. 2017).

2.6.1 Anwendung von Sentinel-2 Daten im Waldbereich

Für die Anwendung im Waldbereich eignen sich Sentinel-2 Daten aufgrund der oben genannten Eigenschaften sehr gut, sodass eine stärkere Fokussierung der forstlichen Fernerkundung auf Methoden der Veränderungsanalyse (*Change detection*) von Waldflächen möglich ist (SEITZ und STRAUB 2017a). Die hohe zeitliche Auflösung und die vergleichbaren Aufnahmebedingungen der Satellitenbilder ermöglichen neben der Erfassung langfristiger Entwicklungen des Waldzustandes auch eine zeitnahe Detektion abrupter Veränderungen (WEBER 2018). Die langfristige Entwicklung des Waldes ist beispielsweise im Rahmen großflächiger Monitoringverfahren wie im Bereich Natura 2000 (SEITZ UND STRAUB 2017a) oder bei der Beobachtung der Baumartenzusammensetzung von Interesse (IMMITZER et al. 2016). Besonders die Erfassung von raschen Veränderungen, wie Holzschläge,

2 Theoretische Grundlagen

Frostschäden oder Waldbrände, wurde erst mit dem Start der Senitnel-2 Mission flächendeckend möglich (WEBER 2018).

Ein häufiges Einsatzgebiet ist auch die Detektion von Windwurfflächen. Beispielsweise zog der Sturm „Vaia" im Alpen-Adria-Raum 2018 eine Reihe von Veröffentlichungen nach sich, die sich damit beschäftigten, mit Hilfe der Sentinel-2 Satellitenbilder Windwürfe zu erkennen und zu überwachen. Dabei wurden mehrere Verfahren getestet, wie Bilddifferenzierungsmethoden auf Grundlage von Vegetationsindizes (vgl. OLMO et al. 2021), teilweise auf Basis von automatisierten Algorithmen (vgl. GIANNETTI et al. 2021) oder auch die Kombination von Sentinel-1 Radardatensätzen mit den multispektralen Bildern von Sentinel-2 (vgl. LAURIN et al. 2020).

Zu einem weiteren Einsatzgebiet der Sentinel-2 Satellitenbilder im Rahmen der forstlichen Fernerkundung zählt auch die (Haupt-) Baumartenklassifikation, um flächige Informationen über die Baumartenzusammensetzung von Waldbeständen zu erhalten. (SEITZ und STRAUB 2017b). Dabei werden mittlerweile insbesondere Sentinel-2 Daten zusammen mit Klassifizierungsalgorithmen verwendet, da die multitemporale Nutzung von Satellitenbildern die Klassifikationsgenauigkeit gegenüber einer monotemporalen deutlich verbessert (GRABSKA et al. 2019). Die Kartierung großer Gebiete stellt sich allerdings immer noch als problematisch dar, da das Vorkommen einer Vielzahl von Baumarten zu fehlerhaften Ergebnissen für die Nebenbaumarten führt (HEMMERLING et al. 2021).

Neben den genannten Einsatzgebieten der Sentinel-2 Daten gibt es viele weitere Anwendungsmöglichkeiten im Waldbereich. Beispielsweise kann die Brandintensität abgeschätzt (vgl. GIBSON et al. 2020; FERNÁNDEZ-MANSO et al. 2016) und die Regeneration der Waldvegetation beobachtet werden (vgl. KIM et al. 2021) sowie die oberirdische Biomasse von Mangrovenwäldern bestimmt (vgl. WANG et al. 2020) oder der Leaf Area Index (LAI) berechnet werden (vgl. CHRYSAFIS et al. 2020).

2.6.2 Vitalitätsmonitoring auf Grundlage von Vegetationsindizes

Ein weiteres, breit gefächertes Anwendungsgebiet der Sentinel-2 Daten ist das Vitalitätsmonitoring auf Basis von Vegetationsindizes, wie es auch in dieser Forschungsarbeit für das Untere Weser-Leine-Bergland durchgeführt wird. Aufgrund dessen soll an dieser Stelle der Stand der Forschung für diesen Teil des Anwendungsspektrum erläutert werden. Derzeit können circa 250 Indizes auf Grundlage der Sentinel-2 Satellitenbilder berechnet werden (Index DataBase 2021), von denen einige für die Bestimmung der Vitalität von Wäldern genutzt werden können. Viele wissenschaftliche Veröffentlichungen sind dazu in letzter Zeit erschienen und weisen dabei unterschiedliche thematische Schwerpunkte auf.

Ein großer Themenschwerpunkt im Vitalitätsmonitoring von Wäldern unter Zuhilfenahme von Vegetationsindizes ist die Überwachung von Nadelwaldbeständen, oft mit einem Fokus auf die trockenheitsempfindlichen Fichten, da vor allem diese Baumart unter einer Zunahme des Nadelverlustes und von großflächiger Mortalität betroffen ist (vgl. Kapitel 2.2.3). In der Nordeifel untersuchten Forscher den Zustand von Fichtenbeständen mit Hilfe von Sentinel-2 Daten (MONTZKA et al. 2021). Die Veränderungen der Transparenz der Baumkronen wurden durch den spektralen Vegetationsindex NDVI ermittelt. Die Autoren schlussfolgerten jedoch, dass alternative, Red-Edge- und wasserbasierte Indizes die Unterscheidung zwischen geschädigten und nicht-geschädigten Fichtenbeständen verbessern könnten.

Auch die Früherkennung von Borkenkäferbefall wird derzeit intensiv erforscht. Damit soll ein Befall schon im Anfangsstadium erkannt werden, in dem noch keine visuellen Anzeichen von Befallsstress vorliegen, damit eine Massenausbreitung frühzeitig verhindert werden könnte. ABDULLAH et al. (2019) untersuchten die Fähigkeit verschiedener Vegetationsindizes, das frühe Stadium des Schädlingsbefalls zu erkennen und verglichen dabei die beiden Sensoren Sentinel-2 und Landsat-8. Die Forscher kamen zu dem Ergebnis, dass die meisten der von Sentinel-2 berechneten Indizes in der Lage waren, gesunde und befallene Parzellen zu unterscheiden und hoben insbesondere die Red-Edge-basierten Indizes NDRE 2 und 3 (*Normalized Difference Red Edge*) sowie die wasserbasierten Indizes SR-SWIR, NDWI (*Normalized Difference Water Index*), DSWI (*Disease Water Stress Index*) und LWCI (*Leaf Water Content Index*) positiv hervor.

FERNANDEZ-CARRILLO et al. (2020) führten ebenfalls eine fernerkundungsbasierte Überwachung der Borkenkäferschäden in Mitteleuropa durch und überprüften die Ergebnisse mit Felddaten. Auf zugrundeliegenden Sentinel-2 Bildern sind zwei Modelle entwickelt worden, die auf dem Ansatz der Veränderungsanalyse basieren. Um die Borkenkäferschäden zu erfassen, nutzten auch diese Autoren Vegetationsindizes, nämlich den NDVI, den MSAVI (*Modified Soil Adjusted Vegetation Index*), den NDMI (*Normalized Difference Moisture Index*) und den LAI_{green} (*Green Leaf Area Index*).

Eine Publikation, in der verschiedene Arten von Schädigungen der Waldvegetation untersucht wurden, ist von LASTOVICKA et al. (2020) veröffentlicht worden. Es wurden fünf Gebiete auf Basis einer Zeitreihenanalyse anhand von Sentinel-2 Daten und ausgewählten Vegetationsindizes untersucht. Verwendet wurden der NDVI, der NDMI, der TCW (*Tasseled Cap Wetness*) und der TCG (*Tasseled Cap Greenness*). Als besonders gut geeignet für die Erkennung geschädigter Wälder zeigte sich der NDMI, welcher relevante Informationen über den Gesundheitszustand und des Waldes lieferte. Dahingegen zeigte der TCG-Index nur begrenzte Fähigkeiten.

Auch die Detektion von Trockenstress in Laubwäldern mit Hilfe von Senitnel-2 Daten und Vegetationsindizes ist möglich. Jedoch werden Laubwälder der temperaten Zone seltener als Untersuchungsgebiete herangezogen, als die oben bereits erwähnten Nadelwälder. DOTZLER et al. untersuchten 2015 beispielsweise das Potenzial sowohl von hyperspektralen Satellitenbildern als auch von multispektralen Sentinel-2 Satellitenbildern, Trockenstress in Laubwäldern mit Indizes zu erkennen. Die Autoren betonten die Bedeutung der synergetischen Nutzung beider Systeme, obwohl noch keine praxisorientierten Aussagen getroffen werden konnten, da die beiden Satellitenmissionen zum Zeitpunkt der Veröffentlichung noch nicht gestartet waren. Es wird allerdings unterstrichen, dass die Informationen, die von Sentinel-2 gewonnen werden können, wie beispielsweise Chlorophyll- oder Trockenstressbasierte Indizes, die Qualität von Studien zur Beurteilung von Dürre verbessern.

Ein räumlicher Schwerpunkt des Vitalitätsmonitorings mit Senitnel-2 auf Basis von spektralen Indizes liegt auf der Mediterranregion, da diese Gebiete in letzter Zeit durch häufigere und schwerere Dürreepisoden gekennzeichnet sind, welche sich bereits erheblich auf die Wälder ausgewirkt haben (COLUZZI et al. 2020). Es wurde bewiesen, dass ein Rückgang des NDVI an mehreren Versuchsstandorten die lokale Reaktion auf ein Klimaereignis gut widerspiegelt. So konnten

2 Theoretische Grundlagen

sie zeigen, dass Sentinel-2 Daten mit biologischen Informationen aus Felduntersuchungen verbunden werden können, um die Auswirkungen des Klimawandels auch in sehr heterogenen Gebieten abzuschätzen (COLUZZI et al. 2020). Ebenfalls im mediterranen Raum, genauer gesagt in Portugal, konnten NAVARRO et al. (2019) Unterschiede zwischen gesunden und kranken oder bereits abgestorbenen Korkeichen (*Quercus suber L.*) mit Hilfe einer Zeitreihe von Sentinel-2 Satellitenbildern und spektralen Vegetationsindizes (NDVI, NDWI, GNDVI (*Green Normalized Difference Vegetation Index*) und CL (*Red-Edge Chlorophyll Index*)) erkennbar machen. Für die Analyse auf Einzelbaumebene verwendeten die Autoren zusätzlich hochauflösende Luftbilder.

Es kann also festgehalten werden, dass die Anwendung von Sentinel-2 Daten zum Vitalitätsmonitoring von Wäldern mit Hilfe von spektralen Vegetationsindizes ein aktuelles Themengebiet ist, zu dem eine Reihe von wissenschaftlichen Veröffentlichungen erschienen sind. Viele dieser Publikationen konzentrieren sich allerdings auf Nadelwaldbestände oder den Mediterranraum. Oftmals werden Vegetationsindizes, die keine Red-Edge Spektralkanäle in ihrer Berechnung verwenden, im Vitalitätsmonitoring herangezogen. Der weltweit am häufigsten verwendeten Vegetationsindex NDVI wird weiterhin oft eingesetzt. Dieser Index hat allerdings eine Einschränkung in Form einer relativ geringen Empfindlichkeit gegenüber geringfügigen Veränderungen bei hohem Chlorophyllgehalt und hoher Biomasse, die als Sättigungseffekt bekannt ist (RADOCAJ et al. 2020). Ein weiteres Problem ergibt sich aus der Nicht-Linearität von Baumkronen (MONTZKA et al. 2021). Als Alternative zum NDVI im Rahmen des Vitalitätsmonitorings nennen MONTZKA et al. (2021) Red-Edge Indizes, wasserbasierte Indizes, die ein SWIR Band beinhalten oder eine Kombination aus mehreren Vegetationsindizes. Es besteht im Themenfeld dieser Arbeit, also dem Vitalitätsmonitoring von mitteleuropäischen Wäldern mit Laub- und Nadelwaldbeständen, Forschungsbedarf, der sich durch die Trockenperiode 2018-2020 noch verstärkt hat.

3 Untersuchungsgebiet Unteres Weser-Leine-Bergland

3.1 Geographische Lage und naturräumliche Eigenschaften

Die waldökologische Naturraumgliederung Deutschlands dient der Stratifizierung von Landschaften nach verschiedenen Standortfaktoren und unterscheidet die beiden Haupteinheiten *Wuchsgebiet* und *Wuchsbezirk*. (GAUER und KROIHER 2012). Das Untersuchungsgebiet dieser Forschungsarbeit ist der Wuchsbezirk *Unteres Weser-Leine-Bergland*, welcher Teil des Südniedersächsischen Wuchsgebietes *Weserbergland* ist. Das Untere Weser-Leine-Bergland ist nach den naturräumlichen Haupteinheitengruppen dem Niedersächsischen Bergland zugeordnet und ist Teil der deutschen Mittelgebirgsschwelle (GAUER und KROIHER 2012). Im Norden ist das Untersuchungsgebiet durch die südlich von Hannover liegenden Städte Bad Nenndorf und Hildesheim begrenzt. Im Osten grenzt das Hornburger-Osterwiecker-Harzvorland an das Untersuchungsgebiet, süd-östlich wird es durch den Harzrand begrenzt. Im Süden reicht die Ausdehnung des Unteren Weser-Leine-Berglandes bis an den Solling heran, die westliche Abgrenzung bildet die Landesgrenze zwischen Nordrhein-Westfalen und Niedersachsen (vgl. Abb. 9).

3 Untersuchungsgebiet Unteres Weser-Leine-Bergland

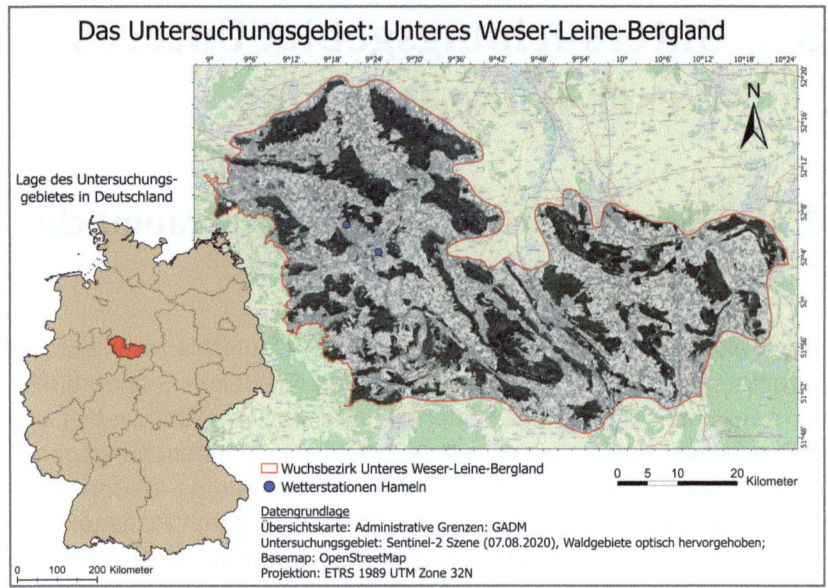

Abbildung 9: Das Untersuchungsgebiet: Unteres Weser-Leine-Bergland, Ausdehnung und Lage in Deutschland, eigene Darstellung.

Die Flächenausdehnung des Untersuchungsgebietes beträgt 2978 km², wobei die Waldflächen eine Größe von 968 km² einnehmen (OSM 2021). Demnach handelt es sich um einen Waldanteil von 32,5 %, was genau dem Bundesdurchschnitt entspricht (BMEL 2018, S. 4). Der Anteil der bewaldeten Fläche des Unteren Weser-Leine-Berglandes ist im Vergleich zum gesamten Bundesland Niedersachsen höher, hier liegt Waldanteil bei 25 % (Niedersächsisches Ministerium für Ernährung, Landwirtschaft und Verbraucherschutz 2014, S.11). Die größte Stadt des Untersuchungsgebietes ist Hameln mit circa 56.000 Einwohnern (OSM 2021). Durch diese Stadt hindurch fließt der bedeutendste Fluss des Unteren Weser-Leine-Berglandes: die Weser.

Abbildung 10 stellt auf Grundlage eines hochauflösenden Digitalen Geländemodells (DGM) die Geländeoberfläche des Untersuchungsgebietes dar. Die Höhenlagen schwanken zwischen 50 und 500 m ü. NN. Der höchste Punkt wird auf dem *Köterberg* am südwestlichen Rand des Untersuchungsgebietes mit 495 m ü. NN. erreicht. Das größte zusammenhänge Waldgebiet ist mit einer Größe von 90 km² der *Deister,* der im Norden des Untersuchungsgebietes verortet ist und südwestlich von Hannover liegt (OSM 2021).

3 Untersuchungsgebiet Unteres Weser-Leine-Bergland

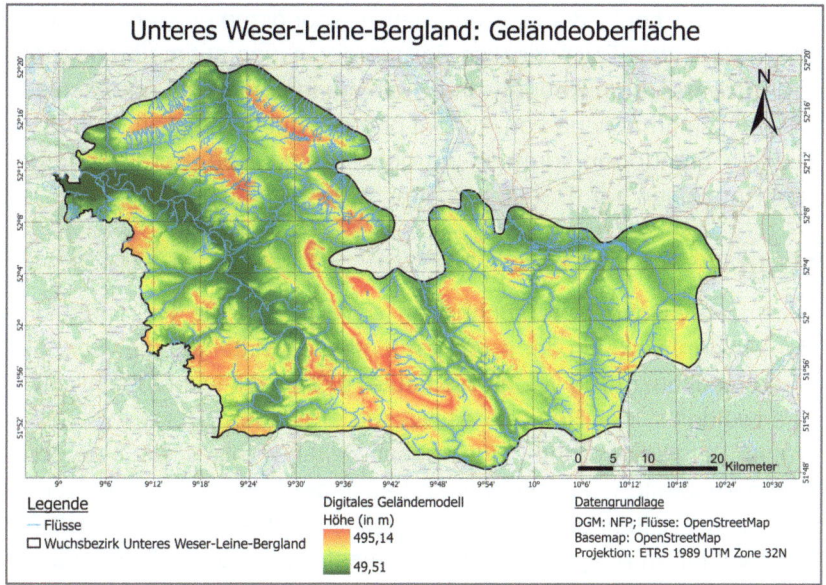

Abbildung 10: Geländeoberfläche des Unteren Weser-Leine-Berglandes, eigene Darstellung.

Klima

Ergänzend zu den Angaben zur bisherigen klimatischen Entwicklung und den projizierten Klimaänderungen Niedersachsens in Kapitel 2.1, werden in Kapitel 4.1 spezifische meteorologische Kennwerte für das Untersuchungsgebiet genannt, die auf der Auswertung von Wetterdaten einer lokalen Wetterstation basieren. Innerhalb des Bundeslandes Niedersachsen herrschen unterschiedliche Klimaverhältnisse vor, die durch den Übergang vom maritimen zum kontinentalen Einfluss und durch naturräumliche Strukturen bedingt sind (DWD 2018), weswegen eine lokale Charakterisierung der klimatischen Situation erforderlich ist.

Geologie und Böden

Das Untere Weser-Leine-Bergland ist durch eine hohe Vielfalt geologischer Formationen gekennzeichnet. Am weitesten verbreitet sind neben einzelner Vorkommen älterer geologischer Schichten vor allem Kreide- und Jurasedimente sowie Löss- und Triasformationen (BÖCKMANN et al. 2019). Dementsprechend ist auch die Anzahl der

Bodentypen hoch, die sich aus den Ausgangsmaterialien entwickelten. Saure, zum Teil podsolige Braunerden liegen auf mäßig bis ziemlich gut versorgten Keuper- und Kreidesandsteinen mit unterschiedlicher Lösslehmauflage vor. Auf gut bis sehr gut versorgten, kalkbeeinflussten Standorten kommen eutrophe Braunerden, Parabraunerden und Rendzinen vor (BÖCKMANN et al. 2019).

Wald

Pollenanalytische Untersuchungen ermöglichen die Rekonstruktion der Waldentwicklung der nordwestdeutschen Mittelgebirge. Schon im Subatlantikum (1100 v. Chr. bis heute) existierten wahrscheinlich Buchenwälder in der Region des Weserberglandes (POLLMANN 2000). Neben der klimatischen Gunst dieses Zeitabschnittes, die eine dominante Ausbreitung ermöglichte, trat auch der Mensch als gestaltender Faktor in Erscheinung. In prähistorischer Zeit entwickelten sich Buchenwälder an aufgelassenen Siedlungsflächen, ohne die die natürliche Ausbreitung der Buche wahrscheinlich erheblich langsamer abgelaufen wäre (POLLMANN 2000).

Die potenzielle natürliche Vegetation des Untersuchungsgebietes ist geprägt durch ausgedehnte Buchenwälder. Die Karte der heutigen potenziellen Vegetationslandschaften Niedersachsens unterscheidet zwischen Buchenwäldern basenarmer sowie basenreicher und mittlerer Standorte. Den größten Flächenanteil nehmen dabei basenreiche und mittlere Standorte ein, auf denen Waldmeister-Buchenwald im Übergang zum Flattergras-Buchenwald als potenzielle natürliche Vegetation vorkommen würden (KAISER und ZACHARIAS 2003). Typischerweise ist der Flattergras-Buchenwald (*Milio-Fagetum*) in Talbereichen, an Unterhängen und in Lössgebieten vertreten. Der Waldmeister-Buchenwald (*Asperulo-Fagetum*) stockt auf Rendzinen und basenreichen Braunerden des Hügellandes (POLLMANN 2000). Auf basenarmen, trockenen bis feuchten Standorten besiedeln natürlicherweise bodensaure Buchenwälder die Fläche, die heute zu nennenswerten Teilen von Nadelbäumen eingenommen werden (NLWKN 2020).

33 % der Waldflächen des Untersuchungsgebietes sind heute im Besitz der Niedersächsischen Landesforsten. Über diese Flächen können auf Basis der zur Verfügung gestellten Geodaten nähere

Angaben zu Waldbeständen und Standortfaktoren getätigt werden. Der überwiegende Bestockungstyp des Unteren-Weser-Leine Berglandes ist auf den Flächen der Niedersächsischen Landesforsten die Buche in Kombination mit Edellaubhölzern auf einer Fläche von 4685 ha. Auch an zweiter Stelle der häufigsten Bestockungstypen steht mit 3608 ha die Buche, allerdings in Kombination mit der Lärche. 2015 betrug der Anteil der Buche als häufigste Baumart bezogen auf die Gesamtfläche 46 %, gefolgt von der Fichte mit 19 % (BÖCKMANN et al. 2019, S. 45).

3.2 Beispielgebiete

Um die Vitalitätsveränderungen des Waldes im Rahmen der Ergebnispräsentation (Kapitel 5) auf einer niedrigeren räumlichen Ebene zu verdeutlichen, sind zwei Beispielgebiete ausgewählt worden. Westlich von Bad Salzdetfurth liegt das Waldstück, welches als erstes Beispielgebiet dient. Es umfasst eine Fläche von circa 2500 ha und beinhaltet sowohl Laub- und Laubmischwalbestände als auch Nadelwald (vgl. Anhang 4). Ungefähr ein Viertel des Waldes ist im Besitz der Niedersächsischen Landesforsten. Überwiegend ist dieser Teil bestockt mit Buchenmischwaldbeständen, es finden sich aber auch einige reine Fichtenbestände. Die Hangneigung ist unterschiedlich stark ausgeprägt. Der südwestliche Bereich des Gebietes ist wenig relieffiert, wohingegen die restliche Fläche teilweise steile Hänge mit bis zu 30° Neigung aufweist. Insgesamt liegt dieser Wald auf einer Höhe von 150-350 m ü. NN. Die Böden sind überwiegend *ziemlich gut* mit Nährstoffen versorgt und auch die Bodenfeuchtigkeit wird als größtenteils als frisch bis sehr frisch eingestuft. Verbreitet sind über Silikatgestein lagernde, mächtige Lösslehme.

Das zweite Beispielgebiet umfasst zwei reine Buchenbestände mit einer Fläche von insgesamt 15,46 ha. Sie befinden sich in Hanglage mit südwestlicher Exposition auf dem Höhenzug „Külf" im Landkreis Hildesheim. Die Fläche befindet sich in einer Höhenlage zwischen ca. 180-230 m ü. NN und weist eine Hangneigung von bis zu 20 ° auf. Die beiden aneinandergrenzenden Buchenwaldbestände haben die Altersklassen VI (nördlich) bzw. VII (südlich) und sind somit zwischen 100 und 140 Jahren alt. Entsprechend des

Berglandrahmenschemas der Niedersächsischen Landesforsten handelt es sich um einen physiologisch günstigen Standort, genauer gesagt fällt er in Kategorie der frischen bzw. vorratsfrischen und auch im Unterboden staufrischen Sonnhang- und Sonnhangmuldenstandorte. Des Weiteren ist der Standort gekennzeichnet durch eine *gute* bis *ziemlich gute* Nährstoffversorgung (Nährstoffzahl 4-5). Der Boden dieses Standortes ist ein Verwitterungsprodukt eines Kalkgesteines, welcher mit einem 20-40 cm mächtigem Lösslehm überdeckt ist. Auf derartigen Standorten, also auf basenreichen, mächtigen Lössdecken erreicht die Buche im Weserbergland ihr Wuchsmaximum (BÖCKMANN et al. 2019).

4 Material und Methoden

Die Beurteilung der Vitalität von Wäldern im Unteren Weser-Leine-Bergland basiert auf mehreren methodischen Arbeitsschritten, die in diesem Kapitel näher erläutert werden. Zunächst werden Wetterdaten des Deutschen Wetterdienstes aufbereitet, um die Hitze und Trockenheit der Jahre 2018 bis 2020 für das Untersuchungsgebiet lokal deutlich zu machen. Anschließend folgt eine ausführliche, GIS-basierte Auswertung von Sentinel-2-Satellitenbildern, aus denen mit Hilfe von Vegetationsindizes Informationen über die Vitalität der Waldbäume gewonnen werden. Die daraus entwickelten Schadkarten werden durch Geländebegehungen und hemisphärische Fotografie überprüft, bevor sich dann eine statistische Auswertung der zuvor ermittelten Informationen zur Vitalität der Wälder anschließt. Diese statistischen Analysen widmen sich besonders den Buchenbeständen im Untersuchungsgebiet. Im Folgenden wird die Datengrundlage und -vorbereitung erläutert wird, bevor dann eine Darstellung des Ablaufs der Analysen folgt, welche jeweils zusätzlich mit *Workflow*-Diagrammen veranschaulicht werden. In Abbildung 11 findet sich eine Übersicht über die Arbeitsschritte der methodischen Datenauswertung.

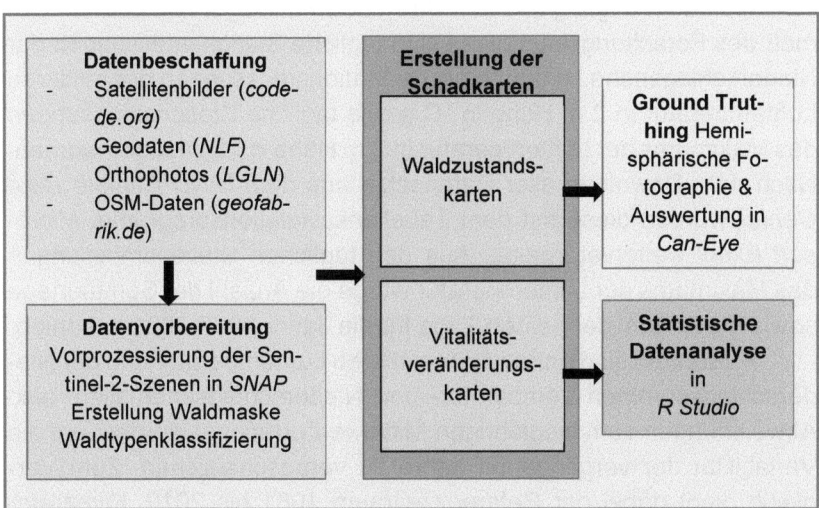

Abbildung 11: Übersicht über den gesamten Arbeitsprozess dieser Forschungsarbeit, eigene Darstellung.

4 Material und Methoden

4.1 Datengrundlage und Datenaufbereitung

4.1.1 Wetterdaten

In den Jahren 2018, 2019 und 2020 kam es deutschlandweit zu ausgeprägter Hitze und Trockenheit mit weitreichenden Folgen für Land- und Forstwirtschaft (vgl. Kapitel 2.2.2). Aufgrund der regional unterschiedlichen Ausprägung des Klimas, auch innerhalb eines Bundeslandes, wird in dieser Arbeit auf Basis von Wetterdaten des Deutschen Wetterdienstes (DWD) die klimatische Situation im Unteren Weser-Leine-Bergland und die Ausprägung der Trockenperiode möglichst genau charakterisiert. Dafür wurden meteorologische Messdaten von 1981-2021 herangezogen, die von zwei Wetterstationen in Hameln (vgl. Abb. 10) gemessen wurden. Bis zum 31.10.2007 erfolgte die Aufzeichnung der Wetterdaten durch die Wetterstation ID 1993, bevor dann am 01.11.2007 die Messreihe von der Stations-ID 13675 fortgeführt wurde. Die beiden Messstationen befinden sich in einem Abstand von circa 7 km zueinander und gewährleisten durch die zentrale Lage im Untersuchungsgebiet einen Überblick über die klimatische Situation.

Das *Climate Data Center* des Deutschen Wetterdienstes ermöglicht den freien Zugang und den Download vielfältiger Klimadaten. Gemäß des Forschungsinteresses sind tägliche Stationsmessungen der Niederschlagshöhe in mm, tägliche Stationsmessungen der mittleren Lufttemperatur in 2 m Höhe in °C sowie tägliche Stationsmessungen des Maximums der Lufttemperatur in 2 m Höhe in °C bezogen worden. Nach dem Download aller Datensätze aus dem DWD *Climate Data Center* wurden diese mit dem Tabellenkalkulationsprogramm *Microsoft Excel* weiterverarbeitet. Aus den täglichen Stationsmessungen des Maximums der Lufttemperatur wurde die Anzahl der Sommertage sowie die Anzahl der heißen Tage für die Jahre 2017-2021 extrahiert.

Außerdem sind anhand der mittleren Lufttemperatur und der Niederschlagssummen Temperatur- und Niederschlagsanomalien, also Abweichungen vom langjährigen Mittelwert errechnet worden, um die Variabilität der vergangenen Jahre zu veranschaulichen. Zum Vergleich dient dabei der Referenzzeitraum 1981 bis 2010. Klimareferenzperioden ermöglichen es, einen aktuellen Witterungszustand zum einen mit dem gegenwärtigen Klimazustand einer Region, als auch

4 Material und Methoden

mit der langfristigen Entwicklung in Verbindung zu setzen (KASPAR et al. 2021). Die durchschnittliche Jahrestemperatur errechnet sich aus den Monatsmittelwerten, die wiederum aus den zuvor heruntergeladenen Tagesmitteltemperaturen bestimmt wurden. Die Jahresniederschlagssumme ergibt sich aus der Addition der Niederschlagsmengen aller Tage eines Jahres. Die Ergebnisse dieser Berechnungen wurden dann in Diagrammen visualisiert.

4.1.2 Satellitenbilder

Für das GIS-basierte Monitoring der Waldvitalität, welches sich der Wetterdaten-Auswertung angeschlossen hat, wurden im Vorfeld Daten beschafft und aufbereitet, wie im Folgenden genauer erläutert wird. Beiden Arten von Schadkarten liegen Sentinel-2 Satellitenbilder zugrunde, dessen multispektrale Reflexion für das Vegetationsmonitoring genutzt wird. Die Satellitenbilder im Prozessierungslevel 2A wurden über das Online-Datenarchiv *CODE-DE* bezogen, das den kostenfreien Zugang zu allen Copernicus Daten über Deutschland ermöglicht. Das Untere Weser-Leine-Bergland wird durch die 100 km x 100 km große Kachel *32 UNC* abgedeckt und liegt innerhalb des Flugstreifens 108.

Tabelle 1 zeigt eine Übersicht der verwendeten Sentinel-Szenen mit dem entsprechenden Aufnahmedatum und dem prozentualen Anteil der Wolkenbedeckung. Die originalen Satellitenbilder finden sich in Anhang 1. Damit die phänologischen Unterschiede zwischen den Satellitenbildern so gering wie möglich ausfallen, sind ähnliche Aufnahmezeitpunkte im jeweiligen Jahr gewählt worden, da ansonsten die Ergebnisse der Vegetationsanalyse beeinträchtigen werden könnten. Für das Jahr 2021 stand lediglich eine geeignete Szene zur Verfügung, die das Untersuchungsgebiet nur teilweise abdeckt.

4 Material und Methoden

Tabelle 1: Überblick über die verwendeten Sentinel-2 Szenen, eigene Darstellung.

Dateiname	Datum der Aufnahme	Wolkenbedeckung
S2B_MSIL2A_20170823T103019_N0213_R108_T32UNC_20200911T072521.SAFE	23.08.2017	1 %
S2A_MSIL2A_20180724T103021_N0208_R108_T32UNC_20180724T150352.SAFE	24.07.2018	0 %
S2B_MSIL2A_20190823T103029_N0213_R108_T32UNC_20190823T134808.SAFE	23.08.2019	1 %
S2B_MSIL2A_20200807T102559_N0214_R108_T32UNC_20200807T132026.SAFE	07.08.2020	2 %
S2B_MSIL2A_20210908T101559_N0301_R065_T32UNC_20210908T134801.SAFE	08.09.2021	0 %

Der nächste Schritt der Datenverarbeitung umfasste die Vorprozessierung der heruntergeladenen Satellitenbilder in der Sentinel Anwendungsplattform *SNAP* (Version 8.0). Aufgrund der unterschiedlichen räumlichen Auflösung der Spektralbänder (vgl. Kapitel 2.7), war es erforderlich, die Pixelgröße aller Bänder zu vereinheitlichen. Mit Hilfe des Programms *SNAP* wurden die Bänder einem *Resampling* unterzogen, bei dem die räumliche Auflösung einheitlich auf 10 m festgesetzt worden ist.

Für die Sentinel-2 Szenen der Jahre 2017, 2019 und 2020 war es im nächsten Arbeitsschritt erforderlich, eine Wolkenkorrektur durchzuführen. Dafür wurden sie in das Geoinformationssystem *ArcGIS Pro* (Version 2.7.0) eingelesen. Mit Hilfe der Szenenklassifizierungskarte (*Scene Classification*) und zusätzlichen visuellen Kontrollen sind alle Bereiche maskiert und ausgeschnitten worden, die durch Wolken oder Wolkenschatten verdeckt waren. Für die Jahre 2019 und 2020 war es möglich, die nun fehlenden Bildbereiche durch weitere Sentinel-2 Szenen zu ersetzen. Für 2017 waren keine Satellitenbilder verfügbar, die sich hinsichtlich des phänologischen Zustandes der Vegetation eigneten, sodass auf eine Mosaikierung verzichtet werden musste.

4 Material und Methoden

4.1.3 Weitere Geodaten

OpenStreetMap-Daten

Auf Basis von OpenStreetMap-Daten, die von der Internetseite *www.geofabrik.de* heruntergeladen wurden, ist eine Waldmaske erstellt worden, die alle Waldflächen des Untersuchungsgebietes mit einer Mindestgröße von 2 Hektar umfasst. Sich innerhalb dieser Waldflächen befindliche Objekte, wie Straßen, Gebäude oder Wiesen, die die spektrale Reflexion eines Aufnahmepixels beeinflussen würden, sind dann aus den Waldflächen-Polygonen entfernt worden, damit die Genauigkeit der späteren Analyse der Waldvitalität nicht durch das Auftreten von Mischpixeln, welche verschiedene Oberflächentypen in einem Aufnahmepixel repräsentieren, beeinträchtigt wird. Dazu sind mittels des Geoverarbeitungswerkzeuges *Buffer* um diese *Features* Pufferzonen von 20 m erstellt worden. Aus diesem Grund ist ebenfalls ein Negativ-Puffer von 30 m an den Waldrändern erstellt worden. Die Pufferzonen sind gleichermaßen aus den Waldflächen-Polygonen entfernt worden, sodass die Waldmaske für das Extrahieren der Waldflächen aus den Sentinel-2 Szenen verwendetet werden konnte.

Orthophotos

Als weitere Datengrundlage dienten digitale Orthophotos (DOP) Niedersachsens, die über einen *WebMapService* (WMS) genutzt wurden. Bereitgestellt wurden diese Geodaten vom Landesamt für Geoinformation und Landesvermessung Niedersachsen (LGLN) über das niedersächsische Umweltportal NUMIS. Als Schnittstelle dient ein WMS dazu, dass Karten eines Datenanbieters digital zur Verfügung gestellt werden (LGLN 2019). Die digitalen Orthophotos wurden über die URL des *WebMapServers* in *ArcGIS Pro* dargestellt. Mit einer Bodenauflösung eines Pixels von 20 cm sind digitale Orthophotos hochauflösend und stellen die Erdoberfläche verzerrungsfrei dar. Sie werden aus Luftbildern hergestellt, die im Maßstab 1:12.000 als Senkrechtaufnahmen vorliegen (Niedersächsisches Ministerium für Umwelt, Energie, Bauen und Klimaschutz 2021, o.S.).

Die DOP sind georeferenziert und maßstabsgetreu, liegen im Europäischen Terrestrischen Referenzsystem 1989 in Verbindung mit der Universalen Transversalen Mercator-Abbildung in Zone 32

4 Material und Methoden

(ETRS89/UTM32) vor und konnten somit digital mit den anderen Geodaten zusammengeführt werden. Aufgenommen wurden die DOP im Bereich des Untersuchungsgebietes im Rahmen mehrerer Befliegungen im Jahre 2019 (Niedersächsisches Ministerium für Umwelt, Energie, Bauen und Klimaschutz 2021, o.S.).

4.1.4 Standorts- und Bestandesdaten

Neben den bisher erwähnten frei verfügbaren Daten, basiert diese Arbeit außerdem auf Geodaten des Forstplanungsamtes der Niedersächsischen Landesforsten. Zur Verfügung gestellt wurde als erstes eine *shapefile*-Datei, die die forstliche Einteilung Niedersachsens in Wuchsgebiete und Wuchsbezirke enthielt, anhand derer zu Beginn der Datenauswertung das Untersuchungsgebiet definiert wurde. Die ebenfalls als *shapefiles* übermittelten Standortsdaten beinhalteten Informationen zum forstlichen Standortstyp, ein aus vier Zahlen bestehender Code. Die erste Ziffer (Zahlen 1 bis 29) beschreibt die Bodenfeuchtigkeit und die Wasserversorgung des jeweiligen Standortes, die im Bergland im Zusammenhang mit der Geländeform und Exposition steht. An zweiter Stelle des Codes wird das Nährstoffpotenzial mit einer 6-stufigen Skala eingeschätzt. Die dritte Ziffer des Codes charakterisiert das bodenbildende Ausgangssubstrat, an vierter Stelle ist Bodenart, Schichtung, Mächtigkeit und Lagerungsverhältnisse der Ausgangssubstrate verschlüsselt (NFP 2007). Erfasst wurden diese Daten im Rahmen der forstlichen Standortskartierung, bei der alle den Standort bestimmenden und beeinflussenden Faktoren aufgenommen werden.

Eine weitere *shapefile*-Datei beinhaltete Bestandesdaten über die Waldflächen, die sich im Eigentum der Niedersächsischen Landesforsten befinden. Dabei waren für diese Untersuchung der Bestandestyp, die Baumaltersklasse und die Baumart von Bedeutung. Bestandestypen sind definiert als „Bestände gleicher oder sehr ähnlicher Bestockung hinsichtlich Baumartenzusammensetzung (Holzsortenanteil), Struktur, Altersaufbau und Wuchsverhältnisse, die waldbaulich ähnlich behandelt werden können." (Landeszentrum Wald Sachsen-Anhalt 2016, S. 11). Bei den Altersklassen handelt es sich um zwanzigjährige Klassen, denen Waldbestände nach ihrem Alter eingeteilt sind.

4 Material und Methoden

Vom Niedersächsischen Forstplanungsamt wurde außerdem ein hochgenaues Digitales Geländemodell (DGM) des Untersuchungsgebietes mit einer Gitterweite von 1 m zur Verfügung gestellt, dass die Geländeoberfläche abbildet und Höheninformationen beinhaltet. Anhand des Höhenrasters ist zum einen mit Hilfe des Werkzeuges *Slope* in *ArcGIS Pro* die Hangneigung jeder Zelle des Rasters berechnet worden. Zum anderen wurde das Werkzeug *Aspect* dazu genutzt, die Exposition jeder Zelle der Rasteroberfläche abzuleiten.

4.1.5 Waldtypenklassifizierung

Die getrennte Beurteilung des Vitalitätszustandes von Laub- und Nadelwald in Rahmen der Entwicklung der Waldzustandskarten erforderte eine vorangehende Waldtypenklassifizierung. Zwar lagen detaillierte Informationen zu Baumarten und Bestandestypen für Waldflächen vor, die sich im Besitz der Niedersächsischen Landesforsten befinden, allerdings sollte zur Beantwortung der Forschungsfragen der Wald des Unteren Weser-Leine-Berglandes flächendeckend untersucht werden.

Durchgeführt wurde die Waldtypenklassifizierung mit Hilfe des *Classification Wizzard* in *Arc-GIS Pro*. Dieser Bildklassifizierungsassistent extrahiert aus Multiband-Fernerkundungsbildern Informationsklassen, in diesem Fall die Klassen „Laubwald", „Nadelwald" und „Freiflächen". Als Klassifizierungsmethode wurde die Option „unüberwacht" ausgewählt. Anders als bei einer überwachten Klassifizierung werden bei dieser Methode keine Trainingsgebiete bestimmt. Auf Grundlage von Spektraleigenschaften und mittels des ISO-Cluster-Klassifikators wurden die Pixel einer Sentinel-2 Szene in Klassen unterteilt. Als Klassifizierungstyp der unüberwachten Klassifizierung ist die Option „objektbasiert" gewählt worden, da Farb- und Formeigenschaften berücksichtigt werden, wenn Pixel in Objekten gruppiert werden (Esri 2021a). Die unterschiedliche spektrale Reflexion von Laub- und Nadelbäumen ermöglicht die Unterscheidung der beiden Waldtypen. Nach der automatischen Klassifizierung des Satellitenbildes in 10 Klassen, wurden diese manuell den 3 Klassen Laubwald, Nadelwald und Freiflächen zugewiesen. Nach einer optischen Kontrolle der Klassifizierung über die hochauflösende Orthophotos, wurden die

Klassifizierungsergebnisse, die zu dem Zeitpunkt noch als Rasterdaten vorlagen, als Vektordaten gespeichert.

4.2 Auswahl der Vegetationsindizes

Vor der Entwicklung der Wald-Schadkarten erfolgte eine Auswahl geeigneter Vegetationsindizes, auf denen die Beurteilung der Vitalität basiert. Wie in Kapitel 2.7.2 bereits erwähnt, existiert eine große Anzahl an Vegetationsindizes, die anhand verschiedener Spektralbänder berechnet werden. Nach einer Literaturrecherche und der Eingrenzung potenziell geeigneter Indizes, sind insgesamt 20 Indizes anhand einer Sentinel-2 Szene des Untersuchungsgebietes in *ArcGIS Pro* berechnet worden. Die Ergebnisse wurden untereinander verglichen sowie mit Hilfe des zugrundeliegenden Satellitenbildes in mehreren Bandkombinationen und mittels der Orthofotos überprüft. In Anhang 2 befindet sich eine Liste derjenigen Indizes, die final nicht für die weitere Untersuchung verwendet wurden.

Um zum einen möglichst umfangreiche Informationen aus der multispektralen Reflexion der Bäume abzuleiten und zum anderen die Auswertung übersichtlich und nachvollziehbar zu halten, wurden in dieser Forschungsarbeit drei spektrale Vegetationsindizes miteinander kombiniert. Mit der Auswahl der drei Vegetationsindizes *NDRE, DSWI und RENDVI* wird die Beurteilung des Gesundheitszustandes der Vegetation anhand von insgesamt 7 Spektralbändern durchgeführt. Genauer gesagt werden die Bänder 3 (grün), 4 (rot), 5 (RedEdge), 6 (RedEdge), 8 (NIR), 8A (RedEdge) und 11 (SWIR) verwendet. Dass die drei Indizes sinnvoll miteinander kombiniert werden können, wurde neben der visuellen Überprüfung zusätzlich mit Hilfe von Korrelationstests sichergestellt, wie in Kapitel 4.2.4 näher erläutert wird.

4.2.1 NDRE

Der spektrale Vegetationsindex *Normalized Difference Red Edge* (NDRE) wurde von GITELSON und MERZLYAK (1994) entwickelt. Er ist dem weltweit am häufigsten verwendeten Vegetationsindex NDVI sehr ähnlich, nutzt allerdings anstatt des rotes Bandes ein Band in Red-Edge Bereich. Zur Bestimmung von Stress, der in erster Linie auf eine Veränderung des Chlorophyllgehaltes zurückzuführen ist, verwendet der NDRE das normalisierte Verhältnis der Differenz zwischen einem NIR-Band (865 nm) und einem Band im Red-Edge Bereich (705 nm) gegenüber der Summe der beiden Bänder (vgl. Formel 1) (THENKABAIL et al. 2018).

$$NDRE = \frac{NIR - RedEdge}{NIR + RedEdge}$$

Der NDRE ermöglicht so die Visualisierung des Chlorophyllgehaltes der Blätter. Da Chlorophyll ein Absorptionsmaximum im roten Wellenlängenbereich hat, kann rotes Licht nur in wenige Schichten der Blattzellen eindringen. Dahingegen dringt die Red-Edge Wellenlänge viel tiefer in das Blatt ein, weswegen sich der NDRE auch zum Monitoring von Vegetation in späten Wachstumsstadien besonders eignet (BOIARSKII und HASEGAWA 2019).

Aufgrund der Einschränkungen des NDVI (vgl. Kapitel 2.7.2) werden dem NDRE einige Vorteile beigemessen. Mehrere wissenschaftliche Studien belegen, dass der NDRE Trockenstress oder Verschlechterungen des Waldzustandes besser detektieren kann (BAŁAZY et al. 2019). Beispielsweise bestätigte EITEL (2011), dass der NDRE nach dem Zufügen eines mechanischen Schadens deutlich schneller den Stress der Bäume anzeigt. Auch ABDULLAH et al. (2019) kamen in ihrer Untersuchung, in der sie durch den Befall von Borkenkäfern verursachten Stress von Bäumen detektierten, zu der Erkenntnis, dass die besten Ergebnisse bei der Abgrenzung von befallener zu gesunder Vegetation besonders der NDRE innerhalb der Red-Edge-Indizes erbrachte. JORGE et al. (2019) empfehlen deswegen ebenfalls die Verwendung des NDRE anstatt des NDVI, um Unterschiede in der Vegetationsdecke zu detektieren. Im Bereich der fernerkundlichen Überwachung von landwirtschaftlichen Kulturen, beispielsweise zur präzisen Anwendung von Düngung und Pflanzenschutz, findet der NDRE ebenfalls Anwendung (vgl. BOIARSKII und HASEGAWA 2019; RADOCAJ et al. 2020; JORGE et al. 2019).

4.2.2 DSWI

Der zweite verwendete Vegetationsindex ist der *Disease Water Stress Index* (DSWI), der von GALVÃO et al. im Jahre 2005 vorgestellt wurde.

4 Material und Methoden

Der DSWI wird verwendet, um Veränderungen des Wassergehaltes von Blättern zu beschreiben und wird anhand folgender Formel errechnet (GADAL et al. 2021):

$$DSWI = \frac{NIR - Green}{SWIR + Red}$$

Der DSWI basiert also unter anderem auf der Kombination der Reflexion im nahen Infrarot (NIR; 842 nm) und im kurzwelligen Infrarot (SWIR; 1610 nm). Die Reflexion des SWIR Bereich steht aufgrund der hohen Absorption in einem negativen Verhältnis zum Wassergehalt des Blattes. Zahlreiche Studien analysierten das Verhältnis von NIR- und SWIR-Bändern, um den Wassergehalt und die Stickstoffkonzentration in Pflanzen zu beurteilen (ABDULLAH et al. 2019). Bäume unter Stress zeigen eine höhere Reflexion im SWIR Bereich als gesunde Bäume, da es zu einer Verringerung des Chlorophyll- und des Wassergehaltes kommt. Auch die Wellenlängen-Region des sichtbaren Lichtes (560 nm und 665 nm) wird in der Berechnung des DSWI berücksichtigt. Chlorophyllabbau und Stickstoffmangel führen ebenfalls zu einem Anstieg der Reflexion dieses Wellenlängenbereiches, weswegen er als Stressindikator verwendet wird (ABDULLAH et al. 2019).

Auch BOCHENEK et al. (2017) nutzten den DSWI, um die Auswirkungen von Trockenheit auf Waldökosysteme zu erkennen und stellten dabei fest, dass sich der DSWI dazu eignet, zwischen trockenen, frischen und feuchten Waldstandorten zu unterscheiden und Baumbestände zu charakterisieren. Der DSWI reagiert empfindlich bei Wasserstress von Pflanzen auf der Ebene des Kronendaches, was auch seine gute Eignung für die Überwachung des Auftretens von Mehltau bei Winterweizen erklärt, wie MA et al. (2018) herausfanden.

4.2.3 RENDVI

Ein weiterer Vegetationsindex, der sehr sensibel auf den Chlorophyllgehalt in Blättern reagiert, ist der *Red Edge Normalized Difference Vegetation Index* (RENDVI) (vgl. GITELSON und MERZLYAK 1994). Es handelt sich also wie beim NDRE um einen Red-Edge-Vegetationsindex, der anhand zweier Red-Edge Bänder berechnet wird. Der RENDVI stellt ebenfalls eine modifizierte Version des NDVI dar und

4 Material und Methoden

lässt sich aus den Senitnel-2 Bändern 5 (705 nm) und 6 (865 nm) bestimmen (vgl. Formel 3).

$$RENDVI = \frac{RedEdge2 - RedEdge1}{RedEdge2 + RedEdge1}$$

Der RENDVI wurde ursprünglich für Hyperspektralsensoren designt und reagiert daher empfindlich auf kleine Veränderungen des Red-Edge Bereiches und damit auf die Belaubung und den Chlorophyllgehalt des Kronendaches (ZAGAJEWSKI et al. 2017). In einer Studie zum Monitoring der Auswirkungen von extremen Dürreereignissen auf die Waldvitalität in der Toskana wurde unter anderem der RENDVI verwendet. So gelang es den Autoren, Veränderungen des Gesundheitszustandes der Baumkronen von drei verschiedenen Waldtypen zu vergleichen (PULETTI et al. 2019). Auch in der Landwirtschaft findet der RENDVI Anwendung, wie zum Beispiel bei der Vorhersage von Ernteerträgen oder bei der Detektion von Stickstoffdefiziten, wie die aktuelle Veröffentlichung von BURNS et al. (2022) deutlich macht.

4.2.4 Korrelation der Vegetationsindizes

Um zu überprüfen, ob eine Kombination der drei Vegetationsindizes sinnvoll möglich ist, wurden Korrelationen zwischen den Indizes in *R Studio* berechnet. Damit ist statistisch getestet worden, ob ein Zusammenhang zwischen den Werten der Indizes besteht. Außerdem konnten auf dieser Grundlage Aussagen über die Stärke und die Richtung des linearen Zusammenhangs getätigt werden. Da es sich um metrische Variablen handelt, wurde jeweils die Korrelation nach Pearson berechnet. Zur Visualisierung der Ergebnisse sind drei Streudiagramme mit einem Stichprobenumfang von n=1000 erstellt worden. Exemplarisch wurde dies auf Grundlage der Sentinel-2 Szene vom 24.07.2018 durchgeführt.

Der Korrelationstest von NDRE und RENDVI ist mit einem p-Wert von < 2,2 e^{-16} statistisch höchst signifikant. Es liegt eine sehr hohe positive Korrelation von r=0,98 vor. Ein steigender Wert des NDRE geht somit mit einem steigenden Wert des RENDVI einher (vgl. Abb. 12).

4 Material und Methoden

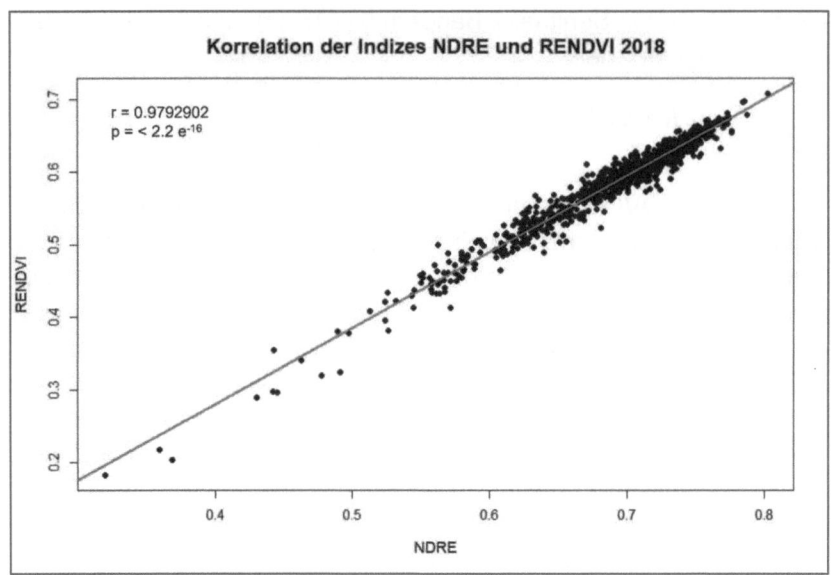

Abbildung 12: Visualisierung der Korrelation der Vegetationsindizes NDRE und RENDVI des Jahres 2018, eigene Darstellung.

Auch der Korrelationstest zwischen NDRE und DSWI ist mit einem p-Wert von $< 2{,}2\ e^{-16}$ statistisch höchst signifikant. Es handelt sich ebenfalls um eine sehr hohe positive Korrelation von r=0,78. Höhere Werte des NDRE stehen in Verbindung mit höheren Werten des DSWI (vgl. Abb. 13).

4 Material und Methoden

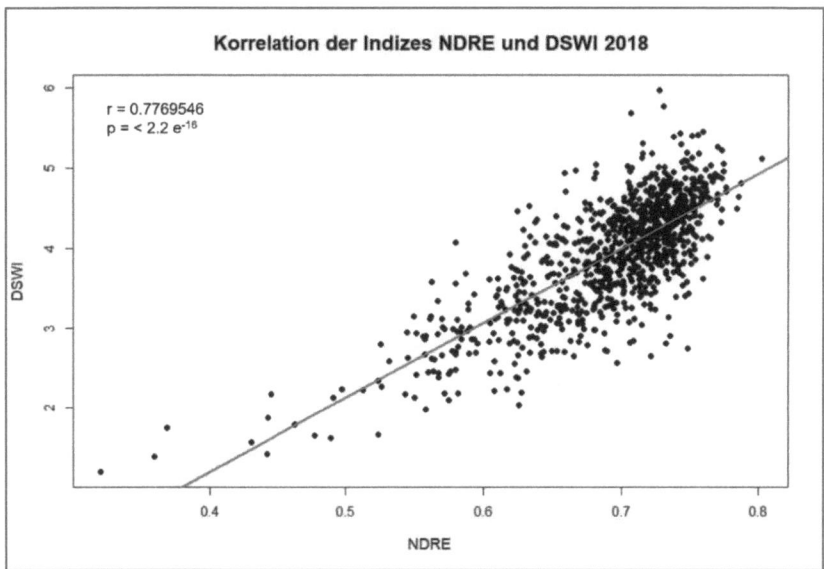

Abbildung 13: Visualisierung der Korrelation der Vegetationsindizes NDRE und DSWI des Jahres 2018, eigene Darstellung.

Die Korrelation zwischen DSWI und RENDVI ist ebenfalls mit einem p-Wert von $< 2{,}2\,e^{-16}$ statistisch höchst signifikant. Auch zwischen diesen beiden Vegetationsindizes besteht ein sehr hoher linearer Zusammenhang von r=0,79. So ist ein Anstieg des DSWI verbunden mit einem Anstieg des RENDVI (vgl. Abb. 14).

4 Material und Methoden

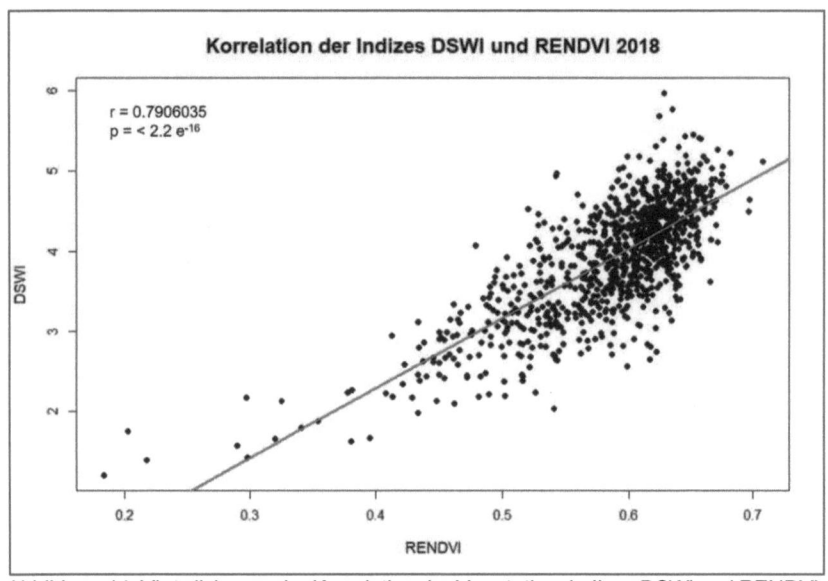

Abbildung 14: Visualisierung der Korrelation der Vegetationsindizes DSWI und RENDVI des Jahres 2018, eigene Darstellung.

Zwischen allen verwendeten Vegetationsindizes besteht also ein sehr hoher statistischer Zusammenhang. Auf Pixelebene bedeutet dies, dass für dieselben Pixel der Sentinel-2 Szene gleichermaßen höhere oder niedrigere Werte von NDRE, DSWI und RENDVI errechnet werden. Es kann demnach davon ausgegangen werden, dass sich eine Kombination der Indizes sehr gut eignet, Vitalitätsveränderungen zu detektieren. Der stärkere lineare Zusammenhang zwischen NDRE und RENDVI ist durch ihre Berechnung zu begründen, da beide als Red-Edge Index unter anderem auf der Reflexion von Band 5 beruhen.

4.3 Erstellung der Schadkarten

Die im Zentrum dieser Fallstudie stehenden Wald-Schadkarten wurden in *ArcGIS Pro* auf Basis der Sentinel-2 Satellitenbilder erstellt. Es sind zwei verschiedene Varianten ausgearbeitet worden, die jeweils unterschiedliche Aussagen über die Waldvitalität im Untersuchungsgebiet erlauben. Basis beider Schadkarten ist die Einordnung der verwendeten Vegetationsindizes in Schadklassen. Da eines der

4 Material und Methoden

Forschungsziele dieser Arbeit darin besteht, die Schadklassen so zu entwerfen, dass sie überregional auch für weitere Untersuchungsgebiete anwendbar sind, wurden die Grenzwerte zur Reklassifizierung der Indizes im Rahmen der Fallstudie I mit dem Titel „Durch Trockenstress verursachte Vitalitätsveränderungen bei Bäumen. Eine GIS-gestützte Vitalitätsanalyse der RVR-Waldflächen unter Berücksichtigung der Altersstruktur" ebenfalls getestet.

Eine Variante der Schadkarten sind die sogenannten *Waldzustandskarten*, die den Zustand der Waldbäume zum Zeitpunkt der Satellitenbildaufnahme abbilden und in vier Schadklassen einordnen: „Vital", „Gestresst", „Geschädigt" und „Stark geschädigt". Die Einstufung der Vegetationsindizes in Schadklassen ermöglicht die Darstellung des Waldzustandes, ohne dass beispielsweise die Farbdarstellung eines Indexes den Eindruck von der Vitalität des Waldes beeinflusst. Aufgrund der unterschiedlichen spektralen Reflexion von Laub- und Nadelwald werden diese Waldtypen im Rahmen der Waldzustandskarten separat analysiert, damit es nicht zu einer Über- oder Unterschätzung des Vitalitätszustandes eines Waldtyps kommt. Auf Basis dieser getrennten Beurteilung wurden Informationen über das Flächenmittel der Schadklasse von Laub- und Nadelwald und zusätzlich von Buchenbeständen im Verlauf des Untersuchungszeitraumes abgeleitet und in zwei Diagrammen dargestellt.

Ergänzend zu den Waldzustandskarten sind *Vitalitätsveränderungskarten* erstellt worden, um die Dynamik der Waldvitalität zwischen zwei Zeitpunkten abzubilden. Sie beruhen auf Bilddifferenzierungen der Vegetationsindizes (*Change detection*). Vitalitätsveränderungskarten beinhalten sieben Schadklassen von „Starke Vitalitätszunahme" bis „Starke Vitalitätsabnahme". Anders als bei den Waldzustandskarten wird bei den Vitalitätsveränderungskarten nicht zwischen Laubwald und Nadelwald differenziert, da die Veränderungen nicht als absoluter Wert, sondern als prozentuale Änderung angegeben werden. Dies bringt den Vorteil mit sich, dass die Differenzbilder der drei Indizes miteinander in Verbindung gebracht werden können, obwohl sie ursprünglich verschiedene Wertebereiche mit unterschiedlichen absoluten Zahlen besitzen.

4.3.1 Waldzustandskarten

Zum Erstellen einer Waldzustandskarte wurde zunächst die vorprozessierte Sentinel-2 Szene des entsprechenden Jahres in *ArcGIS Pro* mit dem Geoverarbeitungswerkzeug *Composite Bands* hineingeladen, indem aus den einzelnen Bändern des Satellitenbildes ein Raster-Dataset erstellt wurde. Anschließend sind aus dem Satellitenbild mit Hilfe der zuvor erstellten Waldtypenmasken (vgl. Kapitel 4.1.5) und dem Werkzeug *Clip Raster* Laubwald- und Nadelwaldflächen einzeln extrahiert worden, damit eine getrennte Beurteilung der Vitalität erfolgen konnte. Die Vegetationsindizes NDRE, DSWI und RENDVI sind mit der Funktion *Band Arithmetic* berechnet worden. Diese Funktion ermöglicht das Ausführen von arithmetischen Operationen auf den Bändern des Satellitenbildes.

Anschließend wurden die Wertebereiche der Vegetationsindizes mittels des Geoverarbeitungswerkzeuges *Reclassify* in die 4 Schadklassen reklassifiziert. Da die Wertebereiche der Vegetationsindizes nicht einheitlich sind, waren separate Reklassifizierungen erforderlich. Die Grenzwerte der Reklassifizierungen wurden durch vielfaches Austesten ermittelt, um die Waldschäden möglichst genau zu erfassen. Dabei wurden die Zwischenergebnisse stets mit den zugrundeliegenden Satellitenbildern in verschiedenen Bandkombinationen verglichen, wobei die Falschfarben-Infrarot-Darstellung (8-4-3) am häufigsten Anwendung fand. In dieser Bandkombination wird das für das menschliche Auge nicht sichtbare nahe Infrarot in sichtbarem Rot dargestellt. Zusätzlich wurden die digitalen Orthophotos des Untersuchungsgebietes herangezogen, um in einer höheren räumlichen Auflösung den Zustand des Waldes zu beurteilen, sodass die Grenzwerte der Schadklassen noch weiter verfeinert werden konnten. Die finalen Grenzwerte für die Zuordnung von Wertebereichen der drei Vegetationsindizes in die vier Schadklassen finden sich, getrennt nach Laubwald und Nadelwald, in den untenstehenden Tabellen 2 und 3.

4 Material und Methoden

Tabelle 2: Grenzwerte zur Reklassifizierung der Vegetationsindizes für die Waldzustandskarten; Laubwaldflächen, eigene Darstellung.

NDRE – Laubwald		
Schadklasse	Minimum	Maximum
1 - *Stark geschädigt*	-1	0,615
2 - *Geschädigt*	0,615	0,685
3 - *Gestresst*	0,685	0,715
4 - *Vital*	0,715	1
DSWI – Laubwald		
Schadklasse	Minimum	Maximum
1 - *Stark geschädigt*	0	3
2 - *Geschädigt*	3	4
3 - *Gestresst*	4	4,3
4 - *Vital*	4,3	10
RENDVI – Laubwald		
Schadklasse	Minimum	Maximum
1 - *Stark geschädigt*	-1	0,49
2 - *Geschädigt*	0,49	0,572
3 - *Gestresst*	0,572	0,6
4 - *Vital*	0,6	1

Tabelle 3: Grenzwerte zur Reklassifizierung der Vegetationsindizes für die Waldzustandskarten; Nadelwaldflächen, eigene Darstellung.

NDRE – Nadelwald		
Schadklasse	Minimum	Maximum
1 - *Stark geschädigt*	-1	0,44
2 - *Geschädigt*	0,44	0,57
3 - *Gestresst*	0,57	0,62
4 - *Vital*	0,62	1
DSWI – Nadelwald		
Schadklasse	Minimum	Maximum
1 - *Stark geschädigt*	0	1,6
2 - *Geschädigt*	1,6	2,75
3 - *Gestresst*	2,75	3,6
4 - *Vital*	3,6	10
RENDVI – Nadelwald		
Schadklasse	Minimum	Maximum
1 - *Stark geschädigt*	-1	0,32
2 - *Geschädigt*	0,32	0,455
3 - *Gestresst*	0,455	0,51
4 - *Vital*	0,51	1

Anschließend ist für jedes Pixel des Rasters ein Durchschnittswert der Schadklasse ermittelt worden, indem unter Verwendung des *Raster Calculators* die reklassifizierten Indizes summiert und durch

4 Material und Methoden

ihre Anzahl geteilt wurden. Es folgte eine erneute Reklassifizierung, um die kontinuierlichen Werte des Zwischenergebnisses wieder dem diskreten Wertebereich der vier Schadklassen {1,2,3,4} zuzuordnen. Die dafür verwendeten Grenzwerte finden sich untenstehend in Tabelle 4. Der beschriebene Arbeitsprozess wurde analog für alle Jahre des Forschungszeitraumes wiederholt, sodass fünf Waldzustandskarten entstanden sind.

Tabelle 4: Grenzwerte zur Reklassifizierung des Zwischenergebnisses der Waldzustandskarte, eigene Darstellung.

Schadklasse	Minimum	Maximum
1 - *Stark geschädigt*	1	1,75
2 - *Geschädigt*	1,751	2,5
3 - *Gestresst*	2,51	3,25
4 - *Vital*	3,251	4

Im Rahmen der Ergebnispräsentation (Kapitel 5.2.1) werden für jedes Jahr, getrennt nach Laub- und Nadelwald, die unterschiedlichen Flächenanteile der einzelnen Schadklassen genannt, die aus den Waldzustandskarten extrahiert worden sind. Außerdem wird anhand von Liniendiagrammen die zeitliche Dynamik des Waldzustandes quantifiziert, indem das Flächenmittel der Schadklasse (1 = Stark geschädigt; 2 = Geschädigt; 3 = Gestresst; 4 = Vital) für jedes Jahr in *ArcGIS Pro* errechnet wurde. So kann die Entwicklung des Waldzustandes für Laub- und Nadelwald und zusätzlich für Buchen direkt gegenübergestellt werden.

4.3.2 Vitalitätsveränderungskarten

Der Arbeitsprozess für das Erstellen der Vitalitätsveränderungskarten begann mit dem Hinzufügen zweier Sentinel-2 Szenen in *ArcGIS Pro*, zwischen denen die Veränderung der Waldvitalität der Waldbäume ermittelt werden sollte. Anschließend wurde mit Hilfe des Tools *Clip Raster* und der zuvor erstellten Waldmaske (vgl. Kapitel 4.1.3) die gesamte Waldfläche des Untersuchungsgebietes aus dem Satellitenbild extrahiert. Im folgenden Schritt wurden die drei Vegetationsindizes NDRE, DSWI und RENDVI mit Hilfe der Funktion *Band Arithmetic* für beide Jahre berechnet. Mittels des *Raster Calculators* ist danach die prozentuale Veränderung der Werte der Vegetationsindizes zwischen

4 Material und Methoden

den Zeitpunkten errechnet worden, indem der Differenzwert des Ausgangszustandes (früheres Jahr) und des Endzustandes (späteres Jahr) durch den Ausgangszustand dividiert wurde, bevor dieser Quotient mit 100 multipliziert wurde:

$$Veränderung\ [\%] = \frac{Endzustand - Ausgangszustand}{Ausgangszustand} * 100$$

Es waren also für jeden Index Differenzbilder entstanden, die die Änderungen der Werte als Prozentzahl angaben. Nachfolgend wurden die prozentualen Veränderungen in sieben Schadklassen (starke Vitalitätsabnahme – starke Vitalitätszunahme) reklassifiziert. Wie auch bei der Findung der Grenzwerte für die Schadklassen der Waldzustandskarten, sind die optimalen Grenzwerte der prozentualen Veränderung für die Zuweisung in sieben Schadklassen in zahlreichen Versuchen und dem Abgleich der Zwischenergebnisse mit den Satellitenbildern sowie mit Orthophotos festgelegt worden (vgl. Tabelle 5).

Tabelle 5: Grenzwerte zur Bildung der Schadklassen der Vitalitätsveränderungskarte für die gesamte Waldfläche, eigene Darstellung.

Schadklasse	Minimum	Maximum
1 - *Starke Vitalitätsabnahme*	Minimum	-50
2 - *Mittlere Vitalitätsabnahme*	-50	-15
3 - *Leichte Vitalitätsabnahme*	-15	-5
4 - *Gleichbleibend*	-5	5
5 - *Leichte Vitalitätszunahme*	5	15
6 - *Mittlere Vitalitätszunahme*	15	50
7 - *Starke Vitalitätszunahme*	50	Maximum

Auch bei der Erstellung der Vitalitätsveränderungskarten sind dann die drei reklassifizierten Indizes mit Hilfe des *Raster Calculators* miteinander verrechnet worden, um einen Mittelwert der Schadklasse für jedes Pixel zu bestimmen. Anschließend folgte eine weitere Reklassifizierung, sodass die Werte des Zwischenergebnisses wieder dem diskreten Wertebereich der sieben Schadklassen {1,2,3,4,5,6,7} zugeordnet wurden. Tabelle 6 zeigt die dafür verwendeten Grenzwerte.

Tabelle 6: Grenzwerte zur Reklassifizierung des Zwischenergebnisses der Vitalitätsveränderungskarte, eigene Darstellung.

Schadklasse	Minimum	Maximum
1 - *Starke Vitalitätsabnahme*	1	1,86
2 - *Mittlere Vitalitätsabnahme*	1,861	2,72
3 - *Leichte Vitalitätsabnahme*	2,721	3,58
4 - *Gleichbleibend*	3,581	4,44
5 - *Leichte Vitalitätszunahme*	4,441	5,3
6 - *Mittlere Vitalitätszunahme*	5,31	6,16
7 - *Starke Vitalitätszunahme*	6,161	7

Abschließend wurde das Geoverarbeitungswerkzeug *Majority Filter* angewendet, welches auf Basis der Mehrheit der zusammenhängenden Nachbarzellen des Rasters Zellen ersetzt (Esri 2021). Es werden also größere zusammenhängende Bereiche einer Schadklasse gebildet, was der Übersichtlichkeit der Kartendarstellung dienen soll. Abbildung 15 visualisiert die einzelnen Schritte zur Erstellung der Wald-Schadkarten in einem *workflow*-Diagramm.

4 Material und Methoden

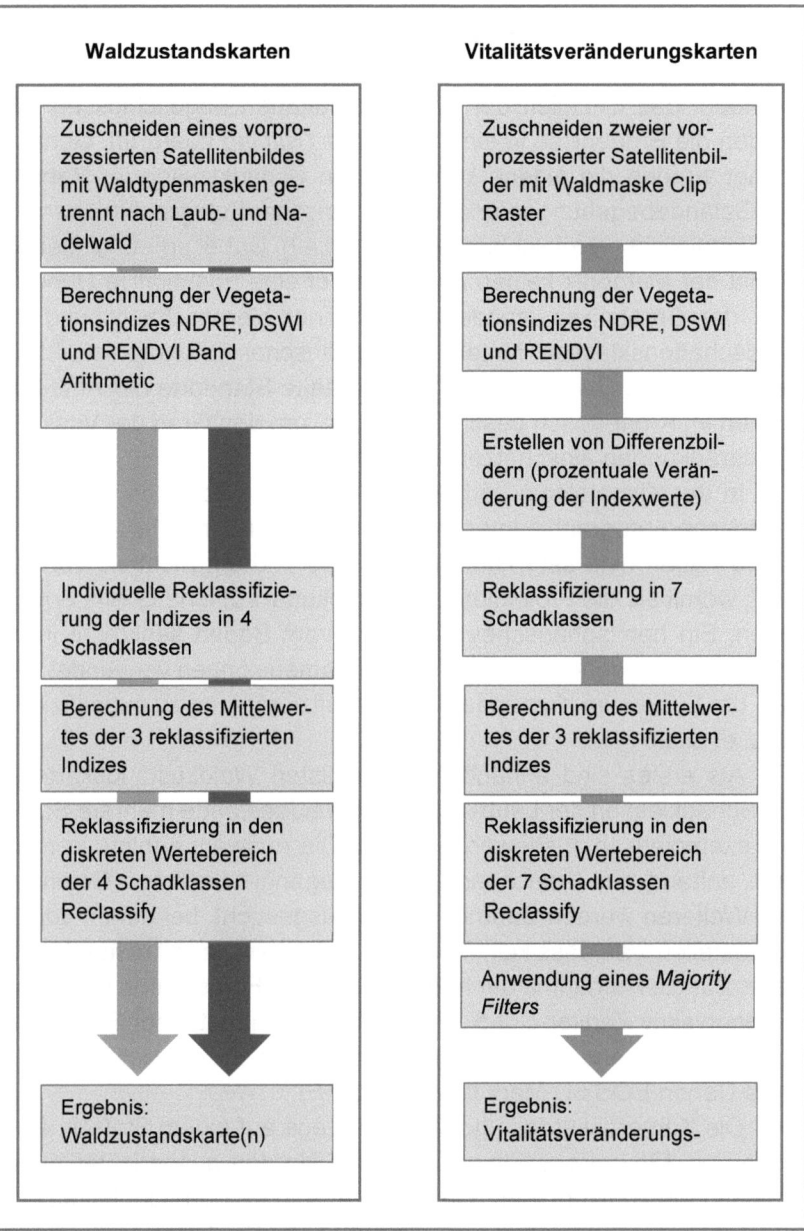

Abbildung 15: Workflow-Diagramm zur Entwicklung der Waldzustandskarten und der Vitalitätsveränderungskarten in ArcGIS Pro, eigene Darstellung.

4.4 Ground Truthing

Nachdem das Erstellen der Wald-Schadkarten abgeschlossen war, wurden die Ergebnisse in einem *Ground Truthing* überprüft. Genauer gesagt wurden die eigens konstituierten Schadklassen im Rahmen von Geländebegehungen und hemisphärischer Fotographie überprüft und verbildlicht (vergleichbar zur Fallstudie I). Dabei erhebt dieser Abschnitt der Methodik keinen Anspruch auf eine quantitative Überprüfung der Ergebnisse, sondern dient einer Veranschaulichung der Waldschadensklassen. Mittels hemisphärischer Fotographie und der freien Software *Can-Eye* ist für ausgewählte Standorte der Anteil der Lücken im Kronendach bestimmt worden, um den Grad der Vitalitätseinschränkungen einschätzen zu können.

In der Klimatologie und in den Forstwissenschaften wird hemisphärische Fotographie intensiv genutzt. Sogenannte Fischaugenobjektive haben eine sehr kurze Brennweite und ein Sichtfeld von fast 180°, womit sie die Projektion einer Halbkugel auf eine Ebene ermöglichen. Ein hemisphärisches Foto wird vom Boden senkrecht in die Baumkrone aufgenommen. Diese Aufnahmen können verwendet werden, um Lücken im Kronendach zu identifizieren und zu quantifizieren (DÍAZ et al. 2014).

Als erstes sind anhand der aktuellsten Waldzustandskarte für alle Schadklassen der Laub- und Nadelwaldbestände mehrere Standorte exemplarisch ausgewählt worden. Die Auswahl erfolgte in erster Linie anhand der Erreichbarkeit und Zugänglichkeit des Geländes. Des Weiteren wurden Baumbestände ausgesucht, bei denen vor Ort festzustellen war, dass kein forstwirtschaftlicher Eingriff stattgefunden hatte. Für die Aufnahme der hemisphärischen Fotos wurde das Fischaugenobjektiv *Zenitar-C 3,5 / 8* der Firma Zenit mit einer Brennweite von 8 mm verwendet. Kombiniert wurde dieses mit der Vollformat-Kamera Canon EOS 6D Mark II (vgl. Abb. 16).

Die Kamera wurde in horizontaler Lage auf einem Stativ in einer Höhe von 130 cm positioniert und nach Norden ausgerichtet. Somit entstand ein kreisförmiges Bild, bei dem sich der Zenit im Mittelpunkt und der Horizont am Rand befindet (vgl. Abb. 16). Um eine Vergleichbarkeit der hemisphärischen Fotos zu gewährleisten, wurde die Untersuchung entweder bei bedecktem Himmel oder bei Sonnenaufgang

4 Material und Methoden

bzw. Sonnenuntergang durchgeführt, sodass kein direktes Sonnenlicht auf die Linse der Kamera getroffen ist.

Abbildung 16: Kamera mit Fischaugenobjektiv (Links), Positionierung der Kamera (Mitte), hemisphärisches Foto (Rechts), eigene Fotos.

Die Belichtungssteuerung erfolgte manuell, um den bestmöglichen Kontrast zwischen Blätterdach und Himmel zu erzielen. Es wurde also sowohl die Blende als auch die Verschlusszeit so eingestellt, dass lokale Überbelichtungen der Bilder verhindert wurden. Damit wurde der sogenannte *Blooming-Effekt* vermieden, bei dem die Lichter des Himmels überproportional dargestellt werden und es später bei der Auswertung der Fotos zu einem Überschätzungsfehler des Anteils des Himmels kommen würde (DÍAZ et al. 2014).

Die Auswertung der hemisphärischen Fotos erfolgte im Anschluss mit der Software *Can-Eye* (Version 6.495), die vom französischen Nationalen Institut für Agrarforschung (INRA) entwickelt wurde und kostenfrei zur Verfügung steht. Ziel dieser Auswertung war die Extraktion von Kronenschlussparametern, also der Bestandesdeckung und der *gap fraction*. Unter *gap fraction* versteht sich der Anteil des Himmels, der nicht von Vegetation bedeckt ist. Es sind also Lücken im Kronendach, die von Lichtstrahlen ohne Kontakt mit Pflanzenelementen durchdrungen werden können und dann auf den Boden treffen (DÍAZ und LENCINAS 2015).

Die zu klassifizierenden hemisphärischen Fotos wurden nach einer Vorauswahl in *Can-Eye* geöffnet. Einige Verarbeitungsparameter, die spezifisch für Objektiv und Kameratyp gewählt werden müssen, sind zusätzlich angegeben worden. Im Anschluss wurden alle ausgewählten Fotos nacheinander klassifiziert, es erfolgte eine Zuordnung jedes Pixels des Bildes entweder in die Klasse „Grüne Vegetation" oder in die Klasse „Himmel".

Nach Beendigung der Klassifizierung wurde für jedes hemisphärische Foto ein Bericht von der Software ausgegeben, der unter anderem die Klassifizierungsergebnisse enthielt. Es wurden außerdem die binären Bilder ausgegeben, bei denen jedes Pixel einer der beiden Klassen zugeordnet ist, mit einer Angabe des prozentualen Anteils von Vegetation und Himmel (vgl. Tabelle 7).

4.5 Statistische Datenauswertung

Die statistische Datenauswertung, bei der die Vitalitätsveränderungen in Bezug auf Standortfaktoren und Bestandeseigenschaften, analysiert wurden, ist mit der kostenfreien Software R und der dazugehörigen Entwicklungsumgebung R Studio (Version 1.4.1106) durchgeführt worden. R Studio ermöglicht die Organisation, Auswertung und Visualisierung von Daten, indem Auswertungsbefehle geschrieben werden (WOLLSCHLÄGER 2020). Um die Auswirkungen der Trockenperiode auf die Vitalität der Bäume deutlich zu machen, basiert die statistische Datenauswertung auf der Vitalitätsveränderung zwischen 2017 und 2019. Die Aufnahme beider Satellitenbilder erfolgte jeweils am gleichen Tag des Jahres, nämlich am 23.08.2017 und am 23.08.2019, sodass phänologisch bedingte Veränderungen der Vegetation die Ergebnisse nicht beeinflussen können. Diese Veränderungen der Vitalität werden im Rahmen der Datenauswertung nicht anhand der Schadklassen gemessen, sondern anhand der den Schadklassen zugrundeliegenden prozentualen Änderungen der Vegetationsindizes NDRE, DSWI und RENDVI, aus denen ein Durchschnittswert errechnet wurde. Somit werden auch geringgradige Veränderungen erfasst, ohne dass der Detailgrad reduziert wird.

Ein weiterer Vorteil gegenüber der statistischen Auswertung der Vitalitätsveränderung, die in Schadklassen klassifiziert ist, besteht darin, dass umfangreichere Rechenoperationen angewendet werden können. So werden Daten, die in Schadklassen vorliegen, der Ordinalskala zugeordnet. Dagegen sind die unklassifizierten, prozentualen Veränderungen der Vitalität metrisch skaliert. Aufgrund dessen sind mehr Auswertungsoptionen möglich, was sowohl für die Beschreibung

4 Material und Methoden

von Merkmalsverteilungen als auch für die Quantifizierung von Zusammenhängen relevant ist (VÖLKL und KORB 2018). Damit ausschließlich die mit Bäumen bestandenen Flächen analysiert und die Beeinflussung der spektralen Reflexion durch störende Objekte weiter minimiert wurde, sind auf Basis der OpenStreetMap-Daten zusätzlich Flüsse und auch kleinere Waldwege aus dem *Raster-Layer*, der die prozentualen Vitalitätsveränderungen enthält, entfernt worden. Die statistische Datenanalyse umfasste anders als die Schadkarten nicht die gesamte Waldfläche des Untersuchungsgebietes, sondern die Bereiche, die sich im Besitz der Niedersächsischen Landesforsten befinden, da nur für diese Flächen detaillierte Bestandes- und Standortsdaten vorlagen (vgl. Anhang 5).

Da sich das Forschungsinteresse speziell auf die Vitalitätsveränderungen von Buchen richtet, sind für diese Baumart umfangreichere statistische Analysen durchgeführt worden als für die Gesamt-Waldfläche der Niedersächsischen Landesforsten. Die statistische Auswertung der Vitalitätsveränderungen von Buchen basiert auf Reinbeständen mit einer Mindestgröße von 1 ha, die aus den Bestandesdaten des Niedersächsischen Forstplanungsamtes extrahiert wurden. Um die Vitalitätsveränderungen der Buchenbestände zwischen den Jahren 2017 und 2019 genauer zu charakterisieren, wird der Einfluss verschiedener Faktoren auf die Vitalität einzeln betrachtet. Es werden die Einflussfaktoren Hangneigung, Exposition, Baumaltersklasse, Nährstoffpotenzial, Bodenfeuchte und Geländeform sowie Bodenart und Lagerungsverhältnis untersucht. Die Variablen Hangneigung und Exposition wurden aus dem hochauflösenden Digitalen Geländemodell extrahiert. Die verbleibenden Variablen sind aus den Geodaten des Niedersächsischen Forstplanungsamtes entnommen worden.

Vorab sind ebenfalls Analysen für die Gesamt-Waldfläche der NLF durchgeführt worden, um zum einen die Veränderungen der Vitalität der beiden Waldtypen Laubwald und Nadelwald zu analysieren. Zum anderen wurden die Vitalitätsveränderungen der einzelnen Baumarten Fichte, Buche, Bergahorn, Douglasie, Esche, Kiefer und Eiche gegenübergestellt. Um möglichst aussagekräftige Ergebnisse zu erhalten, sind jeweils nur Reinbestände berücksichtigt worden. In Abbildung 17 ist übersichtlich dargestellt, welche statistischen Auswertungen durchgeführt worden sind. Im Folgenden wird die Durchführung der Analysen erläutert und die Zweckdienlichkeit der Analysen genannt.

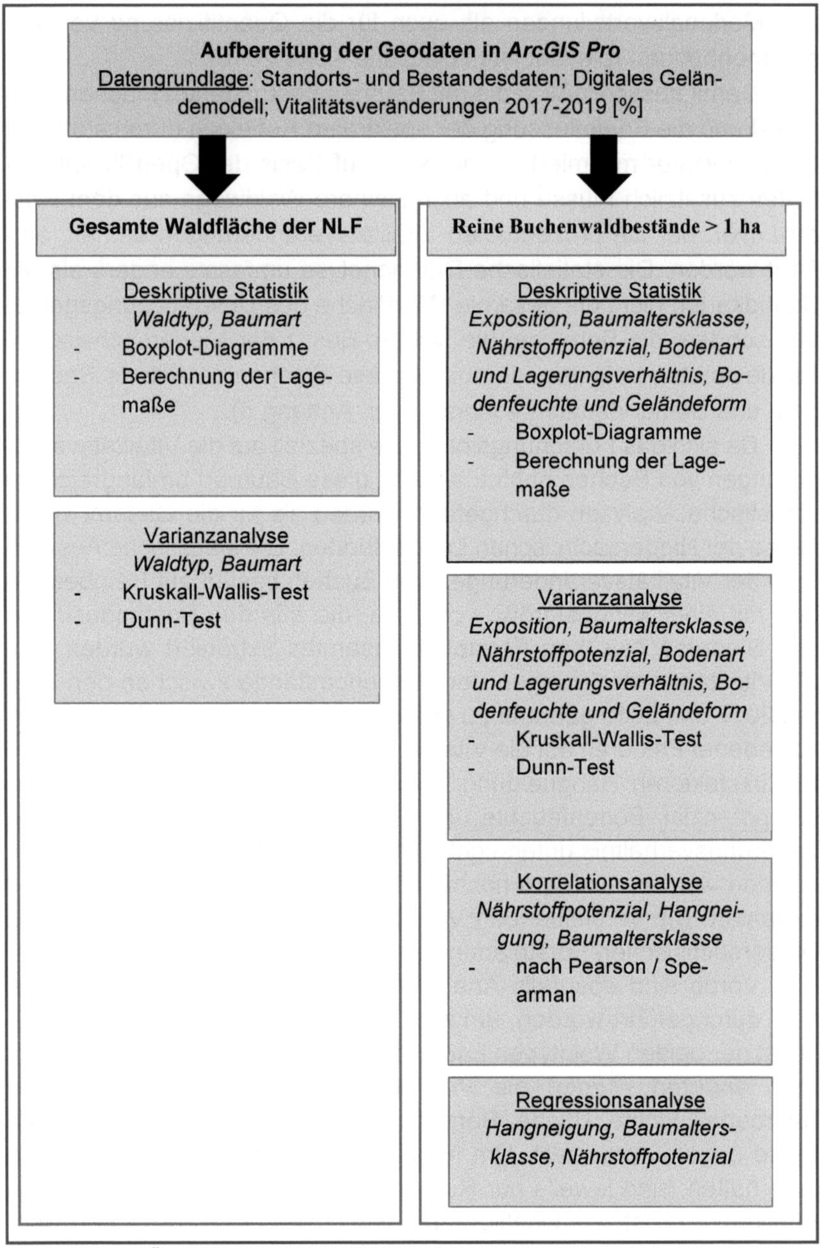

4 Material und Methoden

```
┌─────────────────────────────────────────────────────────────┐
│  Aufbereitung der Geodaten in ArcGIS Pro                    │
│  Datengrundlage: Standorts- und Bestandesdaten; Digitales   │
│  Geländemodell; Vitalitätsveränderungen 2017-2019 [%]       │
└─────────────────────────────────────────────────────────────┘
```

Gesamte Waldfläche der NLF	Reine Buchenwaldbestände > 1 ha
Deskriptive Statistik *Waldtyp, Baumart* - Boxplot-Diagramme - Berechnung der Lagemaße	**Deskriptive Statistik** *Exposition, Baumaltersklasse, Nährstoffpotenzial, Bodenart und Lagerungsverhältnis, Bodenfeuchte und Geländeform* - Boxplot-Diagramme - Berechnung der Lagemaße
Varianzanalyse *Waldtyp, Baumart* - Kruskall-Wallis-Test - Dunn-Test	**Varianzanalyse** *Exposition, Baumaltersklasse, Nährstoffpotenzial, Bodenart und Lagerungsverhältnis, Bodenfeuchte und Geländeform* - Kruskall-Wallis-Test - Dunn-Test
	Korrelationsanalyse *Nährstoffpotenzial, Hangneigung, Baumaltersklasse* - nach Pearson / Spearman
	Regressionsanalyse *Hangneigung, Baumaltersklasse, Nährstoffpotenzial*

Abbildung 17: Übersichtliche Darstellung der durchgeführten statistischen Datenanalyse, eigene Darstellung.

4 Material und Methoden

Vor dem Beginn der Datenanalyse in *R Studio* wurden erforderliche Zusatzpakete mit inhaltlich spezialisierten Funktionen installiert und geladen, bevor alle zuvor in *ArcGIS Pro* vorbereiteten Geodaten eingelesen wurden. Anschließend ist ein Stichproben-Datensatz erzeugt worden, der in jeder Raster-Zelle des Vitalitätsveränderungs-Layers einen Punkt setzte. Anhand dieser Punkte sind dann die Pixelwerte der prozentualen Vitalitätsveränderung, der Hangneigung und der Exposition extrahiert worden. Somit wurde ein *Dataframe* erzeugt, zu dem anschließend auch die extrahierten Werte der Bestandesdaten in neuen Spalten hinzugefügt wurden. Die Auswertung der Vitalitätsveränderung der Buchenbestände umfasste eine Stichprobenanzahl von 104.308 Pixel. Für die gesamten Waldfläche der NLF wurden 1.662.066 Pixel-Werte analysiert.

Der erste Schritt der Datenauswertung erfolgte im Rahmen der deskriptiven Statistik und umfasste das Erstellen von Boxplot-Diagrammen. Boxplots ermöglichen die Charakterisierung von Verteilungen, da sie Minimum, 1. Quartil, Median, 3. Quartil und Maximum visualisieren. Zusätzlich zu diesen Lagemaßen können außerdem die Streuungsmaße Spannweite und (Inter-) Quartilsabstand abgelesen werden (VÖLKL und KORB 2018).

Für den Bereich der Buchenbestände wurden Korrelationen berechnet, die als Maß des linearen Zusammenhangs zweier quantitativer Variablen definiert sind (WOLLSCHLÄGER 2020). Es wurde jeweils der Zusammenhang der Hangneigung, der Altersklassen und des Nährstoffpotenzials mit der prozentualen Veränderung der Vitalität von Buchenbeständen statistisch geprüft. Ein Maß für die Stärke eines linearen Zusammenhangs ist der Korrelationskoeffizient. Je nach Skalenniveau der Daten, wurde entweder die Korrelation nach Pearson oder der Rangkorrelationskoeffizient nach Spearman in *R Studio* berechnet. Zur grafischen Veranschaulichung der Korrelationsergebnisse sind anschließend Streudiagramme erstellt worden. Aufgrund des großen Stichprobenumfangs wurde dafür eine kleinere Stichprobe mit dem Umfang 1000 aus dem Datensatz gezogen.

Als weitere statistische Auswertung ist außerdem eine multiple, lineare Regressionsanalyse durchgeführt worden. In das Modell wurden die Variablen Hangneigung, Baumaltersklasse und Nährstoffpotenzial einbezogen. Ziel der Regressionsanalyse ist es, den Einfluss von Werten der unabhängigen Einflussgrößen auf die abhängige

4 Material und Methoden

Zielgröße (Vitalität) zu schätzen. Dabei hat jede Einflussgröße einen eigenen Effekt auf die Zielgröße, der als Regressionskoeffizient beschrieben wird (HEDDERICH und SACHS 2020).

Als abschließende statistische Tests wurden im Rahmen einer Varianzanalyse Kruskal-Wallis-Tests und entsprechende post-hoc Tests durchgeführt. Bei einer Varianzanalyse wird der Effekt einer oder mehrerer unabhängiger, erklärender Variablen auf eine abhängige Zielvariable analysiert (HEDDERICH UND SACHS 2020). In dieser Untersuchung stellen die Standortfaktoren die unabhängigen Variablen dar, die Veränderung der Vitalität ist dabei die abhängige Variable. Der Kruskal-Wallis Test untersucht die Verteilung von Teilstichproben und ist eine Alternative zur einfaktoriellen Varianzanalyse (ANOVA), wenn für diese nicht alle mathematischen Voraussetzungen erfüllt sind. Der Kruskal-Wallis Test prüft, ob die Verteilungen der untersuchten Gruppen identisch sind (Nullhypothese) oder ob mindestens ein Mittelwert von den anderen abweicht (RASCH et al. 2010).

Bei statistisch signifikanten Ergebnissen des Kruskal-Wallis Tests wurde im nächsten Schritt mit Hilfe von Dunn Tests überprüft, welche Gruppen sich unterscheiden. In R Studio wurden mit diesen Post-hoc Tests Paarvergleiche auf Basis von Rangsummen durchgeführt, dessen Testlogik zu der des Kruskal-Wallis Tests passt (WOLLSCHLÄGER 2020). Mittels der Varianzanalyse wird also statistisch überprüft, inwiefern Ausprägungen der einzelnen unabhängigen Variablen Vitalitätsveränderungen bedingen.

5 Ergebnisse

5.1 Wetterdaten

Da sich in Niedersachsen eine ausgeprägte Regionalität der klimatischen Situation zeigt und besonders Extremwetterereignisse regional unterschiedlich ausfallen können (DWD 2018), werden im Folgenden die Ergebnisse der Auswertung von Wetterdaten der Wetterstationen in Hameln erläutert, um so die klimatischen Bedingungen des Unteren Weser-Leine-Berglandes zu charakterisieren und die regionale Ausprägung der Trockenperiode von 2018 bis 2020 zu verdeutlichen. Der langjährige Mittelwert der Jahresdurchschnittstemperatur im Referenzzeitraum von 1981 bis 2010 beträgt 9,86 °C. In Abbildung 18 ist die Temperaturanomalie, also die Abweichung vom langjährigen Mittelwert, für die Jahre 2010 bis 2021 dargestellt. Auffällig ist, dass die Jahre 2014 bis 2020 positive Abweichungen von diesem Referenzwert zeigen. Die stärkste positive Abweichung wurde mit 1,24 °C für das Jahr 2014 gemessen, wohingegen 2010 1,28 °C kälter war als der vieljährige Durchschnitt.

Für den Beobachtungszeitraum dieser Arbeit wurden positive Anomalien in Höhe von bis zu 1,16 °C im Jahr 2020 gemessen, wohingegen 2017 die geringste positive Abweichung in Höhe von 0,45 °C aufweist. Im Gegensatz zu den Jahren 2018 und 2019, die ebenfalls deutlich wärmer waren als der langjährige Mittelwert, ist für 2021 eine minimale negative Abweichung von -0,01 °C errechnet worden.

5 Ergebnisse

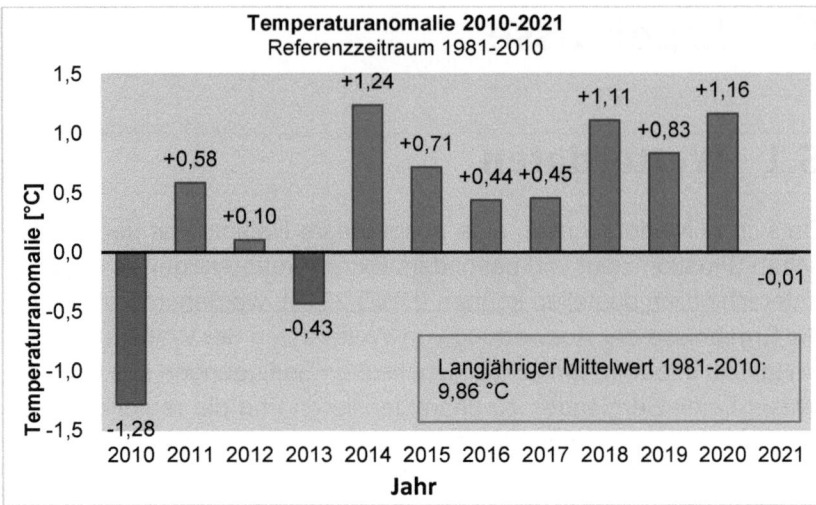

Abbildung 18: Darstellung der Temperaturanomalien von 2010 bis 2021 im Vergleich zur Referenzperiode 1981-2010 in °C, Ort der Wetterstation: Hameln (ID 13675), eigene Darstellung nach DWD 2022.

Im Vergleich zur Referenzperiode 1981-2010, in der durchschnittlich 710 mm Jahresniederschlag in Hameln gemessen wurden, waren 10 der vergangenen 12 Jahre überdurchschnittlich trocken. Lediglich in den Jahren 2010 und 2017 fiel mehr Niederschlag als im vieljährigen Mittel, wobei vor allem die positive Anomalie des Jahres 2017 von 165 mm hervorzuheben ist. Die stärkste negative Abweichung wurde für 2018 mit -238 mm festgestellt. Deutlich weniger Jahresniederschlag fiel auch in den Jahren 2019 (-137 mm) und 2020 (-74 mm). Dahingegen war 2021 eine geringere negative Anomalie von -15 mm festzustellen (vgl. Abb. 19).

5 Ergebnisse

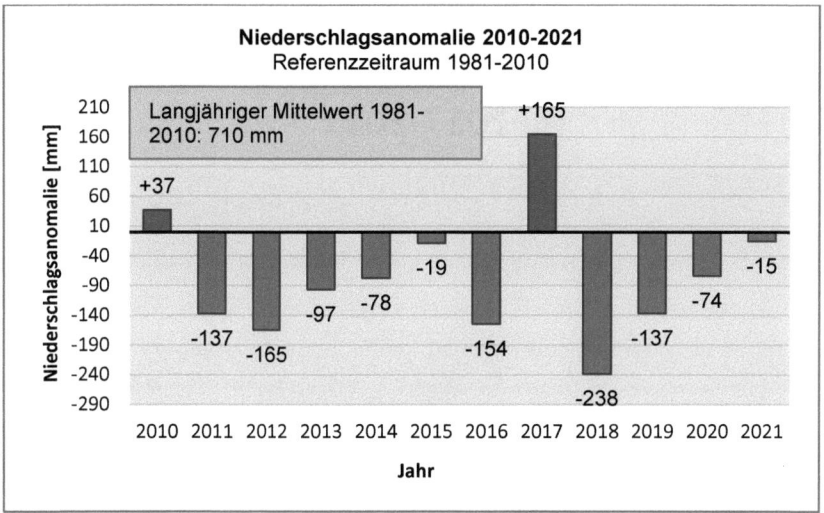

Abbildung 19: Darstellung der Jahresniederschlagsanomalien von 2010 bis 2021 im Vergleich zur Referenz-periode 1981-2010 in mm, Ort der Wetterstation: Hameln (ID 13675), eigene Darstellung nach DWD 2022a.

Anhand der Anzahl der Sommer- und Hitzetage zeigen sich deutlich die heißen Sommer von 2018 bis 2020, wie Abbildung 20 darstellt. Waren es im Jahre 2017 noch 33 Sommertage mit einem Temperaturmaximum über 25 °C, einschließlich 4 Hitzetagen über 30 °C, wurden an der Wetterstation in Hameln 2018 insgesamt 82 Sommertage und 26 Hitzetage gemessen. 2019 sind 51 Sommertage und 16 Hitzetage gemessen worden. 2020 betrug die Anzahl der Sommertage 42, inklusive der Anzahl von 9 Hitzetagen. Die Anzahl der Tage über 25 °C war 2021 mit 43 ähnlich hoch wie in den beiden Vorjahren, die Anzahl jener Tage mit einem Tagesmaximum der Temperatur von über 30 °C hat sich wiederrum auf 3 Tage verringert.

5 Ergebnisse

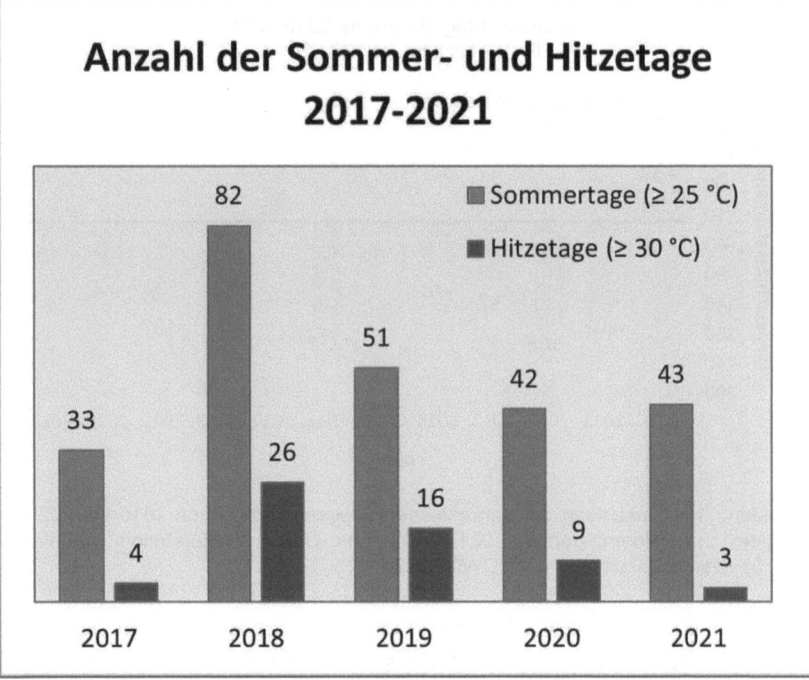

Abbildung 20: Anzahl der Sommer- und Hitzetage von 2017 bis 2021, Ort der Wetterstation: Hameln (ID 13675), eigene Darstellung nach DWD 2021.

5.2 Waldzustandskarten

Im Folgenden werden die Ergebnisse der Vitalitätsanalyse auf Grundlage der Waldzustandskarten dargestellt, die auf der individuellen Reklassifizierung der Vegetationsindizes NDRE, DSWI und RENDVI basieren. Zunächst wird das gesamte Untere Weser-Leine-Bergland betrachtet, bevor dann anhand der beiden Beispielgebiete der Waldzustand jeweils beispielhaft großmaßstäbig verdeutlicht wird. Für jedes Jahr des Untersuchungszeitraumes wird kurz der Vitalitätszustand erläutert. Alle Waldzustandskarten befinden sich zusätzlich in einem größeren Format im Anhang dieser Arbeit (vgl. Anhang 6). Am Ende dieses Unterkapitels werden außerdem die Diagramme erläutert, die den Verlauf des Flächenmittels der Schadklasse für Laub- und Nadelwald sowie für Buchen abbilden.

5.2.1 Vitalitätszustand des Waldes im Untersuchungsgebiet 2017-2021

Im ersten Jahr des Untersuchungszeitraumes ist die Vitalität des Untersuchungsgebietes großflächig als *Vital* einzustufen. Über 90 % der Pixel sind im Jahr 2017 dieser Schadstufe zugeordnet (vgl. Anhang 9). Es zeigen sich lediglich sehr kleine, punktuelle Bereiche, die *geschädigt* sind. Etwas großflächiger, aber lediglich mit einem Anteil von 5,8 % finden sich einzelne Pixel, die *gestresste* Bäume anzeigen (vgl. Abb. 21).

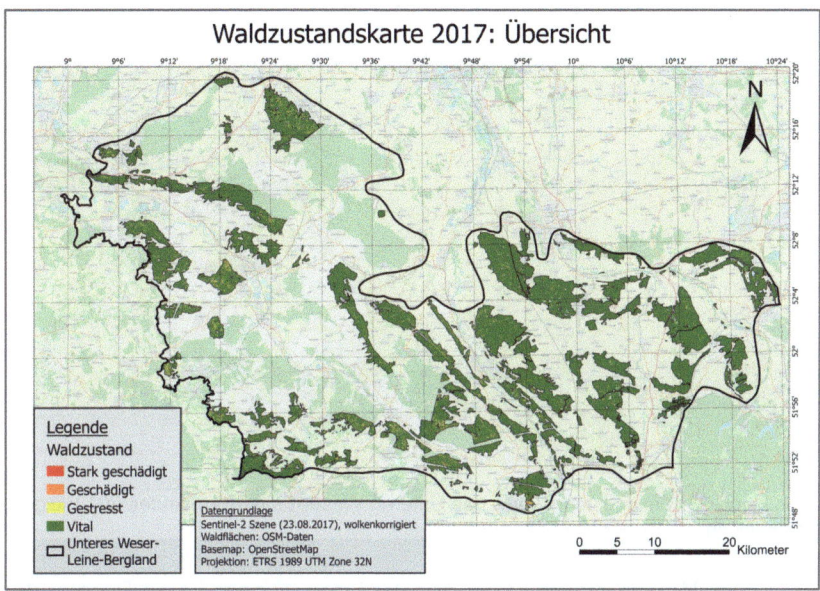

Abbildung 21: Waldzustandskarte des Unteren Weser-Leine-Berglandes 2017. Aufgrund von Wolkenbedeckung kann nicht für alle Waldgebiete des Untersuchungsgebietes der Vitalitätszustand 2017 ermittelt werden, eigene Darstellung.

Im Vergleich zum Jahr 2017 zeigen sich 2018 größere Anteile *geschädigter* und *gestresster* Vegetation, womit der Flächenanteil der Schadklasse *Vital* deutlich auf 70,7 % abnimmt. Die getrennte Bewertung von Laub- und Nadelwald zeigt allerdings deutliche Unterschiede zwischen diesen Waldtypen. 86,1 % der Laubwaldflächen sind 2018 der Schadlasse *Vital* zuzuordnen. Im Gegensatz dazu fallen lediglich 55,4 % der Nadelwälder in diese Schadklasse (vgl. Anhang 9).

231

5 Ergebnisse

Dementsprechend ist für die Nadelwaldbestände der Anteil der *gestressten* und *geschädigten* Bäume höher. Es werden außerdem regionale Unterschiede des Waldzustandes deutlich, einige Waldgebiete sind nahezu gänzlich in einem *vitalen* Zustand, andere wiederum haben große Anteile der Schadklassen *Gestresst* und *Geschädigt*. Es treten außerdem zusammenhängende Bereiche auf, die *stark geschädigt* sind (vgl. Abb. 22).

Abbildung 22: Waldzustandskarte des Unteren Weser-Leine-Berglandes 2018, eigene Darstellung.

Die Waldzustandskarte des Unteren Weser-Leine-Berglandes zeigt für das Jahr 2019 einen hohen Anteil *geschädigter* (16,6 %) und *gestresster (19,4 %)* Vegetation. Der Waldanteil, der der Schadklasse *Vital* zugeordnet wird, liegt bei 60,2 %. Auffällig ist ebenfalls ein deutlicher Anstieg des *stark geschädigten* Waldes. Diese Schadklasse zeigt sich größtenteils in inselartiger Ausprägung und ist meistens umgeben von Flächen der Schadklasse *Geschädigt*.

Jene Flächen, die 2019 stark geschädigt waren, hatten teilweise bereits 2018 eine deutlich geminderte Vitalität. Andererseits sind innerhalb eines Jahres auch starke Waldschäden auf Flächen entstanden, die im Vorjahr durch eine hohe Vitalität geprägt waren. Pixel, die

5 Ergebnisse

eine *gestresste* Vegetation repräsentieren, weisen eher eine diffuse Verteilung auf, wenngleich auch für diese Schadklasse räumliche Schwerpunkte sichtbar werden. Nachdem 2018 eine deutliche Diskrepanz zwischen Laubwald und Nadelwald bezüglich ihres Anteils an den Schadklassen *Gestresst* und *Geschädigt* aufgetreten war, hat sich das Verhältnis zwischen den beiden Waldtypen im Jahr 2019 wieder ausgeglichen, sodass jeweils eine sehr ähnlich große Fläche als *gestresst* bzw. *geschädigt* klassifiziert wird. Auf Basis dieser Waldzustandskarte lassen sich eindeutig räumliche Schwerpunkte einer geminderten Waldvitalität erkennen (vgl. Abb. 23).

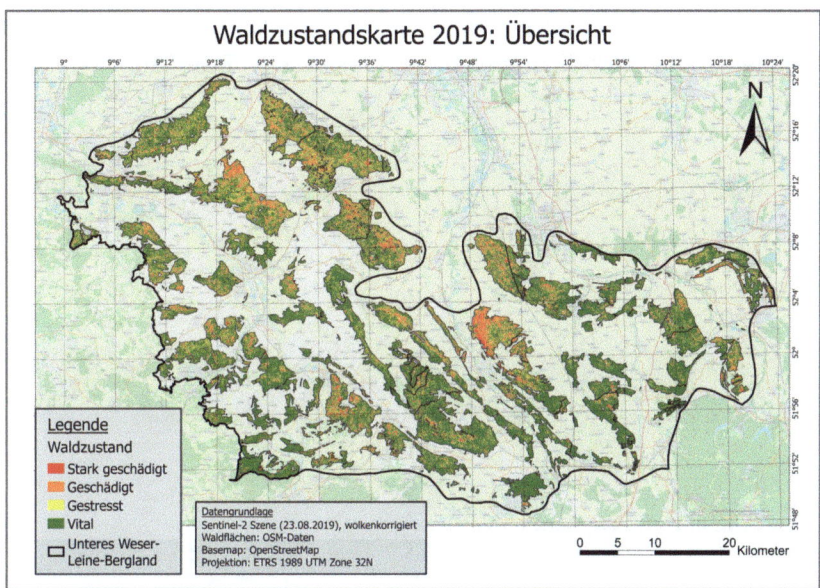

Abbildung 23: Waldzustandskarte des Unteren Weser-Leine-Berglandes 2019, eigene Darstellung.

Anhand von Abbildung 24 wird ersichtlich, dass ein großer Teil der Waldflächen des Untersuchungsgebietes im Jahre 2020 der Schadklasse *Vital* zugeordnet werden kann. 86,1 % der Laubwaldbestände befinden sich in einem *vitalen* Zustand. Im Kontrast dazu stehen die Nadelwälder, von denen 51,3 % als *vital* klassifiziert werden. Gegenüber dem Vorjahr 2019 ist die Vitalität der Nadelwälder weiter zurückgegangen, am deutlichsten zeigt sich ein Anstieg des Flächenanteils innerhalb der Schadklasse *Stark geschädigt*. Die starken

5 Ergebnisse

Waldschäden der Nadelwaldbestände sind von 4,1 % (2019) auf 11,4 % (2020) angestiegen. Es findet eine unterschiedliche Weiterentwicklung einzelner Schadflächen des Jahre 2019 statt: Überwiegend hat sich die Ausdehnung der *stark geschädigten* Flächen 2020 erweitert. Einige Flächen wiederum sind nicht mehr in einem *stark geschädigten* Zustand, sondern werden als *gestresst* oder *vital* klassifiziert.

Es ist jedoch auch festzuhalten, dass einige Baumbestände, die 2019 *gestresst* waren, im Jahr 2020 der Klasse *Stark geschädigt* zugeordnet sind. Innerhalb der Laubwälder ist der Anteil der *vitalen* Vegetation insgesamt deutlich angestiegen. Einige Waldgebiete können annähernd vollständig der Schadklasse *Vital* zugeordnet werden, wohingegen Andere deutliche Vitalitätseinschränkungen zeigen. Diese Flächen sind vielerorts umgeben von *gestressten* Bäumen.

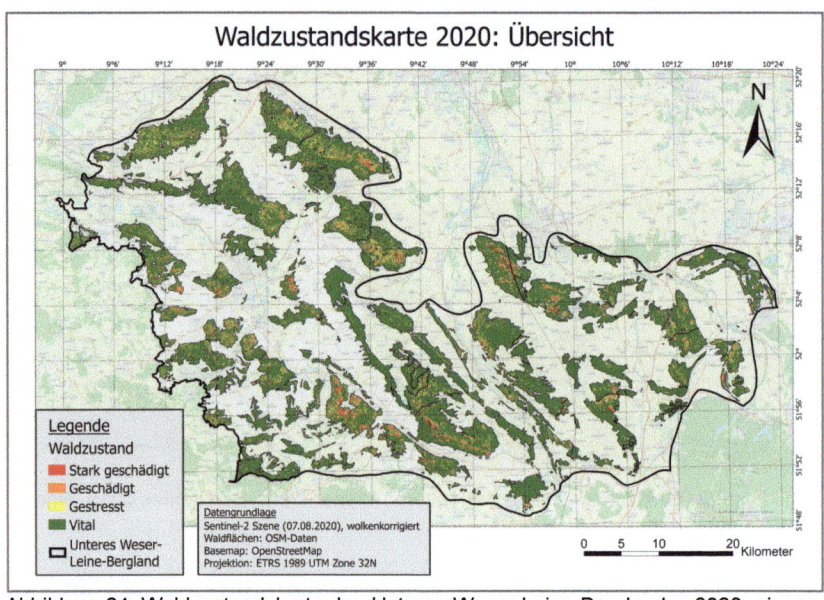

Abbildung 24: Waldzustandskarte des Unteren Weser-Leine-Berglandes 2020, eigene Darstellung.

Zwar lässt sich aufgrund der eingeschränkten Datenverfügbarkeit für das Jahr 2021 lediglich der östliche Bereich des Untersuchungsgebietes hinsichtlich des Waldzustandes beurteilen, dennoch ist ein Trend der Waldvitalität abzuleiten. Die Flächenanteile der Schadklassen *Geschädigt* und *Stark geschädigt* sind nahezu

5 Ergebnisse

identisch zum Vorjahr 2020 (vgl. Anhang 9), wie auch in Abbildung 25 zu sehen ist. Die Ausdehnung der starken Waldschäden variiert nur leicht zwischen den beiden Jahren. Waldbereiche, die der Schadklasse *Gestresst* zugeordnet sind, bilden in ihrer räumlichen Verteilung meistens keine zusammenhängenden Flächen aus. Der Anteil dieser Schadklasse ist im Mittelwert der beiden Waldtypen von 13,4 % (2020) auf 8,5 % (2021) gesunken. Demgegenüber ist der Anteil der Schadklasse *Vital* gestiegen. Außerdem zeigt sich, wie bereits für das Jahr 2020 festgestellt, innerhalb der Laub- und Nadelwaldflächen jeweils ein unterschiedlich hoher Anteil der *vitalen* Vegetation.

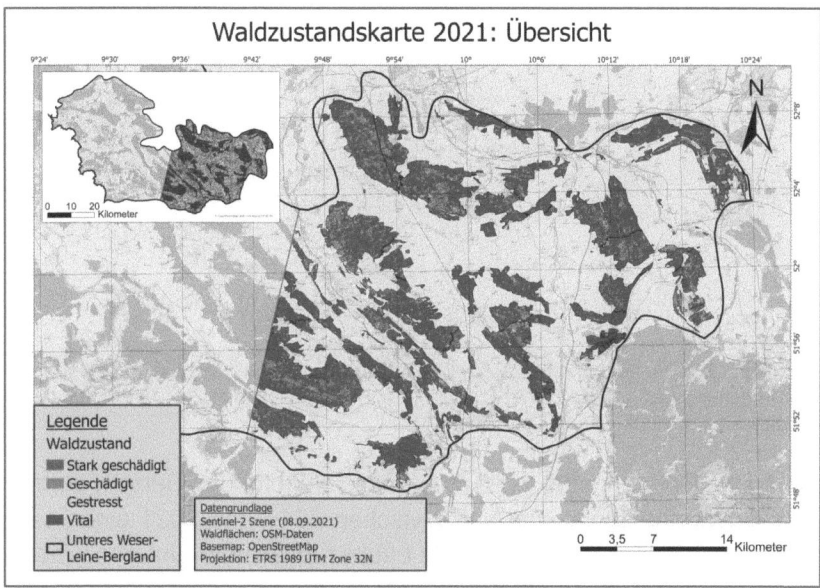

Abbildung 24 b Waldzustandskarte des Unteren Weser-Leine-Berglandes 2021

Da die Schadklassen der Waldzustandskarten für Laub- und Nadelwaldbestände separat gebildet wurden, lässt sich das Flächenmittel der Schadklasse einzeln für Laub- und Nadelwaldbestände im Verlauf des Untersuchungszeitraumes betrachten (vgl. Abb. 26). Zwischen 2017 und 2018 ist eine Abnahme des Flächenmittels der Schadklasse bei beiden Waldtypen festzustellen, es kam also zu einer Verminderung der Vitalität. Der Wert der Nadelwälder ist allerdings wesentlich stärker gefallen als der Wert der Laubwälder. Von 2018 auf 2019 ist der Durchschnittswert der Schadklasse der Nadelbäume konstant geblieben, während sich die Vitalität der Laubwälder deutlich verschlechtert hat, sodass beide Waldtypen 2019 einen sehr ähnlichen Wert aufwiesen. Nach 2019 ist das Flächenmittel der Schadklasse der Laubwälder wieder deutlich gestiegen, wohingegen die Nadelwälder bis 2020 eine weitere Abnahme dieses Wertes zeigten. Von 2020 auf 2021 kam es insgesamt im Flächenmittel zu einer leichten Zunahme der Vitalität.

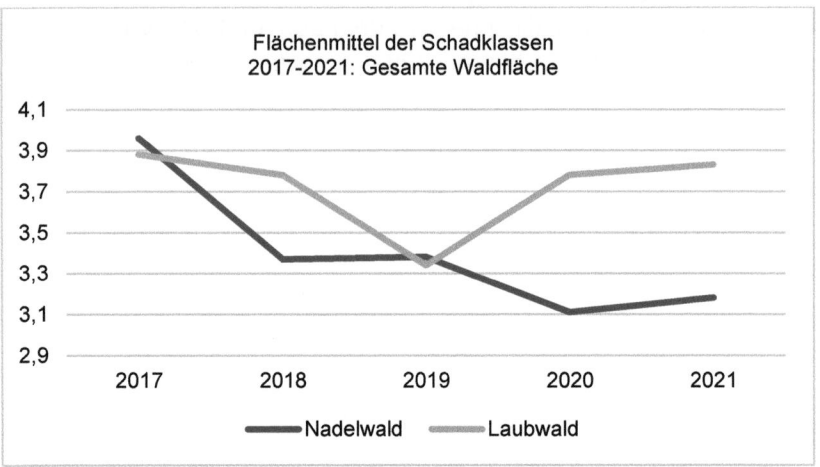

Abbildung 25: Flächenmittel der Schadklassen von Laub- und Nadelbaumbeständen im Untersuchungsgebiet von 2017 bis 2021 (1 = Stark geschädigt; 2 = Geschädigt; 3 = Gestresst; 4 = Vital), eigene Darstellung.

Das Flächenmittel der Schadklasse zeigt für den Bereich der reinen Buchenbestände der NLF zwischen 2017 und 2021 einen sehr ähnlichen Verlauf wie die gesamte Laubwaldfläche im Unteren Weser-Leine-Bergland. Nach einer zunächst leichten Abnahme fällt der Mittelwert zwischen 2018 und 2019 deutlich und erreicht das Minimum der Zeitreihe. Dieser Minimum-Wert ist niedriger als jener der gesamten Laubwaldfläche. Zwischen 2019 und 2020 kommt es dann wieder zu einem wesentlichen Anstieg des Durchschnittswertes der Schadklasse. Die Vitalität der reinen Buchenbestände hat sich zwischen 2020 und 2021 weiter leicht verbessert (vgl. Abb. 27).

5 Ergebnisse

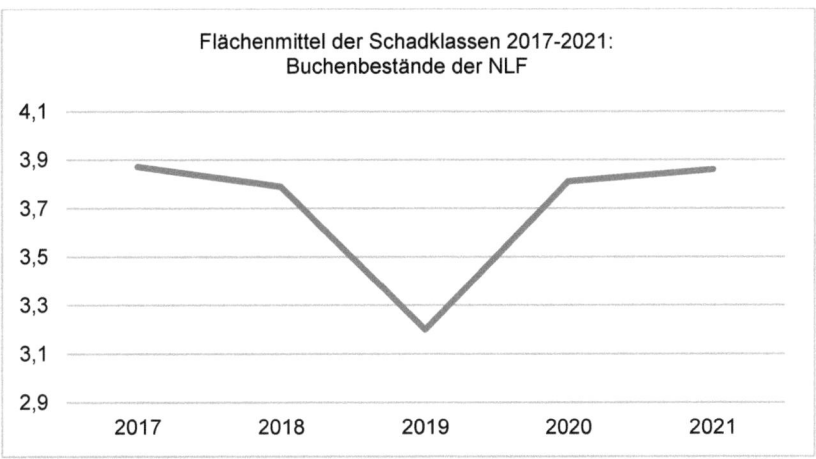

Abbildung 26: Flächenmittel der Schadklassen von Buchenbeständen auf den Flächen der Niedersächsischen Landesforsten von 2017 bis 2021, eigene Darstellung.

5.2.2 Beispielgebiet 1 (Bad Salzdetfurth)

Anhand des Waldgebietes westlich von Bad Salzdetfurth, kann der Waldzustand der einzelnen Jahre des Untersuchungszeitraumes lokal betrachtet werden. 2017 ist dieser Wald nahezu vollständig als *Vital* klassifiziert, es finden sich lediglich einzelne Pixel oder kleine Bereiche anderer Schadklassen. Im Jahre 2018 ist der Wald in einem schlechteren Vitalitätszustand als 2017, es treten besonders im Bereich des Nadelwaldes, der durch die schraffierte Signatur zu erkennen ist, die Schadklassen *Gestresst*, *Geschädigt* und *Stark geschädigt* auf. Im weiteren Verlauf des Untersuchungszeitraumes werden großflächig auch Laubwald-Bereiche als *gestresst* oder *geschädigt* klassifiziert, jedoch treten kaum *stark geschädigte* Flächen auf. Der Zustand des Nadelwaldes unterliegt im Beispielgebiet zwischen 2018 und 2019 keiner starken Veränderung. Im Gegensatz dazu hat sich der Waldzustand der Nadelwaldbestände zwischen 2019 und 2020 stark verschlechtert, die meisten Bereiche sind 2020 *geschädigt* oder *stark geschädigt*. Dahingegen ist der überwiegende Anteil des Laubwaldes *vital*. Das Auftreten von *gestressten* oder *geschädigten* Bereichen ist im Gegensatz zum Vorjahr deutlich reduziert. Als letztes Jahr des Untersuchungszeitraumes ist 2021 durch eine sehr ähnliche Ausprägung und räumliche Verteilung der Schadklassen innerhalb des

237

Beispielgebietes im Vergleich zum Vorjahr gekennzeichnet (vgl. Abb. 28).

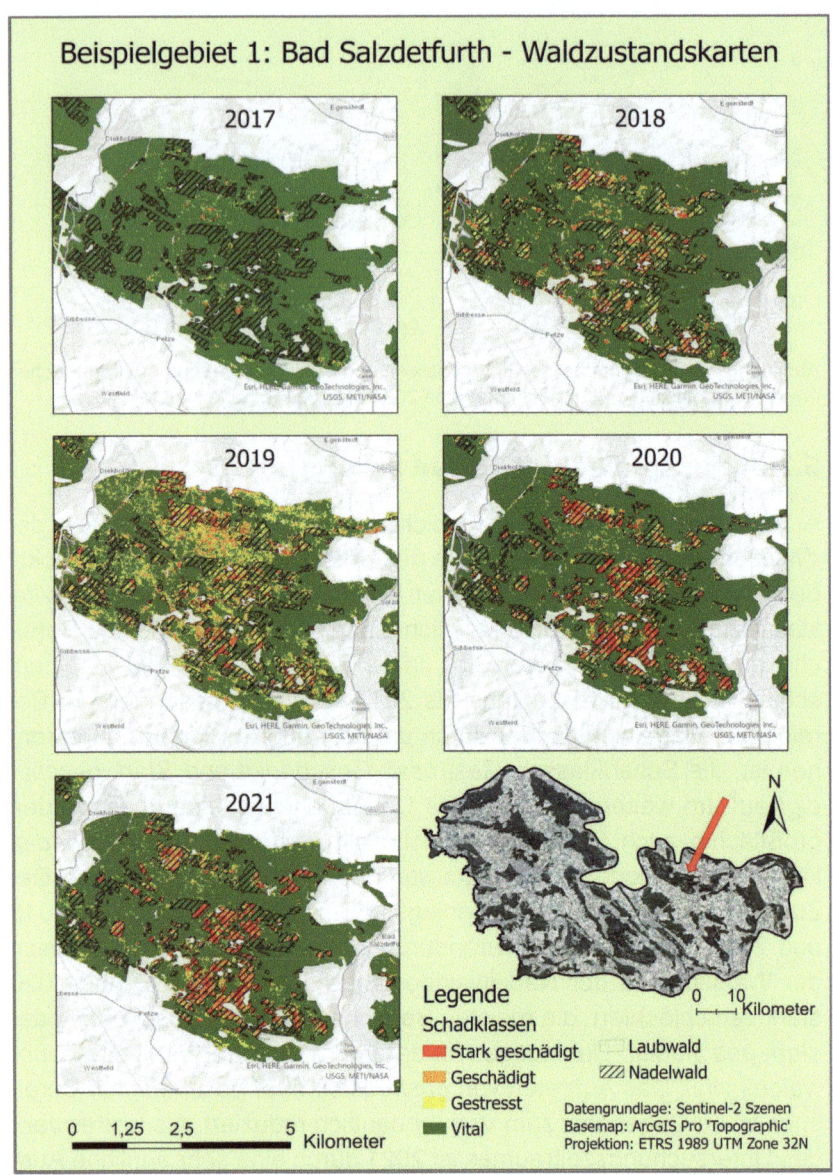

Abbildung 27: Darstellung des Waldzustandes von Beispielgebiet 1 (Bad Salzdetfurth) von 2017 bis 2021, eigene Darstellung.

5.2.3 Beispielgebiet 2 (Buchenbestände)

Die als weiteres Beispielgebiet dienenden Buchenbestände auf dem Höhenzug „Külf" werden 2017 überwiegend der Schadklasse *Vital* zugeordnet, obwohl auch Bereiche als *gestresst* und (*stark*) *geschädigt* klassifiziert werden (vgl. Abb. 29). 2018 verbesserte sich der Zustand leicht. Lediglich im Bereich des Waldrandes finden sich Pixel der Schadklassen *Gestresst* und *Geschädigt*. Ein deutlicher Kontrast des Waldzustandes wird im Vergleich von 2018 und 2019 deutlich. Der Waldzustand des Jahres 2019 kann großflächig als *Gestresst* bis *Geschädigt* charakterisiert werden. Im darauffolgenden Jahr 2020 sind die Buchenbestände größtenteils in einem *vitalen* Zustand. Jedoch zeigt sich, dass der Waldrand weiterhin *geschädigt* bis *stark geschädigt* ist. Dadurch, dass das Untere Weser-Leine-Bergland im Jahr 2021 zu einem geeigneten Zeitpunkt nicht vollständig von einem Sentinel-2 Satelliten erfasst wurde, können zum Waldzustand dieses Beispielgebietes keine Aussagen für das letzte Jahr des Untersuchungszeitraumes getätigt werden.

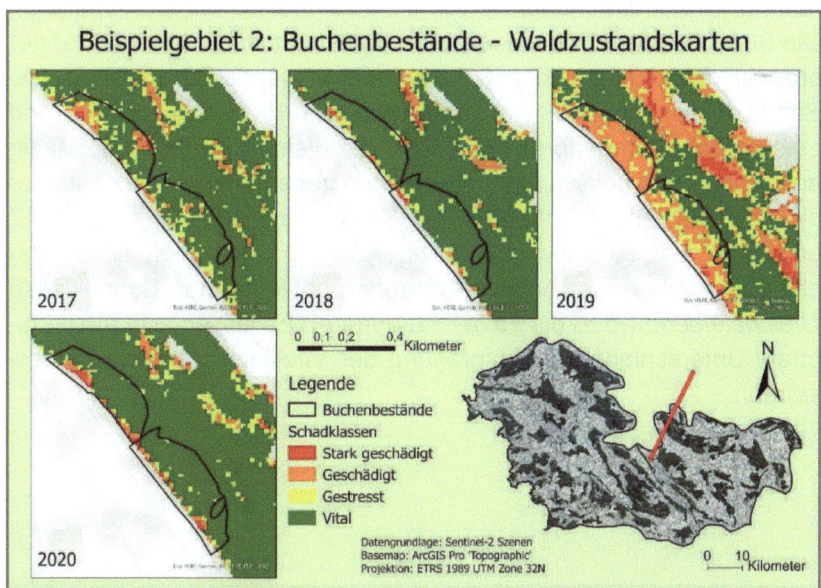

Abbildung 28: Darstellung des Waldzustandes von Beispielgebiet 2 (Buchenbestände) von 2017 bis 2020. Der im Rahmen der Datenvorprozessierung erstellte Puffer von -30 m an den Waldrändern sorgt dafür, dass keine Mischpixel mit der benachbarten Landnutzung entstehen, eigene Darstellung.

5.3 Vitalitätsveränderungskarten

Um die Veränderung der Waldvitalität innerhalb des Untersuchungszeitraumes zu charakterisieren, werden im Folgenden die Vitalitätsveränderungskarten, die jeweils auf der prozentualen Veränderung der drei Vegetationsindizes zwischen zwei Zeitpunkten basieren, dargestellt. Neben der Abbildung des gesamten Untersuchungsgebietes in drei Zeitabschnitten, wird die Dynamik der Waldvitalität ebenfalls anhand der Beispielgebiete verdeutlicht. Im Anhang befinden sich die hier erläuterten Schadkarten für das gesamte Untersuchungsgebiet im DIN A3 Format (vgl. Anhang 7).

5.3.1 Gesamtes Untersuchungsgebiet

Die Vitalitätsveränderungskarte, welche in Abbildung 30 dargestellt ist, bildet die Veränderungen der Vitalität zwischen 2017 und 2019 ab. Deutlich zu erkennen ist eine großflächige Vitalitätsabnahme der Waldgebiete im Untersuchungsgebiet. Der Grad der Vitalitätsabnahme variiert dabei zwischen 5 % bis zu über 50 % (vgl. Tabelle 5). Die Bereiche, die durch eine *starke Vitalitätsabnahme* (über 50 %) geprägt sind, bilden eher kleine, zusammenhängende Bereiche aus. Die Schadklassen *Mittlere Vitalitätsabnahme* (-15 % bis -50 %) und *Leichte Vitalitätsabnahme* (-5 % bis -15 %) sind dagegen großflächig ausgeprägt und betreffen annähernd den gesamten Waldbestand. Lediglich in kleinen Bereichen einiger Waldgebiete ist es zwischen 2017 und 2019 nicht zu einer Vitalitätsveränderung gekommen. Diese Flächen werden in der Vitalitätsveränderungskarte der Schadklasse *Gleichbleibend* (-5 % bis +5 %) zugeordnet. Es lassen sich also regionale Unterschiede der Ausprägung der Vitalitätsveränderungen erkennen.

5 Ergebnisse

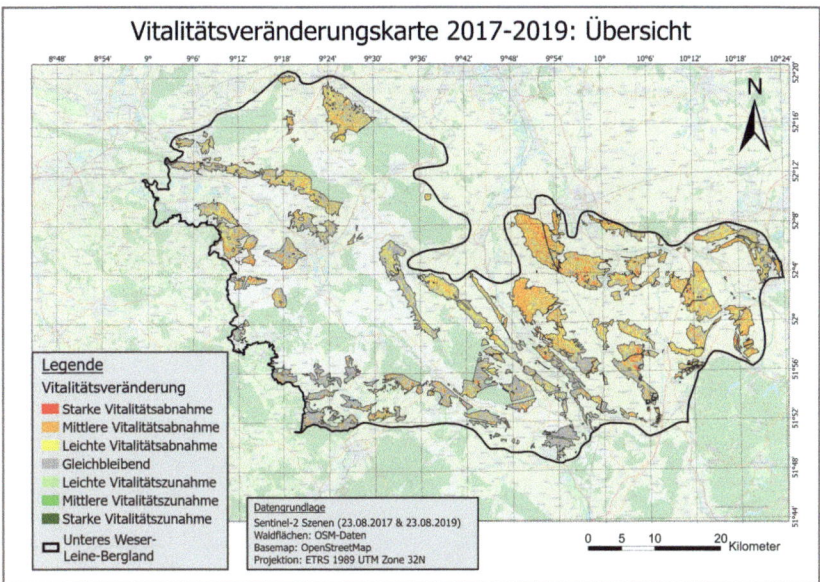

Abbildung 29: Vitalitätsveränderungen im Unteren Weser-Leine-Bergland zwischen 2017 und 2019, eigene Darstellung.

Die Vitalitätsveränderungskarte 2019-2021 zeigt deutlich einen umgekehrten Trend der Vitalitätsentwicklung. So ist auf einem Großteil der Waldflächen zwischen 2019 und 2021 eine Vitalitätszunahme festzustellen. Der Grad der Zunahme der Vitalität liegt auf dem überwiegenden Anteil der Fläche zwischen 5 % und 15 % (*leichte Vitalitätszunahme*) oder zwischen 15 % und 50 % (*mittlere Vitalitätszunahme*), einzelne, kleinräumige Bereiche weisen eine Vitalitätszunahme von über 50 % auf und gehören damit der Schadklasse *Starke Vitalitätszunahme* an. Im südwestlichen Bereich des Untersuchungsgebietes ist die Vitalität in diesem Zeitabschnitt größtenteils *gleichbleibend*. Neben der verbreiteten Vitalitätszunahme der Waldbäume, treten punktuell auch Flächen auf, die von einer *mittleren* bis *starken Vitalitätsabnahme* gekennzeichnet sind. Der geringste Flächenanteil ist der Schadklasse *Leichte Vitalitätsabnahme* zuzuweisen (vgl. Abb. 31).

241

5 Ergebnisse

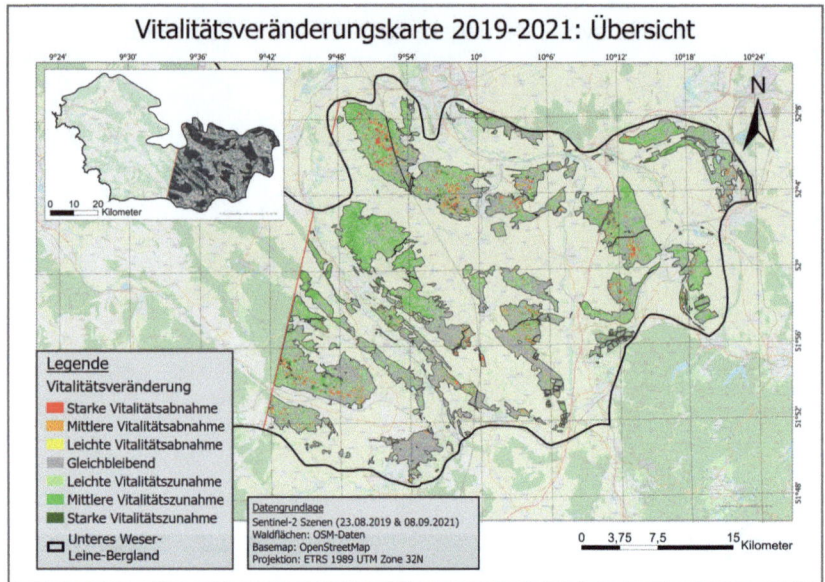

Abbildung 30: Vitalitätsveränderungen im östlichen Bereich des Unteren Weser-Leine-Berglandes zwischen 2019 und 2021, eigene Darstellung.

Auf Basis der Vitalitätsveränderungskarten ist es ebenfalls möglich, mittelfristige Veränderungen des Waldzustandes abzubilden. So kann anhand von Abbildung 32 die Entwicklung der Vitalität über den gesamten Untersuchungszeitraum beurteilt werden. Die Änderung der Waldvitalität zwischen 2017 und 2021 ist von deutlichen lokalen Unterschieden gekennzeichnet. Einige Bereiche zeigen über diesen Zeitraum insgesamt eine unveränderte Vitalität. Größtenteils ist jedoch eine Entwicklung festzustellen, die unterschiedlich stark ausgeprägt ist. Zwischen 2017 und 2021 sind auffallend viele Schadflächen entstanden, die durch eine *starke Vitalitätsabnahme* von über 50 % gekennzeichnet sind. Im Hildesheimer Wald, der sich im Norden des (Teil-)Untersuchungsgebietes befindet, ist eine Häufung der Flächen, die durch einen starken Rückgang der Vitalität geprägt sind, zu erkennen. Derartige Schadflächen sind meistens von Pixeln der Schadklasse *Mittlere Vitalitätsabnahme* umgeben. Des Weiteren sind großflächig Pixel vorhanden, die eine *leichte Vitalitätsabnahme* symbolisieren. Diese treten eher in einer räumlich diffusen Verteilung auf. Im südwestlichen Bereich des (Teil-) Untersuchungsgebietes finden sich einige Flächen, die zwischen 2017 und 2021 durch eine *geringe* bis *mittlere Zunahme* der Vitalität geprägt sind.

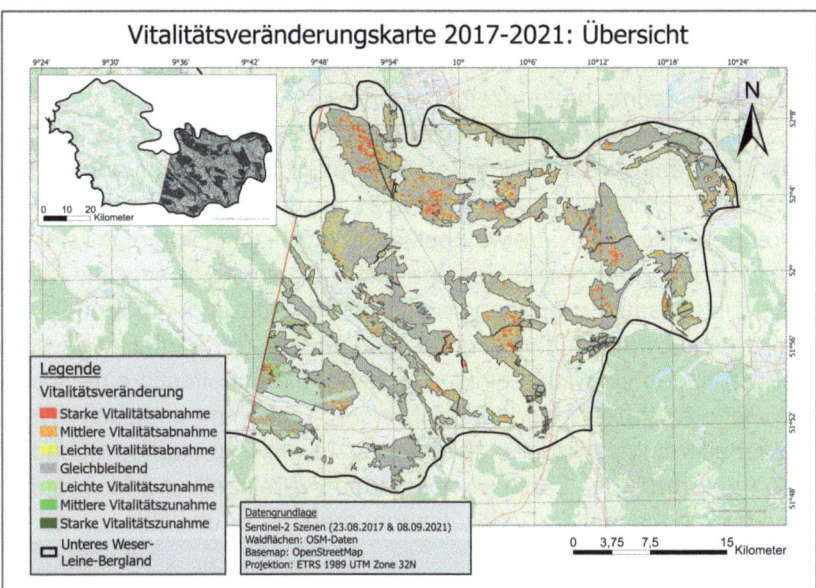

Abbildung 31: Vitalitätsveränderungen im Unteren Weser-Leine-Bergland zwischen 2017 und 2021, eigene Darstellung.

5.3.2 Beispielgebiet 1 (Bad Salzdetfurth)

Anhand des Beispielgebietes Bad Salzdetfurth werden die Vitalitätsveränderungen erneut auf lokaler Ebene deutlich gemacht (vgl. Abb. 33). Zwischen 2017 und 2019 kam es in diesem Gebiet insgesamt zu einer deutlichen Vitalitätsabnahme. Die Intensität der Verschlechterung des Waldzustandes ist dabei auch innerhalb des Beispielgebietes räumlich unterschiedlich ausgeprägt. Es lässt sich eindeutig ein Zusammenhang zwischen dem Waldtyp und dem Grad der Vitalitätsänderung erkennen. Nadelwaldflächen sind zumeist von einer *mittleren* bis *starken Vitalitätsabnahme* betroffen. Dahingegen ist ein Großteil der Laubwaldbestände den Schadklassen *Leichte* und *Mittlere Vitalitätsabnahme* zugeordnet.

Zwischen 2019 und 2021 ist es dann zu einer deutlichen Vitalitätszunahme innerhalb des Laubwaldes gekommen. Die Vitalität hat in diesem Zeitraum, je nach Standort, zwischen 5 % und 50 %

zugenommen. In einigen Bereichen verbesserte sich die Waldvitalität hingegen nicht, was durch das Auftreten der Schadklasse *Gleichbleibend* deutlich gemacht wird. Eine andere Entwicklung der Vitalität nahmen zwischen 2019 und 2021 die Nadelwaldflächen, die entweder durch eine *mittlere* bis *starke Vitalitätsabnahme* oder durch eine *starke Vitalitätszunahme* gekennzeichnet sind.

Die Auswirkungen der Trockenperiode von 2018 bis 2020 auf das Waldgebiet westlich von Bad Salzdetfurth lassen sich anhand der Vitalitätsveränderungskarte 2017-2021 abschätzen. So ist deutlich zu erkennen, dass die Nadelwaldbestände großflächig von einer *starken Vitalitätsabnahme* gekennzeichnet sind. Dahingegen sind die Laubwälder insgesamt von geringgradigeren Veränderungen betroffen. Ein Teil der Laubwaldflächen ist durch eine unveränderte Vitalität geprägt. Jedoch finden sich auch einige Bereiche, die mittelfristig eine *leichte* bis *mittlere Vitalitätsabnahme* aufweisen. Es kommt in diesem Waldgebiet allerdings zwischen 2017 und 2021 nicht zu starken Schadflächen innerhalb der Laubbaumbestände. Vereinzelt und kleinräumig sind leichte bis mittlere Vitalitätszunahmen der Laubwälder zu erkennen (vgl. Abb. 33).

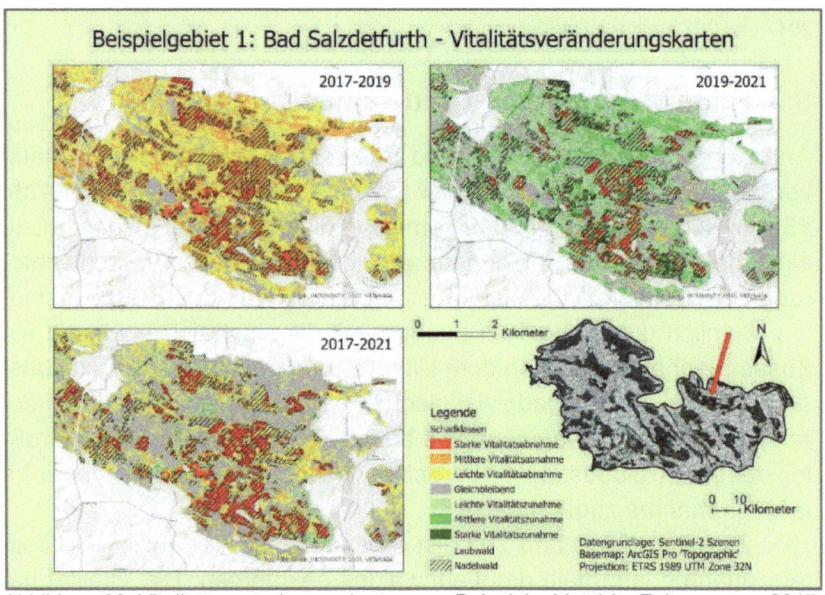

Abbildung 32: Vitalitätsveränderungskarten von Beispielgebiet 1 im Zeitraum von 2017 bis 2021, eigene Darstellung.

5.3.3 Beispielgebiet 2 (Buchenbestände)

Bedingt durch die fehlende Abdeckung dieses Gebietes von einer geeigneten Sentinel-2 Szene des Jahres 2021, werden die Vitalitätsveränderungen der Buchenbestände im Folgenden in den Zeitabschnitten 2018-2019, 2019-2020 sowie 2018-2020 dargestellt, sodass die Auswirkungen der Trockenperiode verdeutlicht werden kann (vgl. Abb. 34). Zwischen 2018 und 2019 kam es zu einer Verschlechterung der Waldvitalität von bis zu 50 %, was durch die Schadklassen *Leichte* und *Mittlere Vitalitätsabnahme* deutlich gemacht wird. Im Gegensatz dazu ist zwischen 2019 und 2020 eine Verbesserung des Vitalitätszustandes deutlich zu erkennen. Es finden sich jedoch am Waldrand des Beispielgebietes einige Pixel, die eine Vitalitätsabnahme anzeigen. So wird auch bei der Betrachtung der Vitalitätsveränderungskarte 2018-2020 deutlich, dass die Waldvitalität überwiegend als *Gleichbleibend* eingeordnet wird und es in Teilbereichen sogar zu einer Vitalitätszunahme kommt, sich am Waldrand jedoch eine dauerhafte Vitalitätsabnahme abzeichnet.

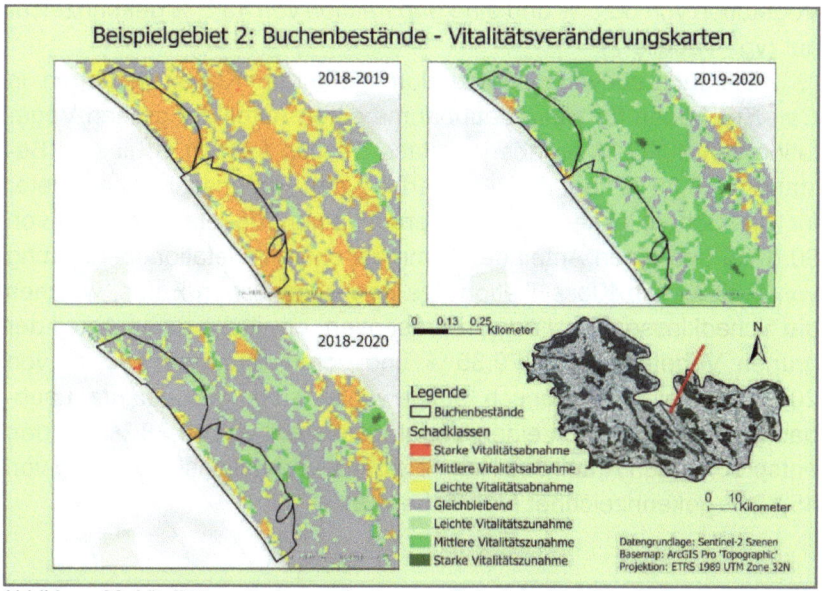

Abbildung 33: Vitalitätsveränderungskarten von Beispielgebiet 2 im Zeitraum von 2018 bis 2020, eigene Darstellung.

5.4 Ground Truthing

Im Rahmen von hemisphärischer Fotografie und einer anschließenden Auswertung des Kronenschlussgrades in *Can-Eye* wurde eine beispielhafte Überprüfung der Schadklassen des Waldzustandes durchgeführt. In Tabelle 7 und 8 werden die Ergebnisse der Klassifizierung des Kronenschlussgrades sowie der Aufnahmeort des jeweiligen hemisphärischen Fotos innerhalb der aktuellen Waldzustandskarte dargestellt.

Für Nadelwaldbestände ergab die Extraktion der Kronenschlussparameter der Schadklasse *Vital* einen Anteil der grünen Vegetation von 87,43 %, sodass die *gap fraction* 12,57 % beträgt. Die Klassifikation des hemisphärischen Fotos, welches die Schadklasse *Gestresst* repräsentiert, identifizierte einen Anteil der grünen Vegetation von 75,19 % und eine *gap fraction* von 24,81 %. Für *Geschädigte* Nadelbäume wurde ein Vegetationsanteil von 64,93 % klassifiziert, sodass der Anteil des Himmels ohne Vegetationsbedeckung 35,07 % beträgt. Die Schadklasse *Stark geschädigt* ist durch einen Anteil der grünen Vegetation von 56,5 % und eine *gap fraction* von 43,5 % gekennzeichnet (vgl. Tabelle 7).

Die für Laubwald analog durchgeführten Klassifizierungen in *Can-Eye* haben für *vitale* Laubbäume einen Anteil der grünen Vegetation von 90,32 % ergeben, sodass die *gap fraction* in diesem Bestand bei 9,68 % liegt. Die Auswertung der Kronenschlussparameter für die Schadklasse *Gestresst* ergab einen Vegetationsanteil von 90,07 % und einen Anteil des Himmels ohne Vegetationsbedeckung von 9,93 %. Die Klassifikation des hemisphärischen Fotos, welches die Schadklasse *Geschädigt* repräsentiert, ermittelte einen Anteil der grünen Vegetation von 79,35 % und somit eine *gap fraction* von 20,65 %. Der exemplarisch ausgewählte *stark geschädigte* Laubbaumbestand ist durch einen Vegetationsanteil von 54,28 % und den entsprechenden Anteil des Himmels ohne Vegetationsbedeckung von 45,72 % gekennzeichnet (vgl. Tabelle 8).

Tabelle 7: Ergebnisse der hemisphärischen Fotographie und der anschließenden gap fraction-Analyse für Nadelbaumbestände, eigene Darstellung.

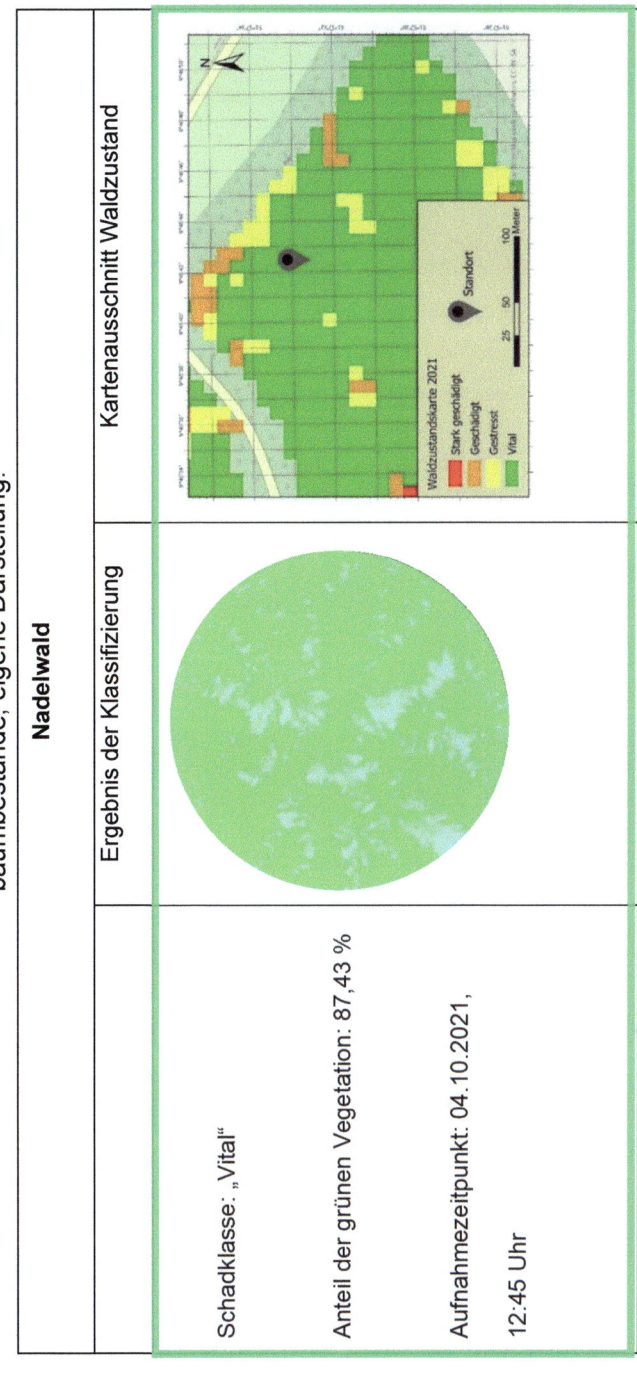

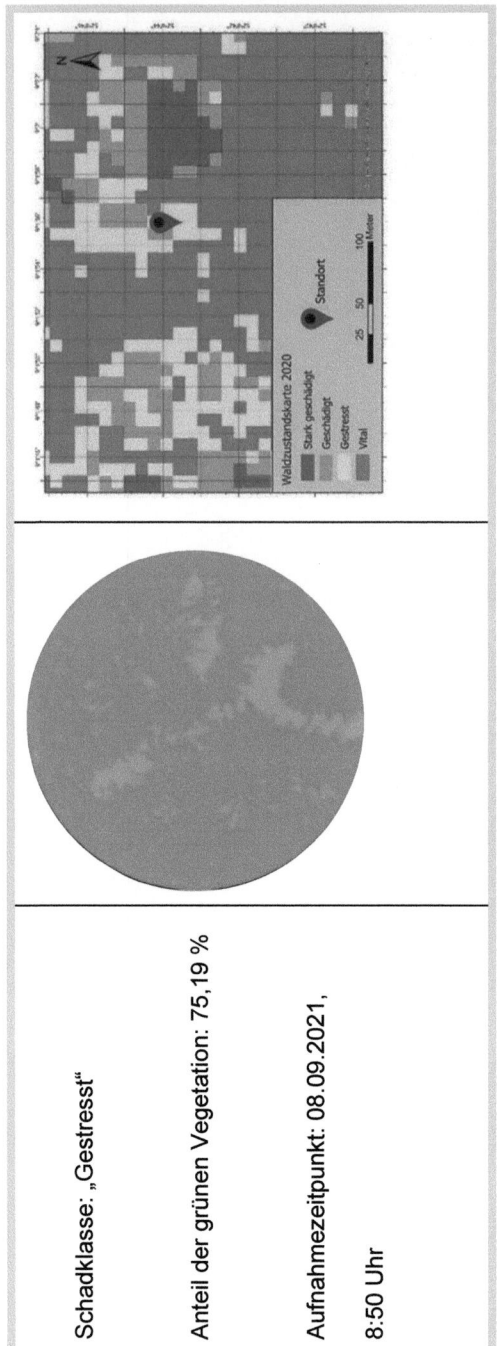

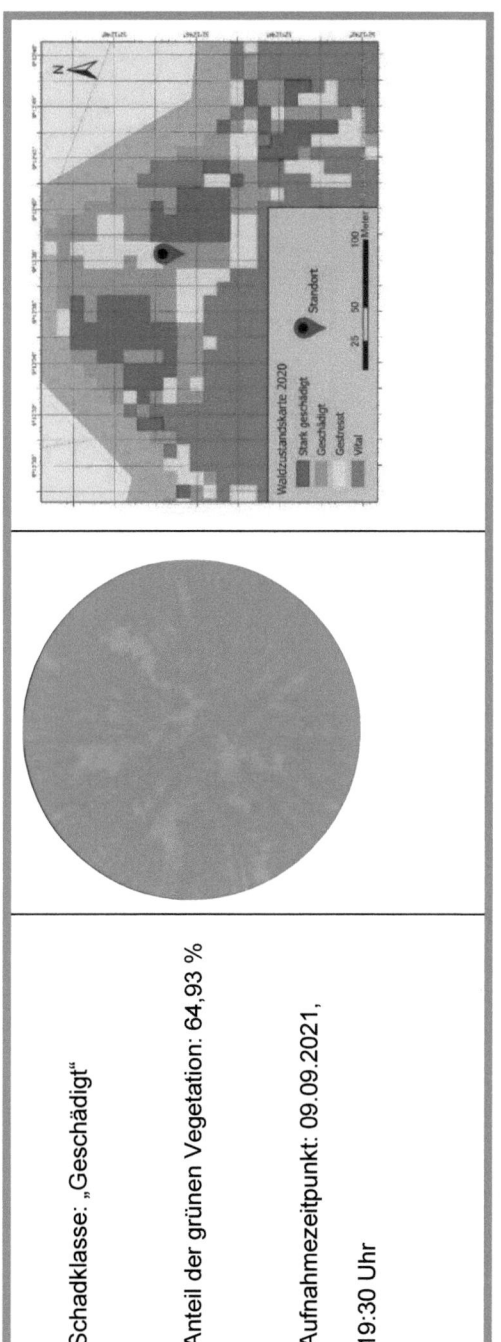

5 Ergebnisse

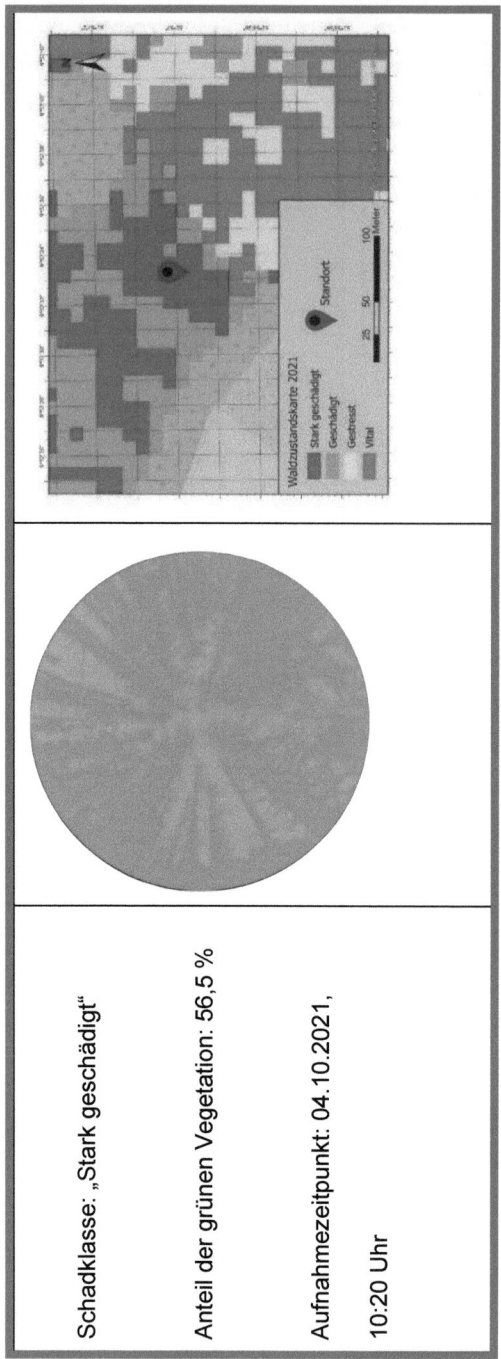

Schadklasse: „Stark geschädigt"

Anteil der grünen Vegetation: 56,5 %

Aufnahmezeitpunkt: 04.10.2021, 10:20 Uhr

5 Ergebnisse

Tabelle 8: Ergebnisse der hemisphärischen Fotographie und der anschließenden gap fraction-Analyse für Laubbaumbestände, eigene Darstellung.

Laubwald	
Kartenausschnitt Waldzustand	
Ergebnis der Klassifizierung	
Schadklasse: „Vital" Anteil der grünen Vegetation: 90,32 % Aufnahmezeitpunkt: 08.09.2021, 08:05 Uhr	

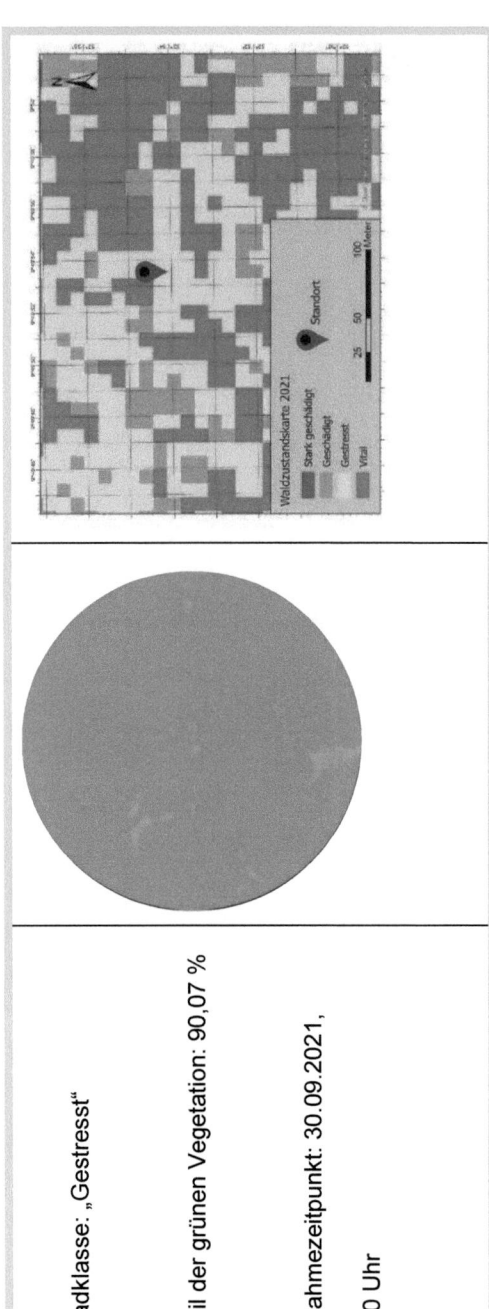

Schadklasse: „Gestresst"

Anteil der grünen Vegetation: 90,07 %

Aufnahmezeitpunkt: 30.09.2021, 11:40 Uhr

5 Ergebnisse

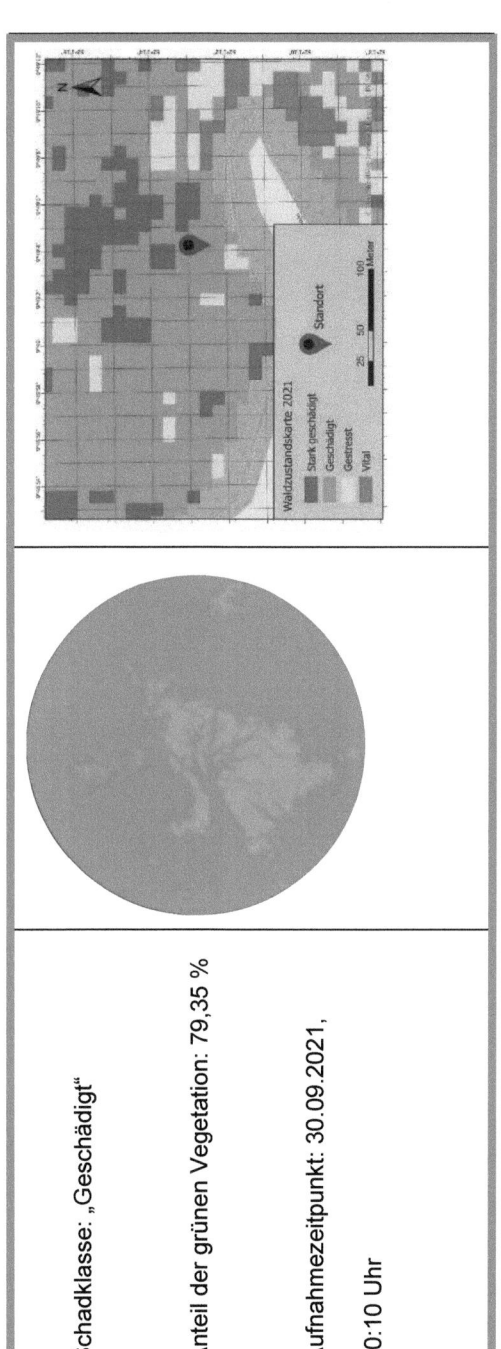

Schadklasse: „Geschädigt"

Anteil der grünen Vegetation: 79,35 %

Aufnahmezeitpunkt: 30.09.2021,

10:10 Uhr

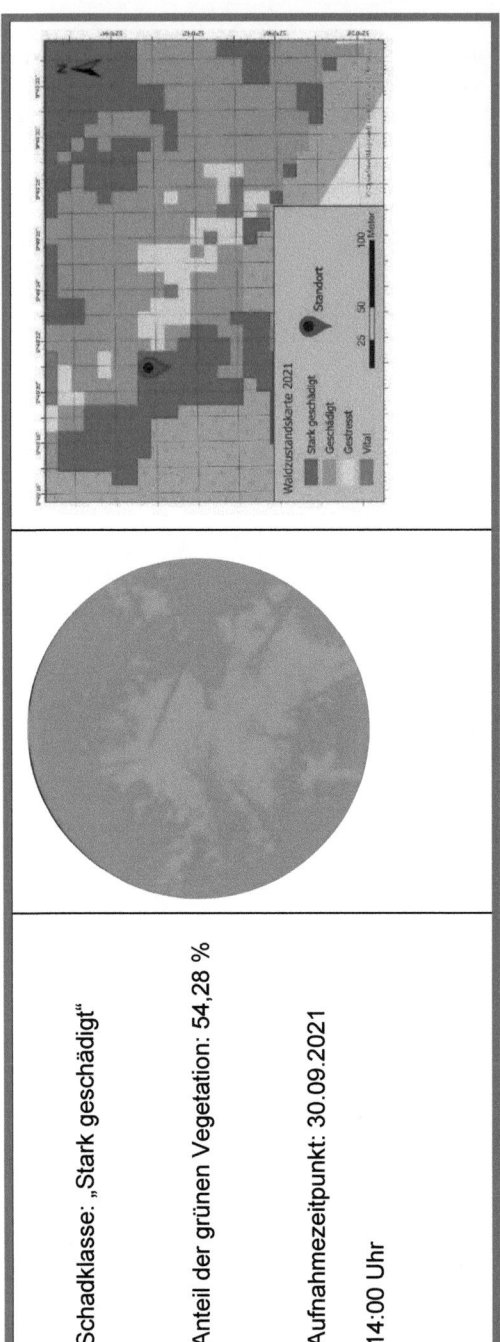

5.5 Statistische Datenanalyse

An dieser Stelle folgt die Darstellung der Ergebnisse, die im Rahmen der statistischen Datenanalyse ermittelt wurden. Zunächst werden die Ergebnisse der deskriptiven Statistik und der Varianzanalyse für die gesamte sich im Besitz der Niedersächsischen Landesforsten befindliche Waldfläche des Unteren Weser-Leine-Berglandes präsentiert. Anschließend werden die Ergebnisse der statistischen Analysen der Buchenbestände dargestellt.

5.5.1 Gesamte Waldfläche der NLF

Für die gesamte Waldfläche der NLF im Untersuchungsgebiet sind die erklärenden Variablen Waldtyp und Baumart untersucht worden. Zunächst sind die Lageparameter berechnet und mit Hilfe von Boxplots graphisch dargestellt worden, da so die Verteilungen der einzelnen Ausprägungen der Variablen visualisiert werden können. Beide Waldtypen, Laubwald und Nadelwald sind zwischen 2017 und 2019 durch eine negative Veränderung der Vitalität gekennzeichnet. Der Median der Vitalitätsveränderungen des Laubwaldes, welcher als durchgehender Strich in der Box eingezeichnet ist, beträgt -6,19 %. Der Median des Nadelwaldes liegt bei -10,61 %. Außerdem ist anhand von Abbildung 35 zu erkennen, dass die Streuung der Vitalitätsveränderung des Nadelwaldes deutlich größer als jene des Laubwaldes. Demnach sind Flächen, die mit Nadelwald bestockt sind, zwischen 2017 und 2019 durch eine stärker negative Veränderung der Vitalität geprägt.

5 Ergebnisse

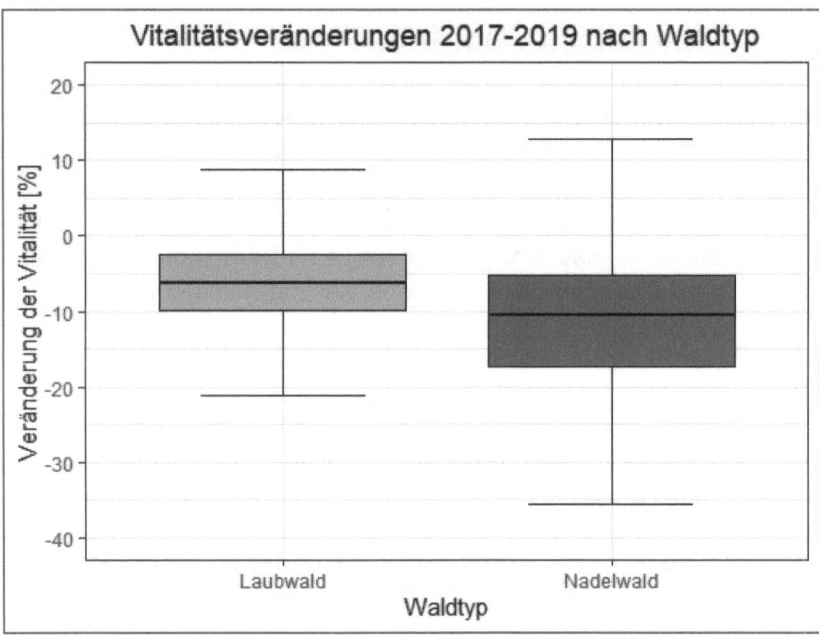

Abbildung 34: Verteilung der Vitalitätsveränderungen 2017-2019 innerhalb der Waldtypen Laubwald und Nadelwald, eigene Darstellung.

Der im Anschluss durchgeführte Kruskal-Wallis-Test, der die vorliegenden Unterschiede der Mittelwerte auf ihre Signifikanz überprüft, hat einen p-Wert von $< 2{,}2\mathrm{e}^{-16}$ ermittelt. Damit liegt der p-Wert unter dem Signifikanzniveau von $\alpha = 0{,}05$ und die Nullhypothese, dass die Mediane der Gruppen gleich sind, kann zurückgewiesen werden. Es liegen also statistisch signifikante Unterschiede zwischen den Medianen der beiden Waldtypen vor. Nadelwälder sind durch einen signifikant größeren Verlust der Vitalität geprägt als Laubwälder.

In Abbildung 36 werden die Vitalitätsveränderungen der Hauptbaumarten des Untersuchungsgebietes graphisch dargestellt. Es wird ersichtlich, dass der Median aller betrachteter Baumarten im negativen Bereich liegt. Die stärkste Vitalitätsabnahme wird mit einem Median von -10,94 % für die Fichten ermittelt. Diese Baumart ist ebenfalls durch die größte Spannweite der Vitalitätsveränderungen gekennzeichnet. Die geringste Vitalitätsabnahme wird mit einem Durchschnittswert von -5,24 % für Eichen gemessen. Buchen weisen im Beobachtungszeitraum eine Vitalitätsveränderung von durchschnittlich -

6,07 % auf. Die Vitalitätsveränderung des Bergahorns beträgt -8,4 %, der Douglasie -6,36 %, der Esche -8,02 % und der Kiefer -6,57 %.

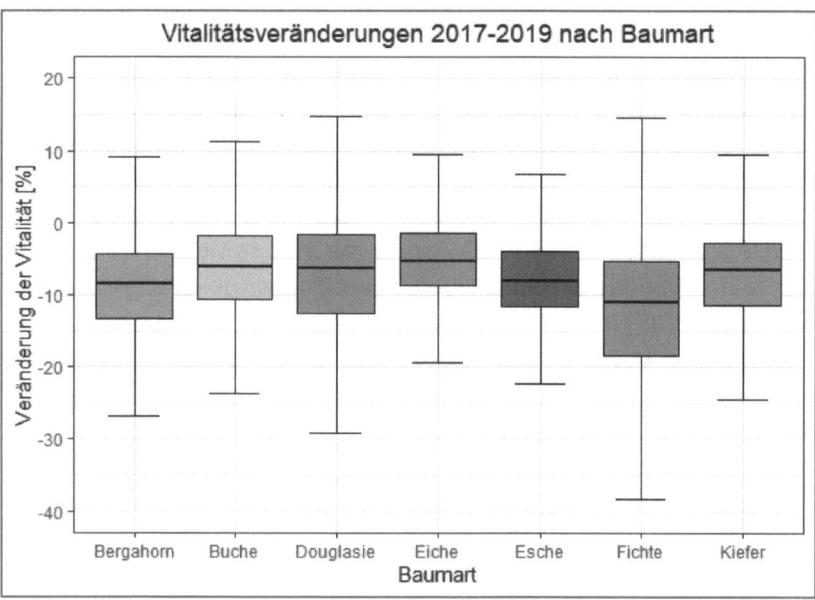

Abbildung 35: Verteilung der Vitalitätsveränderungen 2017-2019 innerhalb der Hauptbaumarten im Untersuchungsgebiet, eigene Darstellung.

Mit einem p-Wert von < $2,2e^{-16}$ zeigt der Kruskal-Wallis-Test, dass zwischen mindestens zwei Baumarten statistisch signifikante Unterschiede hinsichtlich der Vitalitätsveränderungen bestehen. Der anschließend durchgeführte Post-hoc-Dunn-Test ermöglicht durch paarweise Mittelwertvergleiche die Aussage, dass sich alle Baumarten signifikant voneinander unterscheiden, mit der einzigen Ausnahme, dass sich die Mediane von Douglasien und Eschen nicht signifikant unterscheiden.

5.5.2 Buchenbestände

Wie bereits erwähnt, liegt für die Buchen der Mittelwert der Vitalitätsveränderung von 2017 bis 2019 bei -6,07 %. Im Folgenden werden die Ergebnisse der weiterführenden statistischen Datenanalyse der Buchenbestände dargestellt, sodass der Einfluss verschiedener

5 Ergebnisse

Standortfaktoren auf die Vitalitätsveränderungen genauer bestimmt werden kann.

Altersklassen

Zunächst wird außerdem analysiert, inwiefern sich die Vitalität innerhalb der verschiedenen Altersklassen ändert. Dafür wurden die Lagemaße berechnet und in Abbildung 37 als Boxplot dargestellt. Die stärkste Vitalitätsverschlechterung ist für die Altersklasse XI (200 Jahre und älter) mit einem Median von -9,57 % ermittelt worden, während Altersklasse X (180-199 Jahre) mit einem Median von -3,8 % durch die geringste Vitalitätsverschlechterung gekennzeichnet ist. Auffällig ist außerdem, dass sehr junge Buchen im Alter bis 19 Jahre (Altersklasse I) die größte Spannweite der Vitalitätsveränderungen aufweisen und auch der Interquartilsabstand in dieser Altersklasse am größten ist (vgl. Anhang 8.2).

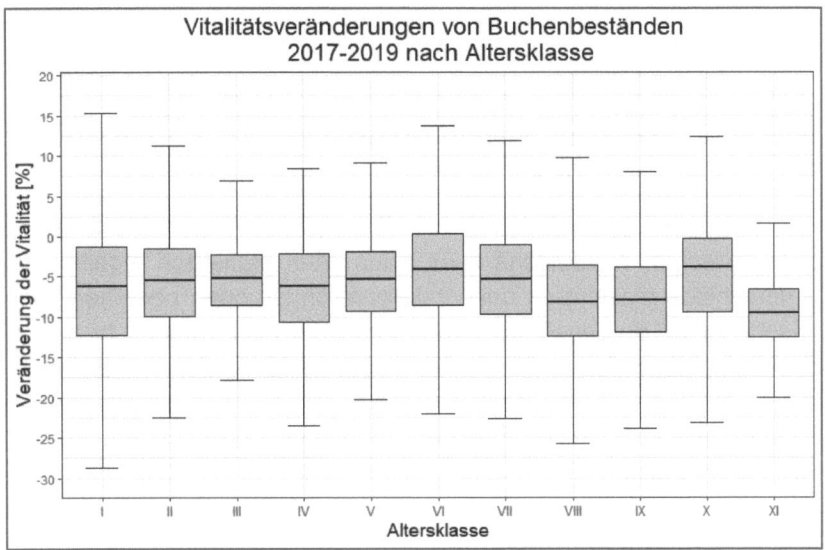

Abbildung 36: Vitalitätsveränderungen der einzelnen Altersklassen von Buchenbeständen, eigene Darstellung.

Die Überprüfung, ob ein statistischer Zusammenhang zwischen der Altersklasse und der Vitalitätsveränderung von Buchenbeständen besteht, wurde mit dem Rangkorrelationskoeffizienten nach Spearman untersucht, da die Variable Altersklasse ordinal skaliert ist und deswegen die Voraussetzungen für die Produkt-Moment-Korrelation nach Pearson nicht erfüllt sind. Der ermittelte p-Wert von < 2,2e^{-16} gibt an, dass der Korrelationstest statistisch signifikant ist. Es liegt eine schwache negative Korrelation von rho = -0,09 vor. Eine höhere Altersklasse geht somit mit einer signifikant niedrigeren Vitalität einher.

Exposition

Inwiefern sich die Neigungsrichtung (Exposition) von Buchenwald-Flächen auf die Vitalität auswirkt, zeigt sich durch die Darstellung der Verteilung der verschiedenen Neigungsrichtungen in Abbildung 38. Mit einem Durchschnittswert von -7,47 % sind nach Südwesten ausgerichtete Flächen von der Veränderung der Vitalität zwischen 2017 und 2019 am stärksten betroffen. Die zweitstärkste Vitalitätsverschlechterung mit einem Wert von -6,85 % wird für Flächen mit einer Süd-Ausrichtung ermittelt. Im Gegensatz dazu sind nach Osten exponierte Flächen durch eine Vitalitätsverschlechterung von -5,18 % geprägt, was den geringsten Wert aller Ausprägungen der Exposition darstellt. Im Anhang 8.2 finden sich zusätzlich die Lagemaße der anderen Ausprägungen der Exposition.

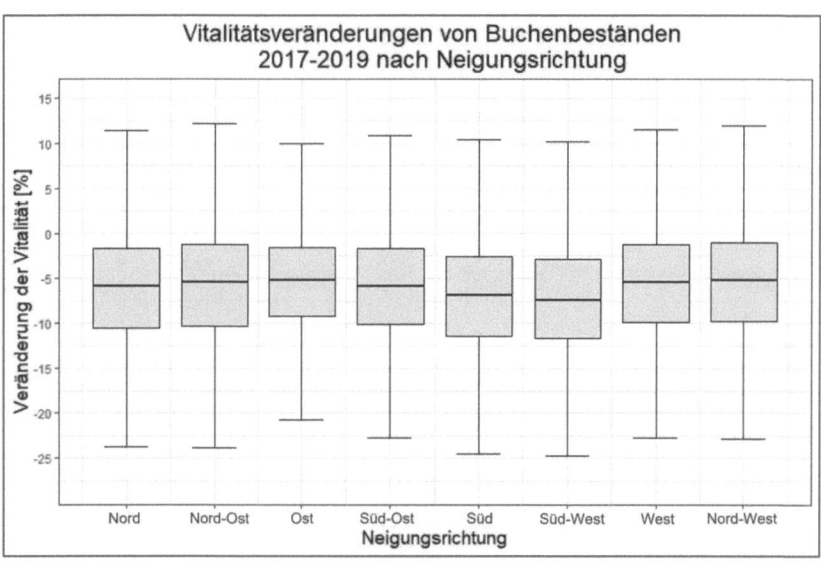

Abbildung 37: Verteilung der Vitalitätsveränderungen von Buchenbeständen nach Neigungsrichtung, eigene Darstellung.

5 Ergebnisse

Der anschließend durchgeführte Kruskal-Wallis-Test ermittelte einen p-Wert von < $2{,}2e^{-16}$, welcher unter dem Signifikanzniveau von α = 0,05 liegt und somit mit einer Irrtumswahrscheinlichkeit von 5 % ausgesagt werden kann, dass sich die Mediane der verschiedenen Ausprägungen der Exposition signifikant voneinander unterscheiden. Auf Basis des Dunn-Tests kann zusätzlich gesagt werden, dass sich die Gruppe West nicht signifikant von den Gruppen Nord-West, Nord-Ost und Ost unterscheidet.

Nährstoff

Wie Abbildung 39 veranschaulicht, hat eine unterschiedliche Nährstoffversorgung des Bodens Einfluss auf die Veränderung der Vitalität zwischen den Jahren 2017 und 2019. Waldflächen mit einer schwachen Nährstoffversorgung (Nährstoffzahl 2), sind im Mittel durch einen Vitalitätsverlust von 14,07 % gekennzeichnet. Dahingegen beläuft sich der Verlust der Vitalität von Flächen mit einer mäßigen Nährstoffversorgung (Nährstoffzahl 3), auf durchschnittlich 1,6 %, was dem geringsten Vitalitätsverlust aller Ausprägungen der Nährstoffzahlen entspricht.

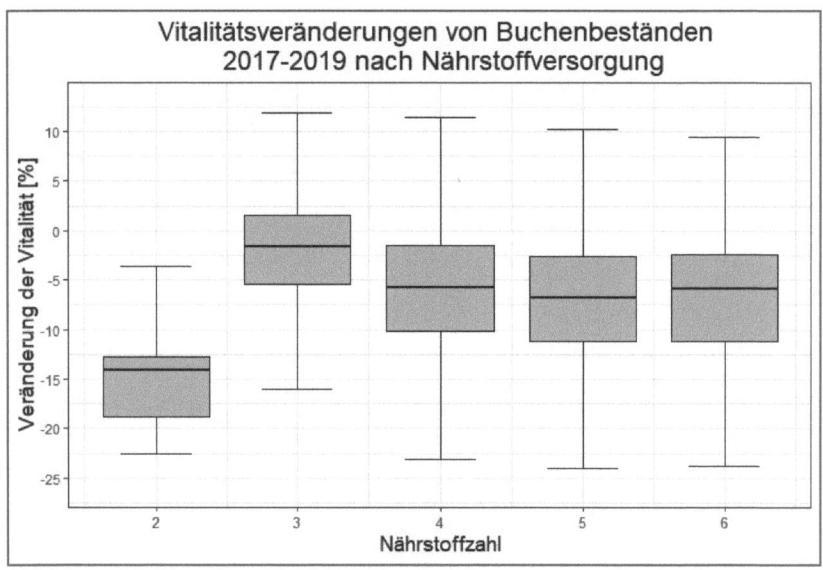

Abbildung 38: Verteilung der Vitalitätsveränderungen von Buchenbeständen nach Nährstoffversorgung, eigene Darstellung.

Diese Unterschiede der Vitalitätsveränderungen sind statistisch signifikant, wie der Kruskal-Wallis-Test mit einem p-Wert von $< 2{,}2e^{-16}$ beweist. Daraufhin kann mit einer Wahrscheinlichkeit von 95 % die Nullhypothese abgelehnt werden. Darüber hinaus zeigt der post-hoc-Dunn-Test, dass sich die Nährstoffklasse 2 statistisch signifikant von allen anderen Klassen unterscheidet. Außerdem unterscheiden sich die Nährstoffklassen 3 und 4, 4 und 5 sowie 3 und 6 statistisch signifikant voneinander.

Des Weiteren wurde anhand des Rangkorrelationskoeffizienten nach Spearman überprüft, ob ein statistisch signifikanter Zusammenhang zwischen der Nährstoffversorgung des Bodens und der Vitalitätsveränderung besteht. Der errechnete p-Wert von $< 2{,}2e^{-16}$ verdeutlicht, dass für den Korrelationstest eine hohe Signifikanz vorliegt. Es liegt eine mittlere negative Korrelation von $rho = -0{,}14$ vor. Demnach geht eine höhere Nährstoffzahl, also eine bessere Nährstoffversorgung des Bodens, mit einer geringeren Vitalität einher.

Bodenfeuchte und Geländeform

Auch Bodenfeuchte und Geländeform, die durch die Wasserhaushaltszahl beschrieben werden, beeinflussen die Ausprägung der Vitalitätsveränderungen, wie in Abbildung 40 ersichtlich wird. Es liegen statistisch signifikante Unterschiede zwischen mindestens zwei Mittelwerten der Wasserhaushaltszahlen vor, wie der Kruskal-Wallis-Test mit einen p-Wert von $< 2{,}2e^{-16}$ bewiesen hat.

Die beiden Ausprägungen der Wasserhaushaltszahl 28 und 27 sind mit Durchschnittswerten von -12,96 % und -12,95 % durch den stärksten Rückgang der Vitalität zwischen 2017 und 2019 gekennzeichnet. Dabei handelt es sich um *mäßig frische bis mäßig trockene, steile bis schroffe Hangstandorte* (Wasserhaushaltszahl 28) sowie *mäßig trockene und trockene Standorte der schmalen Rücken, Rippen, Kämme, Kuppen, Oberhänge und Plateauränder* (Wasserhaushaltszahl 27) (vgl. NFP 2007). Auch innerhalb der Flächen mit der Wasserhaushaltszahl 29, welche *trockene, steile bis schroffe Hangstandorte* repräsentiert, ist ein starker Rückgang der Vitalität mit einem Median von -12,55 % zu beobachten. Die genannten Wasserhaushaltszahlen 27-29, unterscheiden sich statistisch nicht signifikant voneinander, wie anhand des Post-hoc-Dunn-Tests errechnet wurde.

5 Ergebnisse

Im Vergleich dazu lassen sich für Flächen der Wasserhaushaltszahlen 15 und 10 die geringsten Verschlechterungen der Vitalität zwischen 2017 und 2019 erkennen. Flächen der Wasserhaushaltszahl 15 sind *staunasse Standorte der Ebenen und flachen Hänge mit ganzjährig hoch reichender Staunässe oder hohen Niederschlägen und geringer Verdunstung* und sind zwischen 2017 und 2019 von einem durchschnittlichen Vitalitätsverlust von -2,48 % gekennzeichnet. Flächen mit einer Wasserhaushaltszahl 10 (*mäßig frische bis kaum frische Standorte der Ebenen, sehr flachen Hänge, breiten Rücken und Plateaus mit bis zu 5 % (3°) Hangneigung*) zeigen einen Mittelwert der Vitalitätsveränderungen von -2,49 %. Anhand von Abbildung 40 lässt sich ebenfalls feststellen, dass Flächen der Wasserhaushaltszahl 10 einem großen Interquartilsabstand der Vitalitätsveränderungen unterliegen. Auch diese beiden Wasserhaushaltszahlen unterscheiden sich statistisch nicht signifikant voneinander, wie der Dunn-Test ergeben hat.

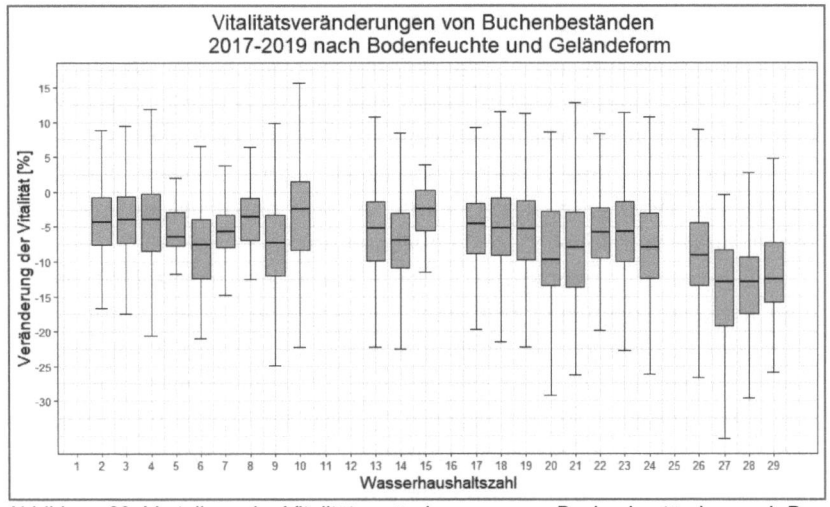

Abbildung 39: Verteilung der Vitalitätsveränderungen von Buchenbeständen nach Bodenfeuchte und Geländeform, eigene Darstellung.

Bodenart und Lagerungsverhältnis

Ein weiterer Parameter, dessen Einfluss auf die Verteilung der Vitalitätsveränderungen von Buchenbeständen untersucht wurde, ist die Substratzahl, in der Informationen zu Bodenart und

5 Ergebnisse

Lagerungsverhältnis verschlüsselt sind (vgl. Abb. 41). Die stärkste Verschlechterung der Vitalität ist mit einem Median von -14,07 % für die Substratzahl 1.1 gemessen worden. Dabei handelt es sich um *Böden mit geringstem Feinbodenanteil: im Wesentlichen felsige, blockreiche Standorte*. Ebenfalls sehr stark negative Vitalitätsveränderungen konnten für Standorte mit der Substratzahl 4.1 ermittelt werden. Für diese *steinigen, feinbodenarmen Böden* kam es im Untersuchungsgebiet zwischen 2017 und 2019 durchschnittlich zu einer Abnahme der Waldvitalität um 12,7 %.

Sehr deutliche Unterschiede zeigen sich im Vergleich zu zwei Substratzahlen, auf deren Standorten es in dem Zeitraum zu einer geringfügigen Zunahme der Vitalität von 0,76 % (6.1) bzw. 0,71 % (2.1) gekommen ist. Unter Standorten mit der Substratzahl 6.1 verstehen sich nach dem Bergland Rahmenschema (NFP 2007) *sehr skelettreiche Silikatgesteinsverwitterungsböden*, die Substratzahl 2.1 charakterisiert *stark sandige, anlehmige bis sehr schwach verlehmte, oft grobkörnige Böden*.

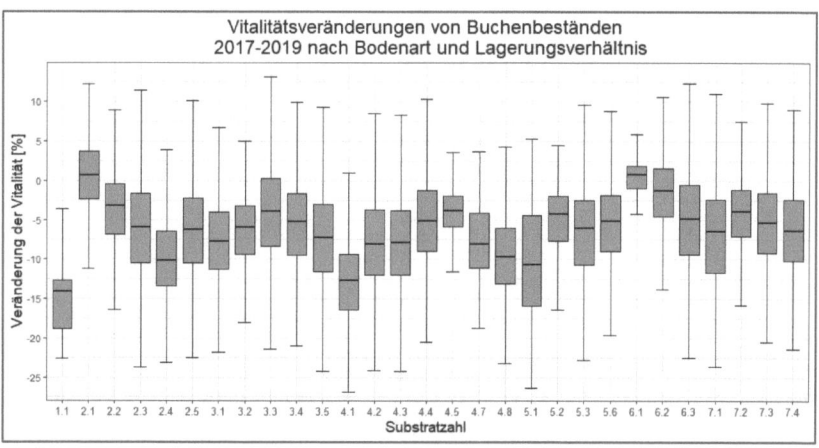

Abbildung 40: Verteilung der Vitalitätsveränderungen von Buchenbeständen nach Bodenart und Lagerungsverhältnis, eigene Darstellung.

Der für diesen Parameter durchgeführte Kruskal-Wallis-Test hat einen p-Wert von $< 2,2e^{-16}$ ergeben, sodass die Nullhypothese abgelehnt wird. Es bestehen mit einer Irrtumswahrscheinlichkeit von 5 % statistisch signifikante Unterschiede zwischen den Medianen der verschiedenen Ausprägungen der Substratzahl.

Hangneigung

Aufgrund der Ausprägung der Hangneigung als intervallskalierte Variable, konnte für diesen Standortfaktor eine Korrelationsanalyse nach Pearson durchgeführt werden, um zu überprüfen, inwiefern ein statistischer Zusammenhang zwischen der Hangneigung und der Vitalitätsveränderung besteht. Der ermittelte p-Wert von < $2,2e^{-16}$ gibt an, dass der Korrelationstest statistisch signifikant ist. Es liegt eine mittlere negative Korrelation von r = -0,15 vor. Eine stärkere Hangneigung geht somit mit einer signifikant niedrigeren Vitalität einher. In Abbildung 42 wird dieser Zusammenhang anhand einer Stichprobe (n=1000) aus der Grundgesamtheit graphisch als Streudiagramm dargestellt, sodass der lineare Zusammenhang zu erkennen ist.

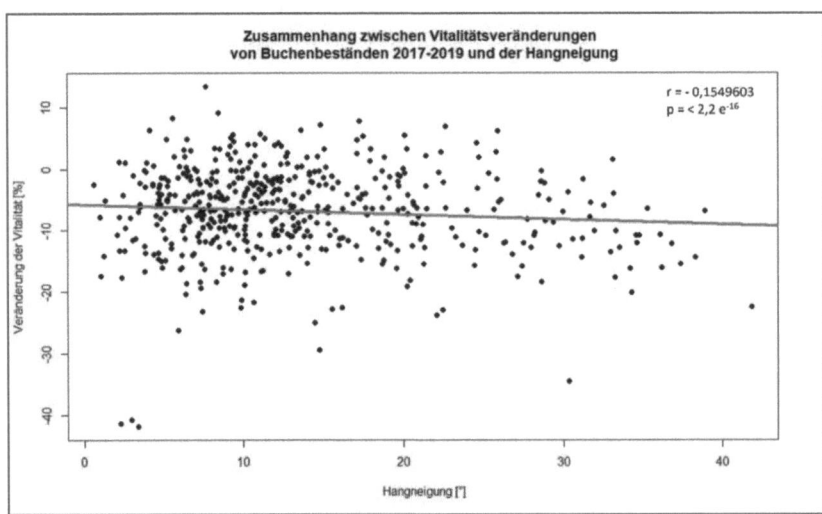

Abbildung 41: Statistischer Zusammenhang zwischen der Vitalitätsveränderung von Buchenbeständen zwischen 2017 und 2019 und der Hangneigung, eigene Darstellung.

Regressionsanalyse

In das Modell der multiplen, linearen Regressionsanalyse wurden die Variablen Hangneigung, Baumaltersklasse und Nährstoffversorgung einbezogen. In der untenstehenden Tabelle 9 lässt sich erkennen, dass alle Koeffizienten der Variablen mit einem p-Wert von < 0.01 hoch signifikant sind. Eine Erhöhung der Variable Hangneigung um eine Einheit führt zu einer Veränderung der Vitalität um -0,121 %. Die

5 Ergebnisse

Standardabweichung beträgt 0,004. Dabei ist zu beachten, dass die Hangneigung für die Regressionsanalyse in 5 Klassen eingeteilt worden ist (vgl. Anhang 3). Bei einer Erhöhung der Variable Baumaltersklasse um eine Einheit, kommt es zu einer Veränderung der Vitalität um -0,005 %. Die Standardabweichung beträgt 0,001. Wenn die Variable Nährstoffversorgung um eine Einheit erhöht wird, sinkt die Vitalität um -0,147 %. Die Standardabweichung beträgt 0,004. Der Effekt der unabhängigen Einflussgröße Nährstoffversorgung wird nach diesem Modell also als stärkster Einfluss auf die Zielvariable Vitalität betrachtet.

Es ist jedoch hervorzuheben, dass das Bestimmtheitsmaß R^2 mit 0,031 sehr gering ist. Die verwendeten Variablen erklären also lediglich 3,1 % der Varianz der Vitalitätsveränderungen zwischen 2017 und 2019. Es existieren also weitere Variablen, die die Waldvitalität beeinflussen, in diesem Modell aber nicht berücksichtigt sind.

Tabelle 9: Ergebnis der Regressionsanalyse, eigene Darstellung.

Regressionsmodell	
	Abhängige Variable: Vitalitätsveränderung 2017-2019 [%]
Hangneigung	- 0,121 p-Wert: < 0.01 Standardabweichung: 0,004
Altersklasse	- 0,005 p-Wert: < 0.01 Standardabweichung: 0,001
Nährstoffversorgung	- 0,147 p-Wert: < 0.01 Standardabweichung: 0,004
Beobachtungen	104.308
Adjustiertes Bestimmtheitsmaß R^2	**0,031**

6 Diskussion – Fallstudie II

Inwiefern sich der in dieser Arbeit vorgestellte Ansatz zur Erstellung von Wald-Schadkarten dazu eignet, großflächige, flächendeckende und quantifizierbare Informationen zur Waldvitalität bereitzustellen, soll im folgenden Kapitel anhand der eingangs formulierten Forschungsfrage diskutiert werden. Es wird außerdem die Waldvitalität des Unteren Weser-Leine-Berglandes genauer betrachtet, bevor dann die Vitalitätsveränderungen der Buchenbestände thematisiert und abschließend Implikationen für die Praxis genannt werden.

6.1 Ermittlung der Waldvitalität auf Basis von Sentinel-2 Satellitenbildern

Im Hinblick auf die Fragestellung, inwiefern die Waldvitalität des Unteren Weser-Leine-Berglandes auf Basis von Sentinel-2 Satellitenbildern bestimmt werden kann, wurden zwei Arten von Wald-Schadkarten erstellt, die jeweils von den Vegetationsindizes NDRE, DSWI und RENDVI abgeleitet worden sind. Zwei dieser Indizes, NDRE und RENDVI, nutzen in ihrer Berechnung die Reflexion des Red-Edge Bereiches, wodurch die Vitalitätsveränderungen sehr genau erfasst werden können, da dieser Wellenlängenbereich sehr sensibel auf Veränderungen des Chlorophyllgehaltes von Pflanzen reagiert und die Früherkennung von Trockenstress verbessern kann (ABDULLAH et al. 2019, FORKUOR et al. 2017; WEBER 2018, ROCCHINI et al. 2016). Die zusätzliche Verwendung des DSWI schließt auch die Reflexion der Bäume im NIR- und SWIR-Bereich mit in die Analyse ein, sodass zusätzlich der Wassergehalt und die Stickstoffkonzentration für die Beurteilung der Vitalitätsveränderungen verwendet werden (ABDULLAH et al. 2019; BOCHENEK et al. 2017).

Die stichprobenartige Überprüfung der eigens konstituierten Schadklassen im Rahmen eines *Ground Truthings*, konnte einen zunehmenden Anteil der Lücken im Kronendach bei entsprechend abnehmender Schadklasse der Waldzustandskarte identifizieren. Einzig die beiden Schadklassen *Vital* und *Gestresst* der Laubwaldflächen unterschieden sich nicht hinsichtlich ihrer *gap fraction* (vgl. Tabelle 8), was allerdings nicht auf eine ungeeignete Klassifizierung hindeutet. Stressreaktionen der Bäume zeigen sich erst im späteren Stadium durch strukturelle Veränderungen der Baumkronen. Eine Änderung der spektralen Signatur aufgrund der physiologischen Stressreaktion geht der Verringerung der Blattfläche und der Mortalität voraus (vgl. Kapitel 2.6), sodass angenommen werden kann, dass die Laubwaldbestände der Schadklasse *Gestresst* bereits Beeinträchtigungen der biophysikalischen und biochemischen Eigenschaften zeigen, wodurch sich die Änderungen der multispektralen Signatur ergeben.

Die Kombination der visuellen Überprüfung der Wald-Schadkarten mittels der Orthophotos sowie der zugrundeliegenden Satellitenbilder und der Auswertung der Ergebnisse des *Ground Truthings* lassen die Schlussfolgerung zu, dass für die Grenzwerte der Schadklassen eine zweckmäßige Genauigkeit erzielt werden konnte. Zur weiteren Validierung der Schadklassen könnten *in-situ* Daten dazu beitragen, die Grenzwerte der Schadklassen zu verifizieren und mit physiologischen Reaktionen der Bäume auf Trockenstress in Verbindung zu bringen. Dazu könnten auch ökophysiologische Messungen durchgeführt werden, wie beispielsweise Chlorophyllfluoreszenzanalysen, die komplexe Informationen über die Leistungsfähigkeit der Photosynthese von chlorophyllhaltigen Pflanzen und Pflanzenteilen liefern. Auch Gaswechsel- und Wasserzustandsmessungen könnten realisiert werden, um die physiologische Aktivität der Bäume zu bestimmen (MATYSSEK und HERPPICH 2019).

Beide Arten der Schadkarten sind durch individuelle Vor- und Nachteile charakterisiert. Die Reklassifizierung der Index-Werte für die Erstellung der Waldzustandskarten musste aufgrund der unterschiedlichen Wertebereiche der drei Indizes und der unterschiedlichen Reflexion von Laub- und Nadelbäumen für jeden Index einzeln und getrennt nach Waldtypen erfolgen. Die Findung der Grenzwerte unterliegt einer subjektiven Einschätzung des Abgleiches der Schadklassen mit den zugrundeliegenden Satellitenbildern und den Orthophotos des Untersuchungsgebietes. Da die Vitalitätsveränderungskarten auf der prozentualen Änderung der Vegetationsindizes zwischen zwei Zeitpunkten beruhen, ergibt sich zum einen der Vorteil, dass eine gemeinsame Reklassifizierung der drei Indizes mit einheitlichen Grenzwerten erfolgen kann. Zum anderen lassen sich die

6 Diskussion – Fallstudie II

Vitalitätsveränderungen aufgrund der prozentualen Angabe dieser, plastischer vom Betrachter vorstellen. Von Vorteil ist außerdem, dass keine Informationen über den Waldtyp vorausgesetzt werden, da der Vitalitätszustand des Waldes simultan für Nadelwald- und Laubwaldflächen bewertet wird. Außerdem werden in Vitalitätsveränderungskarten lediglich Bereiche detektiert, die innerhalb des Beobachtungszeitraumes einer Änderung der spektralen Signatur unterliegen, sodass Objekte, wie Waldwege, nicht sichtbar sind und somit das Ergebnis nicht beeinflussen können. Mittels der Vitalitätsveränderungskarten ist es auch möglich, die Veränderungen des Waldzustandes über einen längeren Zeitraum zu beobachten und so langfristige und dauerhafte Schäden sichtbar zu machen.

Zu den Vorteilen der Waldzustandskarten zählt dahingegen, dass auch einzelne Jahre hinsichtlich ihrer Baumvitalität betrachtet werden können, sodass nur ein einzelnes Satellitenbild eines geeigneten Zeitpunktes und ohne Wolkenbedeckung vorliegen muss. Damit sind diese Wald-Schadkarten zudem weniger anfällig gegenüber phänologisch bedingter Verzerrungen der Vitalität. Zwar ist die Datenverfügbarkeit durch die zeitliche Auflösung der Sentinel-2 Daten sehr hoch, sodass alle 2-3 Tage in den mittleren Breiten neue Satellitenbilder zur Verfügung stehen, jedoch reduzieren Wolken und deren Schatten die zur Verfügung stehenden Daten deutlich (WEBER 2018). Dies zeigt sich auch in dieser Forschungsarbeit, da die Sentinel-2 Szenen der Jahre 2017 und 2021 nicht das gesamte Untersuchungsgebiet wolkenfrei abdecken.

Da es ein Ziel dieser Forschungsarbeit ist, den Vitalitätszustand des Waldes im 2978 km² großen Unteren Weser-Leine-Bergland zu beurteilen, konnten die Sentinel-2 Satellitenbilder als sehr geeignet herausgestellt werden. Es war aufgrund der hohen Flächenabdeckung möglich, mittels einer einzigen Szene den gesamten Wuchsbezirk abzudecken. Auch die räumliche Auflösung eines Pixels von 10 Metern ist für die Beantwortung der Forschungsfrage ausreichend, da die Vitalitätsdynamik der Wälder als gesamte Ökosysteme beurteilt werden soll und nicht die physiologischen Veränderungen einzelner Bäume im Fokus stehen. Es können außerdem Informationen der Vitalität auf Bestandesebene abgeleitet werden. Dabei ergibt sich allerdings aufgrund der räumlichen Auflösung die Einschränkung, dass die Vitalität mehrerer Bäume in einem Pixel der Schadkarten zusammengefasst werden. So könnte beispielsweise das gemeinsame Vorhandensein von Baumarten, die sich hinsichtlich ihrer Dürreempfindlichkeit stark unterscheiden, dazu führen, dass das spektrale Signal eines *vitalen* Baumes und das eines *stark geschädigten* Baumes zusammengefasst die Klasse *Gestresst* oder *Geschädigt* ergibt. Damit verbunden ist auch die Unsicherheit gegenüber dem Einflussfaktor der Waldbewirtschaftung. Da die Beurteilung der Waldvitalität auf Einzelbaumebene nicht möglich ist, kann eine Änderung des spektralen Signals, die dann als Vitalitätsrückgang gewertet wird, durch die forstwirtschaftliche Baumentnahme verursacht worden sein.

Trotz der erläuterten Einschränkungen der Sentinel-2 Satellitenbilder ist die Entwicklung des Waldzustandes deutlich anhand der Schadkarten erkennbar, wobei je nach (Forschungs-) Interesse entweder die Waldzustandskarten oder die Vitalitätsveränderungskarten besser geeignet sind. Gegengenüber der jährlich durchgeführten Waldzustandserhebung im Rahmen des forstlichen Umweltmonitorings, bei der die Waldvitalität hauptsächlich anhand des Kronenzustandes in einem Stichprobennetz erfasst wird, lassen sich Vorteile erkennen. Die hohe zeitliche Dynamik der Vitalitätsveränderung der Wälder, erfordert ein umfangreicheres Monitoring, wie beispielsweise SCHULDT et al. (2020) fordern. Die feldbasierten Überwachungsaktivitäten sind zeitlich und räumlich begrenzte Momentaufnahmen von Waldbeständen, sodass die satellitengestützten Wald-Schadkarten eine entscheidende Ergänzung bieten. Außerdem lassen sich Vitalitätsveränderungen mit Hilfe der Vegetationsindizes bereits erkennen, bevor vor Ort strukturelle Veränderungen der Baumkrone sichtbar werden. Auch in der 2021 veröffentlichen Niedersächsischen Anpassungsstrategie an den Klimawandel (Landesregierung Niedersachsen 2021) werden der Weiterentwicklung und der Sicherung des Waldmonitorings zur Gefährdungsanalyse, zur Früherkennung von Schäden und Schadorganismen sowie zur Schadenserfassung eine große Bedeutung beigemessen.

6.2 Vitalität des Waldes im Unteren Weser-Leine-Bergland

2018 ist das bisher wärmste Jahr in Niedersachsen seit Beginn der systematischen Wetteraufzeichnungen gewesen (Landesregierung Niedersachsen 2021, S. 4). Auf Basis der Auswertung der Wetterdaten einer lokalen Wetterstation konnten die extremen Witterungsbedingungen der Trockenperiode von 2018 bis 2020 für das Untersuchungsgebiet lokal charakterisiert werden. Es wurden Anomalien der Jahresmitteltemperatur von bis zu +1,16 °C im Vergleich zum langjährigen Mittelwert der klimatischen Referenzperiode 1981-2010 gemessen. Die Ausprägung der Wetterextreme wird außerdem anhand der ausbleibenden Niederschläge deutlich. Besonders 2018 war durch starke Trockenheit geprägt, wie sich anhand der Niederschlagsanomalie von -238 mm zeigt (vgl. Abb. 19). Auch die Betrachtung des Dürremonitors des UFZ macht die extreme Trockenheit bis in tiefe Bodenschichten deutlich (vgl. Abb. 2). Das Jahr 2017 wird als Basisjahr für dieses Vitalitätsmonitoring angenommen, da es als letztes Jahr vor der Trockenperiode zwar etwas wärmer als der langjährige Durchschnitt gewesen ist, allerdings von einer deutlichen positiven Abweichung des Jahresniederschlags gekennzeichnet ist.

Zusätzlich zu Jahresmitteltemperatur und Jahresniederschlag könnten Messwerte über die Verteilung dieser Kennwerte innerhalb eines Jahres wichtige Informationen liefern. Beispielsweise sind auch die Winterniederschläge von entscheidender Bedeutung für die Vitalität der Waldbäume, da diese für die Wiederauffüllung der Bodenwasservorräte zu Beginn der Vegetationsperiode verantwortlich sind (BMEL 2021).

Anhand der Waldzustandskarte des Basisjahres dieser Untersuchung 2017, kann der Wald des Untersuchungsgebietes großflächig als vital eingestuft werden. Lediglich einzelne Pixel oder kleine Bereiche *gestresster* bis *geschädigter* Waldfläche lassen sich erkennen, da bereits vor der Trockenperiode einige Baumarten von Insekten oder pathogenen Pilzen betroffen waren, was zu einer Abnahme ihrer Vitalität führte. So wird beispielsweise das Eschentriebsterben von einem invasiven Schlauchpilz verursacht (BRESSEM et al. 2017). Die Waldzustandserhebung 2017 ermittelte ebenfalls einen sehr geringen Anteil starker Schäden (1 %) und eine sehr niedrige Absterberate von 0,1 % (NW-FVA 2017, S. 4).

Ein weiterer Teil der Pixel der Waldzustandskarte, der im Vergleich eine geringere Waldvitalität anzeigt, könnte auf forstwirtschaftliche Eingriffe zurückzuführen sein, wenn aufgrund eines entnommenen Baumes das Kronendach innerhalb eines Sentinel-2 Pixels nicht vollständig geschlossen ist und dementsprechend der Chlorophyllgehalt niedriger ist, sofern es an dieser Stelle nicht zum Aufwuchs von Bodenvegetation kommt. Außerdem zeigen sich teilweise lineare Strukturen, die einen verschlechterten Waldzustand anzeigen. Dabei handelt es sich überwiegend um Waldwege, die keine Vegetationsbedeckung aufweisen und aufgrund ihrer geringen Breite im Rahmen der Datenvorbereitung nicht aus der Waldmaske entfernt worden sind.

Im ersten Jahr der Trockenperiode 2018 werden bereits *Hotspots* starker Vitalitätsverschlechterung sichtbar, was sich durch die verschiedenen vorherrschenden Standortfaktoren und die jeweilige Bestockung der Flächen erklären lässt. Trockenstress entsteht durch die Kombination von Niederschlagsmangel, einer hohen Evaporation und Bodentrockenheit (TESKEY et al. 2015). In Wäldern wird der Wasserhaushalt durch den Niederschlag gespeist. Die Verteilung und die Flüsse des Wassers im Boden werden durch die Faktoren Evapotranspiration, Sickerwasseraustrag und die Vegetation beeinflusst (VON WILPERT et al. 2016). Das Wasserspeichervermögen des Bodens ist abhängig von der Bodenart, der Tiefe, dem Steingehalt und dem Gehalt organischer Substanz (AUGUSTIN und BRAUN 2016). Das Untere Weser-Leine-Bergland ist von einem breiten Spektrum unterschiedlicher Standortfaktoren geprägt, welche vor allem durch die starke Reliefierung und die verschiedenen Bodentypen hervorgerufen werden (vgl. Kapitel 3). Das damit verbundene unterschiedliche Wasserangebot der Böden im Untersuchungsgebiet ist demnach ein Grund für räumlich Ausprägung der Vitalitätseinbußen. Eine weitere entscheidende Rolle spielt die Bestockung einer Fläche, denn manche Baumarten sind robuster gegenüber Trockenheit (BMEL 2020). Laubbäume können, im Gegensatz zu Nadelbäumen, beispielsweise ihre im Kernholz gespeicherten Wasserreserven während Trockenperioden nutzen (MORENO-FERNÁNDEZ et al. 2021). Die Trockenheitstoleranz hängt außerdem maßgeblich von Baumphysiologie und -anatomie, wie beispielsweise der Wurzeltiefe der Bäume, dem

Nährstoffbedarf oder dem baumartenspezifischen Aufbau des Holzes und der Blätter ab (BMEL 2020). Als Flachwurzler erreichen die flachen Wurzelsysteme der Fichte oft nur Tiefen von 10-20 cm (BARTSCH et al. 2020, S.123), sodass die Fichte vorrangig oberflächennahe Wasserreserven des Bodens nutzt und dadurch von allen heimischen Baumarten am stärksten auf sommerliche Trockenheit reagiert (ZANG et al. 2011). Der schnellere Vitalitätsverlust der Nadelbäume ist deutlich anhand von Abbildung 26, 28 und 33 zu erkennen.

Die Flächen, die 2018 von einer verschlechterten Vitalität gekennzeichnet sind, sind wie oben beschrieben, vermutlich größtenteils auf die physiologischen Reaktionen trockengestresster Bäume zurückzuführen, da es bei Trockenstress zu einer starken Reduktion des Blattwassergehaltes und zu Veränderungen der biophysikalischen und biochemischen Vorgänge der Photosynthese kommt. Es verändert sich also neben dem Wassergehalt der Blätter auch die Chlorophyll-Konzentration (vgl. Kapitel 2.2.1). Diese Stresssymptome wirken sich auf die spektrale Reflexion aus und werden von den Spektralbändern des MSI Sensors der Sentinel-2 Satelliten erfasst. Anhand der Satellitenbilder und der verwendeten Vegetationsindizes wird so der Waldzustand anhand der Waldzustandskarten und der Vitalitätsveränderungskarten visualisiert.

Zwischen den Jahren 2017 und 2018 ist eine deutliche Diskrepanz der Jahresniederschläge festzustellen. 2017 wurde an der Wetterstation in Hameln ein Jahresniederschlag von 875 mm gemessen; 2018 waren es 472 mm (vgl. Abb. 19). Diese durch den Klimawandel zunehmende Variabilität der Niederschläge hat 2017 vermutlich zu einer Ausprägung von größeren Blattflächen geführt, was zu einer Prädisposition der Bäume für eine trockenheitsbedingte Mortalität in den darauffolgenden Jahren geführt haben könnte (HAUCK et al. 2019).

Einige Waldschäden des Jahres 2018 lassen sich durch die Auswirkungen des Orkantiefs „Friederike" erklären, das am 18.01.2018 über Deutschland hinweggezogen ist und in Niedersachsen insgesamt eine Schadholzmenge von 2,2 Millionen Kubikmeter verursacht hat; besonders betroffen war unter anderem auch das Weser-Leine-Bergland (DAMMANN und HANKE 2018, S. 30).

Durch die große Schadholzmenge und zusätzlich durch die trockenen und heißen Witterungsbedingungen des Jahres 2018, wurde der Bruterfolg der Borkenkäfer begünstigt (BARTSCH und RÖHRIG

2016; BOLTE et al. 2021). Die Schwarmaktivität und die Entwicklungsrate von Borkenkäfern durch die Temperatur kontrolliert werden. Außerdem ist die Fichte aufgrund des Trockenstresses anfälliger gegenüber Schädlingen, wenn verminderter Harzfluss den Borkenkäferbefall nicht mehr abwehren kann (HENNING 2017), sodass es im weiteren Verlauf des Untersuchungszeitraumes zu einer Massenvermehrung der Borkenkäfer gekommen ist (EICHHORN et al. 2019). Besonders betroffen von großflächigem und letalen Befall von Borkenkäfern sind nicht-standortgerechte Fichtenbestände in niedrigen Höhenlagen und auf sonnenexponierten Hanglagen (BMEL 2021).

Die weiterhin ausbleiben Niederschläge, die hohen Temperaturen und die zunehmende Bodentrockenheit des Jahres 2019 führten zu einer weiteren, deutlichen Verschlechterung des Waldzustandes im Unteren Weser-Leine-Bergland und zur Ausprägung weiterer Schadflächen. Erstmals verursachten im Jahr 2019 Insekten einen Schadholzanteil von bis zu 75 % am gesamten Holzeinschlag in Deutschland (BOLTE et al. 2021a, o.S.). Der hohe Anteil und die diffuse Verteilung der Schadklassen *Gestresst* und *Geschädigt*, deutet auf Trockenstress-Reaktionen weiterer Baumarten hin. Zur Trockenheitstoleranz kommt es bei vielen Baumarten zu einer Verringerung der Blattfläche, zu frühzeitigem Blattfall oder zu Vergilbungen von Nadeln und Blättern (EICHHORN et al. 2019), was durch den vollständigen, durch Wassermangel bedingten Verschluss der Stomata und dem Einstellen der Fotosynthese verursacht wird (BARTSCH und RÖHRIG 2016).

Innerhalb des Beobachtungszeitraum dieser Arbeit ist die Vitalitätsverschlechterung der Laubwälder von 2018 auf 2019 am stärksten ausgeprägt. Dies wird auch im Waldzustandsbericht 2019 (NW-FVA 2019) deutlich, denn der Anteil der starken Schäden und die Absterberate sind in diesem Jahr am höchsten. Bedingt durch die hohen Sommertemperaturen und vor allem aufgrund der Niederschlagsdefizite des Jahres 2018 und die Frühjahrstrockenheit kommt es zu einer erhöhten Sterblichkeitsrate, da es bei anhaltender Trockenheit zu einem Verlust der Xylemfunktionalität kommt (SCHULDT et al. 2020).

Nach 2019 haben sich Laubbaum- und Nadelbaumbestände in ihrer Gesamtheit betrachtet, gegensätzlich entwickelt. Der Vitalitätszustand der Laubwälder hat sich 2020 wieder deutlich verbessert, was vermutlich mit dem Rückgang der Anzahl der Sommer- und Hitzetage und einer Zunahme der Niederschläge zusammenhängt, auch wenn Jahresmitteltemperatur und Jahresniederschlag weiterhin deutliche Anomalien vom langjährigen Mittelwert aufweisen (vgl. Kapitel 5.1). Somit verringern sich die trockenstressbedingten physiologischen Reaktionen vieler Laubbäume, sodass der Vitalitätszustand durch die spektralen Vegetationsindizes erkannt und aufgrund der gewählten Grenzwerte einer anderen Schadklasse zugeordnet wird.

Im Gegensatz dazu hat sich der Vitalitätszustand der Nadelwälder nochmals deutlich verschlechtert, was anhand des Beispielsgebietes westlich von Bad Salzdetfurth sehr deutlich wird (vgl. Abb. 28). Die Bereiche, die 2020 als *stark geschädigt* klassifiziert sind bzw. im Vergleich zu 2018 *starke Vitalitätsabnahmen* zeigen (vgl. Anhang 7.4) sind klar von ihrer Umgebung abgrenzbar, sodass davon auszugehen ist, dass es sich hierbei um Kalamitätsflächen handelt, die vermutlich durch Borkenkäferbefall verursacht wurden (vgl. Abb. 43). Wahrscheinlich sind diese Flächen entweder durch Kahlschlag bereits geräumt worden, um eine weitere Vermehrung der Forstschädlinge und einen neuen Befall zu vermeiden (Bayerisches Staatsministerium für Ernährung, Landwirtschaft und Forsten 2021) oder es handelt sich um Flächen, die noch mit stehend abgestorbenen Bäumen bestanden sind (vgl. Abb. 43). Letzteres konnte im Rahmen des *Ground Truthings* mit dem hemisphärischen Foto der Nadelwald-Schadklasse *Stark geschädigt* und der entsprechenden Klassifizierung der *gap fraction* gezeigt werden (vgl. Tabelle 7).

Abbildung 42: Fraßspuren des Borkenkäfers und stehend abgestorbene Fichten, eigene Fotos.

Auch die niedersächsische Waldzustandserhebung 2020 beurteilte den Vitalitätszustand des Waldes dahingehend, dass die mittlere Kronenverlichtung leicht zurückgegangen ist, wohingegen der Anteil der starken Schäden im Vergleich zum Vorjahr weiter gestiegen ist (vgl. Kapitel 2.2.3). Die Vitalitätsveränderungskarten, die einen Zeitraum innerhalb der Trockenperiode, wie beispielsweise 2018 bis 2020 (vgl. Anhang 7.4), zeigen jedoch nicht nur Schadflächen, sondern auch einige Bereiche, bei denen im jeweiligen Zeitraum eine mittlere bis starke Vitalitätszunahme festzustellen ist, die sich häufig als zusammenhängende und gut abgrenzbare Flächen darstellen. Auf diesen Flächen kommt es wahrscheinlich nach der Kalamität zu einer Waldverjüngung. Diese kann sich entweder als natürliche Verjüngung vollziehen oder künstlich durch Saat und Pflanzung eingeleitet werden (BARTSCH et al. 2020) (vgl. Abb. 44).

6 Diskussion – Fallstudie II

Abbildung 43: Waldverjüngung durch Pflanzung, eigenes Foto.

Das Jahr 2021 war von deutlich höheren Niederschlagsmengen und von einer geringeren Jahresmitteltemperatur gekennzeichnet als die Jahre 2018 bis 2020, sodass sich der Vitalitätszustand der Laubwälder weiter leicht verbessert hat und die Nadelwaldflächen seit Beginn der Trockenperiode erstmalig eine leichte Verbesserung in der Gesamtheit aller Nadelwälder erfahren haben. Trotz der leichten Vitalitätsverbesserung sind die Waldschäden der Nadelbäume noch immer auf einem sehr hohen Niveau, was auch anhand des Beispielgebietes westlich von Bad Salzdetfurth sehr deutlich wird. Die leichte Verbesserung der Nadelwaldflächen lässt sich wahrscheinlich dadurch begründen, dass einerseits weitere Schadflächen durch die laufende Epidemie der Borkenkäfer entstehen und bereits befallene Flächen geräumt werden, sodass sich in diesen Bereichen die Vitalität verschlechtert. Andererseits verbessert sich die Vitalität auf ehemaligen Kalamitätsflächen, die entweder wiederaufgeforstet werden oder der natürlichen Sukzession unterliegen. Die positive Dynamik scheint insgesamt leicht zu überwiegen. Dies bestätigt sich bei der Betrachtung der Vitalitätsveränderungskarte 2020-2021 (vgl. Anhang 7.5).

6 Diskussion – Fallstudie II

Da sich die Vitalität der Laubwaldbestände wieder verbessert hat, kann schlussgefolgert werden, dass der schlechte Vitalitätszustand des Jahres 2019 größtenteils auf temporäre Anpassungen an die Trockenheit zurückzuführen ist und es sich bei den meisten Bäumen nicht um eine anhaltende Entlaubung handelt. Es scheint also, dass mittelfristig größtenteils eine Erholung stattgefunden hat. Bei der Betrachtung der Vitalitätsveränderungskarte 2017-2021 heben sich die Waldbereiche ab, die von langfristigen Schäden betroffen sind. Bei den Flächen mit einer *starken Vitalitätsabnahme* handelt es sich vermutlich zum Großteil um die Borkenkäfer-Kalamitätsflächen. Bei der Betrachtung der Waldtypenkarte (vgl. Anhang 4) und der Vitalitätsveränderungskarte 2017-2021, wird jedoch deutlich, dass sich auch in Bereichen der Laubwälder weit verbreitet eine dauerhafte, *leichte* bis *mittlere Vitalitätsabnahme* zeigt. Dies ist vermutlich dadurch zu erklären, dass aufgrund der räumlichen Auflösung der Sentinel-2 Daten die spektrale Reflexion von *vitalen* und *stark geschädigten* Bäumen in einem Pixel zusammengefasst eine *mittlere Vitalitätsabnahme* ergeben (siehe oben). In Mischbeständen zeigt sich so die Trockenheitstoleranz verschiedener Baumarten. Außerdem kommt es innerhalb von Reinbeständen zu intraspezifischer und in Mischbeständen zu interspezifischer Konkurrenz um die begrenzte Ressource Wasser, was zu einer Differenzierung des Bestandes und dem Absterben konkurrenzschwacher Bäume führt (BARTSCH et al. 2020) (vgl. Abb. 45).

Abbildung 44: Zwei abgestorbene Bäume, umgeben von vitalen Bäumen, eigenes Foto.

Die statistische Datenauswertung der Vitalitätsveränderungen von 2017 bis 2019 hat bestätigt, dass Nadelwälder von einer signifikant stärkeren Vitalitätsverschlechterung betroffen sind als Laubwälder. Alle untersuchten Baumarten sind durch einen deutlichen Rückgang der Vitalität geprägt (vgl. Abb. 36), wie auch die Waldzustandserhebungen Niedersachsens oder der Waldbericht der Bundesregierung 2021 angeben (NW-FVA 2019; BMEL 2021). Die Fichte ist zum einen durch den stärksten Vitalitätsrückgang aller Baumarten gekennzeichnet und zum anderen von der größten Spannweite der Vitalitätsveränderungen. Diese Baumart wird in Deutschland großflächig außerhalb ihres natürlichen Verbreitungsgebietes angebaut, welches durch ein kühl-kontinentales Klima mit guter Wasserversorgung gekennzeichnet ist (BARTSCH et al. 2020). Sie leidet deswegen vielerorts unter der Trockenheit und gerät an ihre physiologischen Grenzen (BMEL 2020). Die große Spannweite der Vitalitätsveränderungen könnte sich dahingehend erklären, dass die Fichte bei standortgerechtem Anbau durch ein rasches Wachstum und eine hohe Massenleistung geprägt ist (FNR 2020). Allerdings sind mittlerweile 70 % der Waldflächen mit führender Baumart Fichte nach den Szenarien von BOLTE et al. (2021) gefährdet und einem hohen Risiko durch Trockenheit und Schaderregerbefall ausgesetzt.

Nach der Waldzustandserhebung ist die Eiche zwischen 2017 und 2019 durch die geringste Zunahme der Kronenverlichtung aller Hauptbaumarten gekennzeichnet (NW-FVA 2019). MEYER et al. (2020) stellten in ihrer Forschung fest, dass Eichen eine höhere Resistenz gegenüber Dürreereignissen aufweisen als Buchen. Diese Erkenntnisse bestätigen sich in dieser Untersuchung, denn für Eichenbestände wurde der geringste Vitalitätsrückgang mit einem Wert von -5,24 % festgestellt.

Da die statistische Datenauswertung dieser Forschungsarbeit auf den Vitalitätsveränderungen von Reinbeständen der jeweiligen Baumart basiert, besteht weiterer Forschungsbedarf dahingehend, dass auch die Vitalitätsveränderungen von Mischbeständen analysiert werden sollten. Wie das Baumwachstum während längerer Trockenperioden durch intra- oder interspezifische Bedingungen beeinflusst wird, ist bisher nicht ausreichend erforscht (PRETZSCH und RÖTZER 2019). Es deutet sich allerdings an, dass es in Koniferen-Laubholz-Mischbeständen zu einer gesteigerten Resilienz und Akklimatisierung an Trockenheit kommt (PRETZSCH und RÖTZER 2019).

6.3 Standortfaktoren Buchenbestände

Zwar ist die Buche durch ihre große Anpassungsfähigkeit und ihre große klimatische Spannweite bekannt, jedoch spielen lokale Faktoren und das Mikroklima eine wichtige Rolle für den Erfolg der Buche am jeweiligen Standort (BARTSCH et al. 2020). Die statistische Auswertung des Einflusses der einzelnen Standortfaktoren und der Baumaltersklasse konnte insgesamt beweisen, dass die Vitalitätsveränderungen der Buche auf verschiedenen Standorten nicht zufällig sind, sondern auf systematische Ursachen zurückgehen, da ein statistisch signifikanter Einfluss aller Parameter auf die Vitalitätsveränderung festgestellt wurde.

Für den Verlauf der Vitalitätsentwicklung der Buche innerhalb der Trockenperiode 2018-2020 wurden übereinstimmende Ergebnisse mit der jährlichen Waldzustandserhebung ermittelt. Im ersten Jahr der Trockenheit zeigen sich noch keine starken Vitalitätsverluste. Der Rückgang der Vitalität ist erst 2019 deutlich festzustellen (vgl. Abb. 27 und 29). Eine Ursache dafür ist vermutlich die stärkere Bodenwasserausschöpfung bis in große Bodentiefen (BOLTE et al. 2021). Bei anhaltender Trockenheit 2019 sorgte die mangelnde Verdunstungskühlung und die Rekordhitze wahrscheinlich für Gewebe- und Kambialschäden an empfindlichen Blättern und dünn–rindigen Kronenästen, was als wichtige Faktoren für die Schaddynamik gesehen wird. Sekundäre Schaderreger, wie Insekten oder Schadpilze begünstigen diese Entwicklung (BOLTE et al. 2021).

Im Rahmen der niedersächsischen Waldzustandserhebung wurde festgestellt, dass zwischen 2017 und 2019 die Kronenverlichtung der über 60 Jahre alten Buchen stärker zugenommen hat als die der Jüngeren unter 60 Jahre. In der statistischen Datenauswertung dieser Forschungsarbeit konnte ebenfalls ein Zusammenhang zwischen der Altersklasse von Buchenbeständen und der Vitalitätsveränderung bestätigt werden. Jedoch liegt für den untersuchten Datensatz nur eine schwache Korrelation vor, die aussagt, dass eine höhere Altersklasse mit einer signifikant stärkeren Vitalitätsabnahme einhergeht. Für eine bessere Vergleichbarkeit könnte diese Auswertung erneut durchgeführt werden, wenn zuvor die 11 Altersklassen in 2 Gruppen (unter 60 Jahre und über 60 Jahre) zusammengefasst werden. Auffallend ist auch, dass Buchen im Alter zwischen 180-199 Jahre die geringste Vitalitätsverschlechterung erfahren haben. Die Ursache hierfür kann an dieser Stelle nicht abschließend geklärt werden, es lässt sich jedoch vermuten, dass in Beständen diesen Alters Waldverjüngen durchgeführt werden, sodass damit Vitalitätsverschlechterungen der alten Bäume ausgeglichen werden.

Auf Basis der Datenanalyse konnte ebenfalls statistisch belegt werden, dass Buchenbestände mit ungünstigeren physiologischen Standortbedingungen stärker von Vitalitätsverlusten geprägt sind. Für Buchenbestände, die nach Südwesten oder Süden exponiert sind, ist eine signifikant stärke Verschlechterung des Vitalitätszustandes festgestellt worden. Ebenfalls hat sich die Vitalität an Standorten mit einer größeren Hangneigung stärker verschlechtert. Begründet liegt dies darin, dass sich vor allem durch die Exposition und die Hangneigung das Lokalklima ändert (BARTSCH et al. 2020), denn die Intensität der Sonneneinstrahlung differiert mit dem Einfallswinkel auf die bestrahlte Fläche (KÖRNER 2021). Darüber hinaus bestimmt unter anderem die Hangneigung den oberflächlichen Abfluss von Niederschlag, was somit wiederum den Wasserhaushalt des Bodens beeinflusst (BARTSCH und RÖHRIG 2016). Durch diese direkte Wirkung von Hitze sind Buchen in der Trockenperiode zusätzlich geschädigt worden, was sich in Blattschädigungen und Sonnenbrand äußert (BMEL 2021). Dem folgte teilweise der Befall mit Prachtkäfern und Holzfäulepilzen (NW-FVA 2019).

Auch die Auswertung der Vitalitätsausprägungen nach Bodenfeuchte und Geländeform ergab, dass trockene und steile bis schroffe Hangstandorten mit starken Vitalitätsrückgängen in Verbindung stehen. Diese Standorte sind stark exponiert und durch extreme Wuchsbedingungen gekennzeichnet (NFP 2007). Daran wird nochmals die Bedeutung der Wasserverfügbarkeit im Boden deutlich, denn auf staunassen Standorten kommt es zwischen 2017 und 2019 nur zu einem sehr geringen Vitalitätsrückgang. Allerdings ist auch anzumerken, dass dieser Parameter überwiegend durch große Spannweiten der Werte gekennzeichnet ist, da die Ausprägung des Wasserhaushaltes auch sehr stark mit der Exposition und der Gründigkeit des Bodens in Verbindung steht (NFP 2007).

Der Waldboden ist ein grundlegender Faktor des Ökosystems Wald, weswegen auch der Einfluss von Bodenart und Lagerungsverhältnis auf die Vitalitätsveränderungen der Buchenbestände analysiert wurde. Eine sehr starke Verschlechterung wurde für Böden mit geringstem Feinbodenanteil und hohem Skelettgehalt festgestellt. Je kleiner der Anteil des Feinbodens, desto schneller sinkt die Bodenfeuchte und besonders bei ausbleibenden Niederschlägen kommt es an diesen Standorten dann zu einer potenziellen Trockenstressgefahr (CHMARA und BÖTTCHER 2020). Somit können auch die Auswirkungen von Dürreperioden nicht abgepuffert werden, wodurch sich der starke Vitalitätsverlust leicht erklären lässt. Die große Spannweite der Vitalitätsveränderungen der Buche zeigt sich unter anderem darin, dass für Bestände auf basenreichen und sehr skeletthaltigen Silikatgesteinsverwitterungsböden eine leicht positive Veränderung der Vitalität zwischen 2017 und 2019 festgestellt wurde. Nach BÖCKMANN et al. (2019)

6 Diskussion – Fallstudie II

erreicht die Buche im Weserbergland ihr Wuchsoptimum auf derartigen basenreichen Böden. Jedoch sind skelettreiche Böden mit ihrem hohen Anteil an groben Poren durch eine schlechte Wasserhaltefähigkeit charakterisiert (BARTSCH und RÖHRIG 2016), sodass nicht zu erwarten gewesen wäre, dass an diesen Standorten eine Zunahme der Vitalität gemessen wird.

Die Auswertung, ob ein Zusammenhang zwischen der Nährstoffversorgung eines Standortes und der Vitalitätsentwicklung zwischen 2017 und 2019 besteht, hatte ergeben, dass eine bessere Nährstoffversorgung mit einer signifikant geringeren Vitalität einhergeht. Bei der Betrachtung des Boxplot-Diagramms zur Verteilung der Vitalitätsveränderung innerhalb der Ausprägungen der Nährstoffzahl (Abb. 39) ist allerdings zu beachten, dass insgesamt 93 % der Stichproben-Pixel (n=95371) auf die Nährstoffzahlen 4 und 5 entfallen (vgl. Anhang 8.2). Vor allem die Ausprägung der Nährstoffzahl 2 ist mit einem Anteil von lediglich 0,01 % als Ausnahme anzusehen, die vermutlich auf Extremstandorte zurückzuführen ist. Deswegen sollte dem Ergebnis der Korrelationsanalyse eine deutlich größere Bedeutung beigemessen werden als dem Boxplot-Diagramm dieser Variable. Dass eine bessere Nährstoffversorgung des Bodens mit einer stärkeren Vitalitätsabnahme verbunden ist, lässt sich dadurch erklären, dass die Nährstoffe, die am leichtesten für Pflanzen verfügbar sind, im Bodenwasser gelöst sind und als freie Ionen von den Wurzeln aufgenommen werden können. Somit ist der Transport von Nährstoffen zu den Pflanzenwurzeln an das Vorhandensein von Wasser gekoppelt (SCHROEDER 1992). Die intensive Bodentrockenheit hat also vermutlich dazu geführt, dass Buchen, die normalerweise gut mit Nährstoffen versorgt sind und an diesen Zustand adaptiert sind, stärker durch die fehlende Nährstoffversorgung beeinträchtigt sind als Buchen, die an eine geringere Nährstoffversorgung angepasst sind. Dahingehend besteht allerdings noch Forschungsbedarf. Obwohl sich die Nährstoffzahlen 4 und 5 statistisch signifikant voneinander unterscheiden, ist der Unterschied zwischen den Vitalitätsänderungen allerdings eher gering, was die Tatsache unterstreicht, dass in Trockenjahren das Wasser und nicht die Nährstoffversorgung des Bodens zum limitierenden Faktor für den Zuwachs und das Überleben von Bäumen wird (PRETZSCH 2019).

6 Diskussion – Fallstudie II

Die multiple, lineare Regressionsanalyse hatte ein geringes Bestimmtheitsmaß von 0,031 ergeben, sodass nur 3,1 % der Varianz der Vitalitätsveränderungen durch die Variablen Hangneigung, Altersklasse und Nährstoffversorgung erklärt werden können. Aufgrund der mathematischen Voraussetzungen der Regressionsanalyse konnten die weiteren Einflussfaktoren (Exposition, Bodenart und Lagerungsverhältnis sowie Bodenfeuchte und Geländeform) nicht mit in die Berechnung einbezogen werden, die aber jeweils einen starken Einfluss auf die Vitalität haben (siehe oben). Zusätzlich existiert eine Vielzahl weiterer Einflussfaktoren, die die Vitalität von Wäldern bestimmen, wie beispielweise die Konkurrenz innerhalb von Beständen, die tatsächliche Wasserverfügbarkeit und nicht zuletzt die Waldbewirtschaftung. Insbesondere fehlen in diesem Modell allerdings die Witterungsbedingungen, denn diese haben maßgeblich zum Trockenstress der Bäume geführt und einen großen Teil der Waldschäden verursacht. Es kann also gesagt werden, dass die multiple, lineare Regressionsanalyse nicht dazu geeignet ist, die komplexen Wechselwirkungen im Ökosystem Wald und die Vitalitätsveränderungen zwischen 2017 und 2019 zu erklären.

Die statistische Datenanalyse der Vitalitätsveränderungen von Buchenbeständen zwischen 2017 und 2019 hat deutlich gemacht, inwiefern die Standortbedingungen die Ausprägung der Vitalität beeinflussen. Dazu ist anzumerken, dass die Betrachtung einzelner Einflussfaktoren nicht sehr wirklichkeitsgetreu ist, da ein Standort immer durch mehrere, gleichzeitig in Erscheinung tretende Umweltfaktoren gekennzeichnet ist (KÖRNER 2021). Weiterer Forschungsbedarf besteht dahingehend, dass zusätzlich zu den Reinbeständen auch Mischbestände statistisch zu analysieren, da es bei Buchen im Mischbestand bei Trockenheit zu einem geringeren Abfall des Zuwachses und auch zu einer wesentlich schnelleren Erholung kommt (PRETZSCH 2019). Um zu identifizieren, welche Faktoren langfristige Schäden der Buchen begünstigen, sollten zudem die Vitalitätsveränderungen zwischen 2017 und 2021 statistisch ausgewertet werden.

6.4 Implikationen für die Praxis

Mit Hilfe des in dieser Arbeit vorgestellten Ansatzes zur Erstellung von Wald-Schadkarten auf Basis von kostenfrei verfügbaren Sentinel-2 Satellitenbildern ist es Fachleuten, Entscheidungsträgern und Privatpersonen möglich, die Waldvitalität kartographisch darzustellen. Die Vitalitätsveränderungskarten scheinen sich durch den Vorteil hervorzuheben, dass keine vorangestellte Waldtypenklassifizierung durchgeführt werden muss. Für einen großen Teil der Waldfläche liegen keine detaillierten Informationen über die Baumartenzusammensetzung vor, da sich 48 % des Waldes in Deutschland im Privatbesitz von insgesamt 1,8 Millionen Waldbesitzern befindet (BMEL 2021, S. 6).

Mit Hilfe einer Vitalitätsveränderungskarte können überregional *Hotspots* der Vitalitätsverschlechterung sichtbar gemacht werden, um dann gezielt Fachpersonal für eine Überprüfung vor Ort einzusetzen. Darüber hinaus wäre es auch möglich, die lokal eingegrenzten Bereiche mit kommerziellen, hochauflösenden Satellitensystemen oder Daten aus flugzeug- oder UAV(*Unmanned Aerial Vehicles*)-getragenen Sensorsystemen abzubilden und auf dieser Basis erneut Wald-Schadkarten zu erstellen, sodass dann eine Analyse auf Einzelbaumebene möglich wäre. Eine kombinierte Nutzung von Schadkarten und Referenzdaten könnte beispielsweise auch den Einflussfaktor Waldbewirtschaftung in Analysen berücksichtigen.

Das Vitalitätsmonitoring der Waldgebiete im Unteren Weser-Leine-Bergland konnte die Notwendigkeit des Waldumbaus unterstreichen. Im Rahmen eines 40-jährigen Planungsfensters wird die klimaangepasste Baumartenwahl der Niedersächsischen Landesforsten durchgeführt. Der sehr hohe Flächenanteil von 46 %, den die Buche in dieser Waldbauregion derzeit hat, wird sich künftig auf 43 % reduzieren (BÖCKMANN et al. 2019, S. 45). Buchenbestände sollen zur Begrenzung der Risiken mit standörtlich geeigneten Mischbaumarten verjüngt werden. Vor allem an Standorten, die physiologisch besonders ungünstig sind, kommt die Buche trotz ihrer Anpassungsfähigkeit an ihre Grenzen, wie die statistische Datenauswertung gezeigt hat. An derartigen extremen Standorten besteht Umgestaltungsbedarf.

Der Anteil der Fichte soll sich von 19 % auf 13 % reduzieren (BÖCKMANN et al. 2019, S. 45). Als Nadelbaumalternativen sind neben

6 Diskussion – Fallstudie II

Weiß- und Küstentannen vor allem Douglasien geplant (BÖCKMANN et al. 2019). THURM et al. (2020) stellten in ihrer Untersuchung fest, dass Douglasien besser als andere Nadelbaumarten mit Trockenheit zurechtkommen. Dies kann in dieser Untersuchung dahingehend bestätigt werden, dass für Douglasien geringere Vitalitätsverluste als für Kiefern und Fichten ermittelt wurden. Die bisher bestehenden Pläne zum Waldumbau haben also eine klare Legitimation oder sollten sogar noch intensiviert werden. Dazu wären weitere Untersuchungen der Baumarten sinnvoll, wie hier am Beispiel der Buche gezeigt wurde.

7 Fazit zur Fallstudie II

Ziel dieser Fallstudie war es, den Vitalitätszustand des Waldes im Wuchsbezirk Unteres Weser-Leine-Bergland auf Basis multitemporaler und multispektraler Sentinel-2 Satellitendaten zu erfassen. Zur kartographischen Darstellung sind zwei Arten von Schadkarten erstellt worden, denen die Vegetationsindizes NDRE, DSWI und RENDVI zugrunde liegen. Während die Walzustandskarten den Vitalitätszustand eines Jahres und getrennt nach Laubwald und Nadelwald sichtbar machen, beruhen die Vitalitätsveränderungskarten auf der prozentualen Veränderung der spektralen Indizes. Die Zuweisung der Wertebereiche in Schadklassen wurde anhand einer weiteren Fallstudie (I) überprüft, sodass eine überregionale Anwendbarkeit bestätigt werden konnte und so eine großräumige Abbildung und Quantifizierung der Waldvitalität möglich ist.

Ein besonderes Forschungsinteresse bestand außerdem darin, die Auswirkungen der steigenden klimatischen Belastung auf die Buche als Hauptbaumart des Unteren Weser-Leine-Berglandes deutlich zu machen. Dazu wurde auf Basis von Bestandes- und Standortsdaten der Niedersächsischen Landesforsten und der zuvor ermittelten Veränderung der Vitalität zwischen 2017 und 2019 mittels statistischer Methoden untersucht, inwiefern verschiedene Standortbedingungen die Vitalität der Buche beeinflussen.

Die Untersuchung der Waldvitalität hat gezeigt, dass es im Verlauf des Forschungszeitraumes 2017-2021 zu einer deutlichen Verschlechterung des Waldzustandes gekommen ist. Aufgrund der auch lokal ausgeprägten Temperatur- und Niederschlagsanomalien der Jahre 2018 bis 2020 im Vergleich zum langjährigen Mittelwert ist davon auszugehen, dass die Kombination von Niederschlagsmangel, einer hohen Evaporation und der Bodentrockenheit zum Trockenstress der Bäume geführt hat. Infolgedessen reagieren Laubbäume mit einer vorzeitigen Blattseneszenz und einem frühzeitigen Laubfall. Nadelbäume sind aufgrund ihrer Physiologie besonders anfällig gegenüber Trockenheit, beispielsweise ist die Fichte als häufigste Nadelbaumart durch ihr flaches Wurzelsystem nicht in der Lage, Wasserreserven tieferer Bodenschichten zu erreichen. Die trockenstressbedingte Änderung der spektralen Reflexion der Bäume ist mit Hilfe der Vegetationsindizes NDRE, DSWI und RENDVI erfasst worden. Insbesondere die

Reflexion der Wellenlängen im Red-Edge Bereich des elektromagnetischen Spektrums dient zur Charakterisierung der Stresssymptome, da dieser Bereich durch eine sehr hohe Empfindlichkeit gegenüber Veränderungen des Chlorophyllgehaltes gekennzeichnet ist.

Die Wertebereiche der Vegetationsindizes wurden in Schadstufen klassifiziert und daraus Wald-Schadkarten erstellt, die eine unterschiedliche Entwicklung von Laub- und Nadelwald im Verlauf der Trockenperiode identifizieren konnten. Zwischen 2017 und 2018 wurden für Laub- und Nadelwälder eine Verschlechterung der Vitalität festgestellt, wobei die Schäden der Nadelbäume bereits deutlich stärker ausgeprägt waren. Im zweiten Jahr der Trockenheit 2019 hat sich auch der Zustand der Laubbäume stark verschlechtert, der sich dann 2020 allerdings überwiegend wieder verbesserte. Im Gegensatz dazu haben sich die Schäden der Nadelbäume weiter intensiviert. Das deutlich niederschlagsreichere und kühlere Jahr 2021 hat dazu beigetragen, dass der Vitalitätszustand beider Waldtypen leicht angestiegen ist.

Bei den Laubbäumen handelte es sich also überwiegend um temporäre Stresssymptome als Mechanismus zur Trockenheitstoleranz. Anhand der Vitalitätsveränderungskarte, die die Waldvitalität vor und nach der Trockenperiode gegenüberstellt, wird allerdings auch deutlich, dass in vielen Bereichen der Laubwälder eine Vitalitätsabnahme zwischen 5 % und 50 % auftritt. Vermutlich vermischt sich in diesen Pixeln das spektrale Signal von abgestorbenen Bäumen mit jenen, die nach der Trockenheit ihre ursprüngliche Vitalität zurückerlangt haben. Die Laubbaumart mit den geringsten Vitalitätsrückgängen zwischen 2017 und 2019 war die Eiche.

Auf den Flächen der Laubbaumbestände ist es also bisher nicht zum großflächigen Absterben von Bäumen gekommen. Im Gegensatz dazu haben sich im Bereich der Nadelwälder seit 2018 massive Schadflächen entwickelt. Besonders die trockenheitsempfindliche Fichte ist von starken Vitalitätsrückgängen betroffen, sodass diese Baumart aufgrund des schwindenden Harzdruckes einen Befall mit Borkenkäfern nicht abwehren konnte. Im Untersuchungszeitraum ist es zu einer Massenvermehrung dieser Schädlinge gekommen, in dessen Folge Fichtenbestände großflächig abgestorben sind. Auf einigen der betroffenen Flächen ist bereits wieder eine Zunahme der Vitalität festzustellen, was vermutlich mit einem Wiederbewuchs zusammenhängt. Andere Nadelbaumarten zeigten eine größere Resilienz gegenüber der extremen Witterungsbedingungen. Die geringste

7 Fazit zur Fallstudie II

Vitalitätsabnahme zwischen 2017 und 2019 ist für Douglasien ermittelt worden, die im Zuge des Waldumbaus weiter gefördert werden sollen. Die umfassende statistische Datenanalyse der Vitalitätsveränderungen von Buchenbeständen hat zu der Erkenntnis geführt, dass auch Buchen, die in der Vergangenheit als Baumart mit einer hohen Plastizität und Anpassungsfähigkeit an Dürreereignisse galten, von deutlichen Vitalitätseinbußen betroffen waren. Dabei konnte statistisch bewiesen werden, dass vor allem Standorte, die aufgrund der Bodeneigenschaften durch eine schlechte Wasserhaltefähigkeit gekennzeichnet sind, sich als problematisch erweisen. Außerdem hat sich der Vitalitätszustand von Buchenbeständen auf Flächen stärker verschlechtert, die durch eine größere Hangneigung und eine Exposition nach Süden oder Südwesten gekennzeichnet sind. An derartigen Hangstandorten ist es auch zu direkten Schädigungen durch Hitze gekommen, sodass diese genannten Standorte wahrscheinlich nicht länger als Wuchsorte für Buchen geeignet sein werden, da aufgrund der projizierten Klimaänderungen die Häufigkeit und Intensität von Extremwetterereignissen wie Hitzewellen und Trockenperioden zunehmen werden.

Für den Beobachtungszeitraum dieser Arbeit konnte allerdings auch festgestellt werden, dass sich die Buchenbestände überwiegend von den extremen Witterungsbedingungen erholt haben. Dabei ist allerdings zu beachten, dass bei häufig wiederkehrenden Trockenperioden die Widerstandsfähigkeit voraussichtlich abnehmen wird, sodass weiterhin eine regelmäßige und flächendeckende Überprüfung des Vitalitätszustandes vorgenommen werden sollte, um auch die Langzeitfolgen der vergangenen Trockenperiode zu überwachen.

Gleiches gilt für die Gesamtheit des Ökosystems Wald. Dazu kann die in dieser Arbeit vorgestellte Methode zum Vitalitätsmonitoring von Wäldern auf Basis von Sentinel-2 Satellitenbildern einen Beitrag leisten. Um die überregionale Eignung erneut zu überprüfen und die Grenzwerte der Index-Klassifizierung gegebenenfalls weiter zu verfeinern, sollte für andere Regionen in Deutschland ebenfalls ein Vitalitätsmonitoring durchgeführt werden, sodass dann die Ergebnisse verglichen werden können. Idealerweise kann so deutschlandweit der Waldzustand flächendeckend erfasst werden, sodass quantifizierbare Informationen zur Vitalität bereitgestellt werden können, um die Waldzustandserhebungen personal- und kosteneffizient zu unterstützen.

8 Literaturverzeichnis Fallstudie II

ABDULLAH, H., SKIDMORE, A.K., DARVISHZADEH, R. und HEURICH, M. (2019): Sentinel-2 accurately maps green-attack stage of European spruce bark beetle (*Ips typographus, L.*) compared with Landsat-8. In: Remote Sensing in Ecology and Conservation 5(1): 87-106.

AREND, M.,BRAUN, S., BUTTLER, A., SIEGWOLF, R.T.W., SIGNARBIEUX, C. und KÖRNER, C. (2016): Ökophysiologie: Reaktionen von Waldbäumen auf Klimaänderungen. In: PLUESS, A.R., AUGUSTIN, S. und BRANG, P. (Hg.): Wald im Klimawandel. Grundlagen für Adaptionsstrategien. Bern, Stuttgart, Wien: Haupt: 75-92.

AUGUSTIN, S. und BRAUN, S. (2016): Der Wasserhaushalt der Waldböden. In: Züricher Wald 4: 16-20.

BAŁAZY, R., HYCZA, T., KAMINSKA, A. und OSINSKA-SKOTAK, K. (2019): Factors Affecting the Health Condition of Spruce Forests in Central European Mountains-Study Based on Multitemporal RapidEye Satellite Images. In: Forests 10: 943-961.

BARTSCH, N. und RÖHRIG, E. (2016): Waldökologie. Eine Einführung für Mitteleuropa. Berlin, Heidelberg: Springer Spektrum.

BARTSCH, N., VON LÜPKE, B. und RÖHRIG, E. (2020): Waldbau auf ökologischer Grundlage. Stuttgart: Ulmer, 8. Auflage.

BAUHUS, J., DIETER, M., FARWIG, N., HAFNER, A., KÄTZEL, R., KLEINSCHMIT, B., LANG, F., LINDNER, M., MÖHRING, B., MÜLLER, J., NIEKISCH, M., RICHTER, K., SCHRAML, U. und SEELING, U. (2021): Die Anpassung von Wäldern und Waldwirtschaft an den Klimawandel. Gutachten des Wissenschaftlichen Beirates für Waldpolitik. In: Berichte über Landwirtschaft. Zeitschrift für Agrarpolitik und Landwirtschaft (233).

Bayerisches Staatsministerium für Ernährung, Landwirtschaft und Forsten (2021): Borkenkäfer – Buchdrucker und Kupferstecher. Verursacher verheerender Waldschäden. https://www.stmelf.bayern.de/wald/waldschutz/borkenkaefer/index.php (21.12.2021).

8 Literaturverzeichnis Fallstudie II

BMEL (2020): Am Puls des Waldes. Umweltwandel und seine Folgen – ausgewählte Ergebnisse des intensiven forstlichen Umweltmonitorings. Bonn.

BMEL (2021): Waldbericht der Bundesregierung 2021. Bonn.

BMEL (2021a): Waldstrategie 2050. Nachhaltige Waldbewirtschaftung – Herausforderungen und Chancen für Mensch, Natur und Klima. Bonn.

BMEL (Bundesministerium für Ernährung und Landwirtschaft) (2018): Der Wald in Deutschland. Ausgewählte Ergebnisse der dritten Bundeswaldinventur, 3. Auflage, Berlin.

BMUB (Bundesministerium für Umwelt, Naturschutz, Bau und Reaktorsicherheit) (2015): Weltnaturerbe Buchenwälder. Einzigartig schützenswert. Berlin.

BOCHENEK, Z., ZIOLKOWSKI, D., BARTOLD, M., ORLOWSKA, K. und OCHTYRA, A. (2018): Monitoring forest biodiversity and the impact of climate on forest environment using high-resolution satellite images. In: European Journal of Remote Sensing 51(1): 166-181.

BÖCKMANN, T., HANSEN, J., HAUSKELLER-BULLERJAHN, K., JENSEN, T., NAGEL, J., OVERBECK, M., PAMPE, A., PETEREIT-BITTER, A., SCHMIDT, M., SCHRÖDER, M., SCHULZ, C., SPELLMANN, H., STÜBER, V., SUTMÖLLER, J. und WOLBORN, P. (2019): Klimaangepasste Baumartenwahl in den Niedersächsischen Landesforsten. Aus dem Walde – Schriftreihe Waldentwicklung in Niedersachsen, Heft 61.

BOIARSKII, B. und HASEGAWA, H. (2019): Comparison of NDVI and NDRE Indices to Detect Differences in Vegetation and Chlorophyll Content. In: International Conference on Applied Science, Technology and Engineering 4: 20-29.

BOLTE, A., HÖHL, M., HENNIG, P., SCHAD, T., KROIHER, F., SEINTSCH, B., ENGLERT, H. und ROSENKRANK, L. (2021): Zukunftsaufgabe Waldanpassung. In: AFZ, der Wald 76 (4): 12-16.

BOLTE, A., SANDERS, T. und WELLBROCK, N. (2021a): Waldschäden durch Trockenheit und Hitze. Fragen und Antworten. Braunschweig: Thünen-Institut. https://www.thuenen.de/de/thema/waelder/forstliches-umweltmonitoring-mehr-als-nur-daten/waldschaeden-durch-trockenheit-und-hitze/ (30.11.2021).

BRESSEM, U., HABERMANN, M., HURLING, R., ROMMERSKIRCHEN, A., LANGER, G. und PLAŠIL, P. (2017): Insekten und Pilze. In: NW-FVA (Hg.): Waldzustandsbericht 2017 für Niedersachsen. Göttingen: 21-23.

BURNS, B.W., GREEN, V.S., HASHEM, A.A., MASSEY, J.H., SHEW, A.M., ADVIENTO-BORBE, M.A.A. und MILAD, M. (2022): Determining nitrogen deficiencies for maize using various remote sensing indices. In: Precision Agriculture (2022): 1-21.

CHMARA, I. und BÖTTCHER, F. (2020): Bodenfeuchte/Trockenstress im Wald. Monats-Information. Oktober 2020. Gotha, Leipzig: Thüringen Forst.

CHRYSAFIS, I., KORAKIS, G., KYRIAZOPOULOS, A.P. und MALLINIS, G. (2020): Retrieval of Leaf Area Index Using Sentinel-2 Imagery in a Mixed Mediterranean Forest Area. In: International Journal of Geo-Information 9(11): 622-635.

COLUZZI, R., FASCETTI, S., IMBRENDA, V., ITALIANO, S.S.P., RIPULLONE, F. und LANFREDI, M. (2020): Exploring the Use of Sentinel-2 Data to Monitor Heterogeneous Effects of Contextual Drought and Heatwaves on Mediterranean Forests. Land 9(9): 325-344.

DAMMANN, I. und HANKE, T. (2018): Auswirkungen des Sturms „Friederike". In: NW-FVA: Waldzustandsbericht 2017 für Niedersachsen. Göttingen: 30-31.

DE LANGE, N. (2020): Geoinformatik in Theorie und Praxis. Grundlagen von Geoinformationssystemen, Fernerkundung und digitaler Bildverarbeitung. Berlin: Springer Spektrum, 4. Auflage.

DÍAZ, G.M., LENCINAS, J.D. und DEL VALLE, H. (2014): Introduction to hemispherical photography in forestry. In: Madera y Bosques 20(1): 109-117.

DÍAZ, G.M. und LENCINAS, J.D. (2015): Enhanced Gap Fraction Extraction From Hemispherical Photography. In: IEEE Geoscience and Remote Sensing Letters 12(8): 1785-1789.

DOTZLER, S., HILL, J., BUDDENBAUM, H. und STOFFELS, J. (2015): The Potential of EnMAP and Sentinel-2 Data for Detecting Drought Stress Phenomena in Deciduous Forest Communities. In: Remote Sensing 7(10): 14227-14258.

DWD (2018): Klimareport Niedersachsen. Fakten bis zur Gegenwart – Erwartungen für die Zukunft. Offenbach am Main: Deutscher Wetterdienst.

EICHHORN, J., SUTMÖLLER, J., SCHELER, B., WAGNER, M. DAMMANN, I., MEESENBURG, H. und PAAR, U. (2019): Auswirkungen der Stürme und der Dürre 2018/2019 auf die Vitalität der Wälder in

Nordwestdeutschland. In: NW-FVA: Waldzustandsbericht 2019 für Niedersachsen. Göttingen: 20-30.

EITEL, J.U., VIERLING, L.A., LITVAK, M.E., LONG, D.S., SCHULTHESS, U., AGER, A.A., KROFCHECK, D.J. und STOSCHECK, L. (2011): Broadband, red-edge information from satellites improves early stress detection in a New Mexico conifer woodland. In: Remote Sensing of Environment 115: 3640-3646.

ESA (2021): Sentinel-2. https://sentinels.copernicus.eu/web/sentinel/missions/sentinel-2 (10.12.2021).

ESA (2021a): Copernicus Sentinel-2 Collection 1 MSI Level-2A (L2A). https://sentinels.copernicus.eu/web/sentinel/sentinel-data-access/sentinel-products/sentinel-2-data-products/collection-1-level-2a (10.12.2021).

ESA (European Space Agency) (2015): Colour Vision for Copernicus. The story of Sentinel-2. In: Bulletin. Space for Europe 161: 2-9.

Esri (2021): Majority Filter (Spatial Analyst): https://pro.arcgis.com/en/pro-app/latest/tool-reference/spatial-analyst/majority-filter.htm (09.12.2021).

Esri (2021a): The Image Classification Wizard: https://pro.arcgis.com/en/pro-app/latest/help/analysis/image-analyst/the-image-classification-wizard.htm (03.12.2021).

FERNANDEZ-CARRILLO, A., PATOCKA, Z., DOBROVOLNY, L., FRANCO-NIETO, A. und REVILLA-ROMERO, B. (2020): Monitoring Bark Beetle Forest Damage in Central Europe. A Remote Sensing Approach Validated with Field Data. In: Remote Sensing 12: 3634-3653.

FERNÁNDEZ-MANSO, A., FERNÁNDEZ-MANSO, O. und QUINTANO, C. (2016): SENTINEL-2A red-edge spectral indices suitability for discriminating burn severity. In: International Journal of Applied Earth Observation and Geoinformation 50: 170-175.

FNR (Fachagentur Nachwachsende Rohstoffe e.V.) (2020): Standortansprüche der wichtigsten Waldbaumarten. Empfehlungen für die Praxis. Gülzow-Prüzen.

FORKUOR, G., DIMOBE, K., SERME, I. und TONDOH, J.E. (2017): Landsat-8 vs. Sentinel-2: examining the added value of sentinel-2's red-edge bands to land-use and land-cover mapping in Burkina Faso. In: GIScience & Remote Sensing 55(3): 331-354.

8 Literaturverzeichnis Fallstudie II

GADAL, S., GBETKOM, P.G. und MFONDOUM, A.H.N. (2021): A new soil degradation method analysis by sentinel 2 images combining spectral indices and statistics analysis: Application to the Cameroonians shores of Lake Chad an its hinterland. In: Proceedings of the 7th International Conference on Geographical Information Systems Theory, Applications and Management (GISTAM 2021): 25-36.

GALVÃO, L.S., FORMAGGIO, A.R. und TISOT, D.A. (2005): Discrimination of sugarcane varieties in Southeastern Brazil with EO-1 Hyperion data. In: Remote Sensing of Environment 94(4): 523-534.

GAUER, J. und KROIHER, F. (Hg.) (2012): Waldökologische Naturräume Deutschlands. Forstliche Wuchsbezirke und Wuchsgebiete. Digitale Topographische Grundlagen. Neubearbeitung Stand 2011. Braunschweig: Johann Heinrich von Thünen-Institut.

GIANNETTI, F., PECCHI, M., TRAVAGLINI, D., FRANCINI, S., D'AMICO, G., VANGI, E., COCOZZA, C. und CHIRICI, G. (2021): Estimating VAIA Windstorm Damaged Forest Areaa in Italy Using Time Series Sentinel-2 Imagery and Continuous Change Detection Algorithms. In: Forest 12: 680-696.

GIBSON, R.K., DANAHER, T., HEHIR, W. und COLLINS, L. (2020): A remote sensing approach to mapping fire severity in south-eastern Australia using sentinel 2 and random forest. In: Remote Sensing of Environment 240: 111702.

GITELSON, A. und MERZLYAK, M.N. (1994): Spectral Reflectance Changes Associated with Autumn Senescence of Aesculus hippocatanum L. and Acer plantanoides L. Leaves. Spectral Features and Relation to Chlorophyll Estimation. In: Journal of Plant Physiology 143(3): 286-292.

GRABSKA, E., HOSTERT, P., PFLUGMACHER, D. und OSTAPOWICZ, K. (2019): Forest Stand Species Mapping Using the Sentinel-2 Time Series. In: Remote Sensing 11(10): 1197-1231.

GUPTA, S.K. und PANDEY, A.C. (2021): Spectral aspects for monitoring forest health in extreme season using multispectral imagery. In: The Egyptian Journal of Remote Sensing and Space Sciences 24(3): 579-586.

HAUCK, M., LEUSCHNER, C. und HOMEIER, J. (2019): Klimawandel und Vegetation – Eine globale Übersicht. Berlin: Springer Spektrum.

8 Literaturverzeichnis Fallstudie II

HAWRYLO, P., BEDNARZ, B., WEZYK, P. und SZOSTAK, M. (2018): Estimating defoliation of Scots pine stands using machine learning methods and vegetation indices of Sentinel-2. In: European Journal of Remote Sensing 51(1): 194-205.

HEDDERICH, J. und SACHS, L. (2020): Angewandte Statistik. Methodensammlung mit R. Berlin: Springer Spektrum, 17. Auflage.

HEMMERLING, J., PFLUGMACHER, D. und HOSTERT, P. (2021): Mapping temperate forest tree species using dense Sentinel-2 time series. In: Remote Sensing of Environment 267: 112743.

HENNING, B. (2017): Waldumbau. Gesunden Mischwald bewirtschaften. Stuttgart: Ulmer-Verlag.

IMMITZER, M., NEUWIRTH, M., BÖCK, S., BRENNER, H., VUOLO, F. und ATZBERGER, C. (2019): Optimal Input Features for Tree Species Classification in Central Europe Based on Multi-Temporal Sentinel-2 Data. In: Remote Sensing 11(22): 2599-2622.

IMMITZER, M., VUOLO, F., EINZMANN, K., NG, W.T., BÖCK, S. und ATZBERGER, C. (2016): Verwendung von multispektralen Sentinel-2 Daten für die Baumartenklassifikation und Vergleich mit anderen Satellitensensoren. In: Dreiländertagung der DGPF, der OVG und der SGPF in Bern, Schweiz – Publikationen der DGPF 25: 417-427.

Index DataBase (2021): Senitnel-2A. Show Indices for selected sensor. https://www.indexdatabase.de/db/is.php?sensor_id=96 (30.11.2021).

IPCC (2021): Zusammenfassung für die politische Entscheidungsfindung. In: Klimawandel 2021. Naturwissenschaftliche Grundlagen. Bericht von Arbeitsgruppe I zum Sechsten Sachstandsbericht des Zwischenstaatlichen Ausschusses für Klimaänderungen. Bonn: Deutsche IPCC-Koordinierungsstelle; Bern: Akademie der Naturwissenschaften Schweiz SCNAT, ProClim; Wien: Bundesministerium für Klimaschutz, Umwelt, Energie, Mobilität, Innovation und Technologie.

JORGE, J., VALLBÉ, M. und SOLER, J.A. (2019): Detection of irrigation inhomogenities in an olive grove using the NDRE vegetation index obtained from UAV images. In: European Journal of Remote Sensing 52 (1): 169-177.

KAISER, T. und ZACHARIAS, D. (2003): PNV-Karten für Niedersachsen auf Basis der BÜK 50. In: Informationsdienst Naturschutz Niedersachsen 23(1): 2-60.

8 Literaturverzeichnis Fallstudie II

KASPAR, F., IMBERY, F. und FRIEDRICH, K. (2021): Nutzung klimatologischer Referenzperioden ab 2021. Deutscher Wetterdienst. Abteilung Klimaüberwachung.

KIM, Y., JEONG, M.H., YOUM, M., KIM, J. und KIM, J. (2021): Recovery of Forest Vegetation in a Burnt Area in the Republic of Korea: A Perspective Based on Sentinel-2 Data. In: Applied Sciences 11: 2570-2586.

KÖRNER, C. (2021): Grundlagen der Pflanzenökologie. In: KADEREIT, J.W., KÖRNER, C., NICK, P. und SONNEWALD, U. (Hg.): Strasburger - Lehrbuch der Pflanzenwissenschaften. Berlin Heidelberg: Springer: 923-646.

KOWARIK, I. (2016): Das Konzept der potentiellen natürlichen Vegetation und seine Bedeutung für Naturschutz und Landschaftspflege. In: Natur und Landschaft 91 (9): 429-435.

Landesregierung Niedersachsen (2021): Niedersächsische Strategie zur Anpassung an die Folgen des Klimawandels 2021. https://www.umwelt.niedersachsen.de/download/178371 (02.12.2021).

Landeszentrum Wald Sachsen-Anhalt (2016): Definition wichtiger forstlicher Begriffe. https://landeszentrumwald.sachsen-anhalt.de/fileadmin/Bibliothek/Politik_und_Verwaltung/MLU/Waldbau/Definitionen_wichtiger_forstlicher_Begriffe.pdf (10.12.2021).

LASTOVICKA, J., SVEC, P., PALUBA, D., KOBLIUK, N., SVOBODA, J., HLADKY, R. und STYH, P. (2020): Sentinel-2 Data in an Evaluation of the Impact of the Disturbances on Forest Vegetation. In: Remote Sensing 12(12): 1914-1940.

LAURIN, G.V., FRANCINI, S., LUTI, T., CHIRICI, G., PIROTTI, F. und PAPALE, D. (2020): Satellite open data to monitor forest damage caused by extreme climate-induced events: a case study of the Vaia storm in Northern Italy. In: Forestry: An International Journal of Forest Research 94 (3): 407-416.

LGLN (Landesamt für Geoinformation und Landesvermessung Niedersachsen) (2019): Wie funktioniert ein WebMapService (WMS)? Beispiele mit dem Viewer „Geobasis.NI". Hannover.

MA, H., JING, Y., HUANG, W., SHI, Y., DONG, Y., ZHANG, J. und LIU, L. (2018): Integrating Early Growth Information to Monitor Winter Wheat Powdery Mildew Using Multi-Temporal Landsat-8 Imagery. In: Sensors 18(10): 1-16.

MATYSSEK, R. und HERPPICH, W.B. (2019): Experimentelle Pflanzenökologie. Grundlagen und Anwendungen. Berlin: Springer Spektrum.

MAURO-DÍAZ, G., LENCINAS, J.D. und DEL VALLE, H. (2014): Introduction to hemispherical photography in forestry. In: Madera y Bosques 20(1): 109-117.

MEYER, B.F., BURAS, A., RAMMIG, A. und ZANG, C.S. (2020): Higher susceptibility of beech to drought in comparison to oak. In: Dendrochronologia 64: 125780.

MONTZKA, C., BAYAT, B., TEWES, A., MENGEN, D. und VEREECKEN, H. (2021): Sentinel-2 Analysis of Spruce Crown Transparency Levels and Their Environmental Drivers After Summer Drought in the Northern Eifel (Germany). In: Frontiers in Forests and Global Change 4: 1-15.

MORENO-FERNÁNDEZ, D., VIANA-SOTO, A., CAMARERO, J.J., ZAVALA, M.A., TIJERÍN, J. und GARCÍA, M. (2021): Using spectral indices as early warning signals of forest dieback: The case of drought-prone Pinus pinaster forests. In: Science of the Total Environment 793: 148578-148589.

NAVARRO, A., CATALAO, J. und CALVAO, J. (2019): Assessing the Use of Sentinel-2 Time Series Data for Monitoring Cork Oak Decline in Portugal. In: Remote Sensing 11(2): 2515-2531.

NFP (Niedersächsisches Forstplanungsamt) (2007): Forstliche Standortsaufnahme. Geländeökologischer Schätzrahmen. Anwendungsbereich: Mittelgebirge, Bergland und Hügelland. Wolfenbüttel: Niedersächsische Landesforsten.

Niedersächsisches Ministerium für Ernährung, Landwirtschaft und Verbraucherschutz (2014): Der Wald in Niedersachsen. Ergebnisse der Bundeswaldinventur 3. Hannover.

Niedersächsisches Ministerium für Umwelt, Energie, Bauen und Klimaschutz (2021): Digitale Orthophotos Niedersachsen (DOP20). https://numis.niedersachsen.de/trefferanzeige;jsessionid=91FA9B91E10E27675E86441647653690?cmd=doShowDocument&docuuid=87890b7a-5a8a-4100-8a1e-78ced663a5d4&plugid=/ingrid-group:iplug-csw-dsc-lgln (30.07.2021).

NLWKN (Niedersächsischer Landesbetrieb für Wasserwirtschaft, Küsten- und Naturschutz) (Hg.) (2020): Vollzugshinweise zum Schutz der FFH-Lebensraumtypen sowie weiterer Biotoptypen mit landesweiter Bedeutung für Niedersachsen. Teil 2: FFH-Lebensraumtypen und Biotoptypen mit Priorität für Erhaltungs- und Entwicklungsmaßnahmen – Bodensaurer Buchenwald: Hainsimsen-Buchenwälder sowie Atlantische bodensaure Buchen-Eichenwälder mit Stechpalme. Hannover: Niedersächsische Strategie zum Arten- und Biotopschutz.

NW-FVA (Nordwestdeutsche Forstliche Versuchsanstalt) (2017): Waldzustandsbericht 2017 für Niedersachsen. Göttingen.

NW-FVA (2018): Waldzustandsbericht 2018 für Niedersachsen. Göttingen.

NW-FVA (2019): Waldzustandsbericht 2019 für Niedersachsen. Göttingen.

NW-FVA (2020): Waldzustandsbericht 2020 für Niedersachsen. Göttingen.

NW-FVA (2021): Waldzustandsbericht 2021 für Niedersachsen. Göttingen.

OLMO, V., TORDONI, E., PETRUZZELLIS, F., BACARO, G. und ALTOBELLI, A. (2021): Use of Sentinel-2 Satellite Data for Windthrows Monitoring and Delimiting: The Case of "Vaia" Storm in Friuli Venezia Giulia Region (North-Eastern Italy). In: Remote Sensing 13: 1530-1549.

PANEK, N. (2016): Deutschland, deine Buchenwälder. Daten – Fakten – Analysen. Vöhl-Basdorf: Ambaum-Verlag.

PLUESS, A.R., AUSGUSTIN, S. und BRANG, P. (2016): Kernaussagen und Empfehlungen zum Wald im Klimawandel. In: PLUESS, A.R., AUGUSTIN, S. und BRANG, P. (Hg.): Wald im Klimawandel. Grundlagen für Adaptionsstrategien. Bern, Stuttgart, Wien: Haupt: 421-440.

POLLMANN, W. (2000): Die Buchenwaldgesellschaften im nordwestlichen Weserbergland. Münster: Geographische Kommission für Westfalen.

PRETZSCH, H. (2019): Grundlagen der Waldwachstumsforschung. Berlin: Springer, 2. Auflage.

8 Literaturverzeichnis Fallstudie II

PRETZSCH, H. und RÖTZER, T. (2019): Fichten und Buchen im Rein- und Mischbestand unter 5-jährigem Trockenstress. Ergebnisse des Austrocknungsexperiments KROOF. In: DVFFA - Sektion Ertragskunde. Beiträge zur Jahrestagung 2019: 63-72.

PULETTI, N., MATTIOLI, W., BUSSOTTI, F. und POLLASTRINI, M. (2019): Monitoring the effects of extreme drought events on forest health by Sentinel-2 imagery. In: Journal of Applied Remote Sensing 13(2): 1-9.

RADOCAJ, D., OBHODAS, J., JURIŠIC, M. und GAŠPAROVIC, M. (2020): Global Open Data Remote Sensing Satellite Missions for Land Monitoring and Conservation: A Review. In: Land 9(11): 402-425.

RASCH, B., FRIESE, M., HOFMANN, W.J. und NAUMANN, E. (2010): Quantitative Methoden 2. Einführung in die Statistik für Psychologen und Sozialwissenschaftler. Berlin, Heidelberg: Springer, 3. Auflage.

ROCCHINI, D., LEUTNER, B. und WEGMANN, M. (2016): From Spectral to Ecological Information. In: Wegmann, M., Leutner, B. und Dech, S. (Hg.): Remote Sensing and GIS for Ecologists: Using Open Source Software. Exeter: Pelagic Publishing: Kapitel 7.

ROLOFF, A. (2018): Vitalitätsbeurteilung von Bäumen. Aktueller Stand und Weiterentwicklung. Braunschweig: Haymarket Media.

SCHÄFER, T., HOFFMANN, K. und ZINDEL, U. (2017): Waldbauliche Anpassung an den Klimawandel. Wolfhagen: Landesbetrieb HessenForst.

SCHROEDER, D. (1992): Bodenkunde in Stichworten. Berlin, Stuttgart: Borntraeger, 5. Auflage.

SCHULDT, B., BURAS, A., AREND, M., VITASSE, Y., BEIERKUHNLEIN, C., DAMM, A., GHARUN, M., GRAMS, T., HAUCK, M., HAJEK, P., HARTMANN, H., HILTBRUNNER, E., HOCH, G., HOLLOWAY-PHILLIPS, M., KÖRNER, C., LARYSCH, E., LÜBBE, T., NELSON, D.B., RAMMIG, A., RIGLING, A., ROSE, L., RUEHR, N.K., SCHUMANN, K., WEISER, F., WERNER, C., WOHLGEMUTH, T., ZANG, C.S. und KAHMEN, A. (2020): A first asessment of the impact of the extreme 2018 summer drought on Central European forests. In: Basic and Applied Ecology 45: 86-103.

SEITZ, C. und STRAUB, R. (2017a): Grenzenlose Möglichkeiten? Chancen der forstlichen Fernerkundung. In: LWF aktuell 24(115): 6-9.

SEITZ, C. und STRAUB, R. (2017b): Satellitenbilder kostenfrei für die forstliche Forschung. Die LWF untersucht das Anwendungsspektrum von Sentinel-2 Satellitendaten. In: LWF aktuell 24(115): 10-13.

TESKEY, R., WERTIN, T., BAUWERAERTS, I., AMEYE, M., MCGUIRE, M.A. und STEPPE, K. (2015): Response of tree species to heat waves and extreme heat events. In: Plant, Cell and Environment 38(9): 1699–1712.

THENKABAIL, P.S., LYON, J.G. und HUETE, A. (2018): Hyperspectral Indices and Image Classifications for Agriculture and Vegetation. London, New York: CRC Press, 2. Auflage.

THURM, E.A., BRANDL, S., FISCHER, H., MELLERT, K.H., METTE, T., REGER, B. und WEIS, W. (2020): Nadelbäume im Trockenstress. Vier Modelle zur Abschätzung der Trockenheitsresistenz im Klimawandel. LWF aktuell 126: 24-27.

UFZ (Helmholz-Zentrum für Umweltforschung) (2021): Dürremonitor Deutschland. https://www.ufz.de/index.php?de=36683 (05.12.2021).

Umweltbundesamt (2021): IPCC-Bericht: Klimawandel verläuft schneller und folgenschwerer. https://www.umweltbundesamt.de/themen/ipcc-bericht-klimawandel-verlaeuft-schneller (02.11.2021).

VÖLKL, K. und KORB, C. (2018): Deskriptive Statistik. Eine Einführung für Politikwissenschaftlerinnen und Politikwissenschaftler. Wiesbaden: Springer VS.

VON WILPERT, K., HARTMANN, P., PUHLMANN, H., SCHMIDT-WALTER, P., MEESENBURG, H., MÜLLER, J. und EVERS, J. (2016): Bodenwasserhaushalt und Trockenstress. In: Wellbrock, N., Bolte, A. und Heinz, F. (Hg.): Dynamik und räumliche Muster forstlicher Standorte in Deutschland. Ergebnisse der Bodenzustandserhebung im Wald 2006 bis 2008. Braunschweig: Thünen-Institut: 343-386.

WALTHERT, L., GANTHALER, A., MAYR, S., SAURER, M., WALDNER, P., WALSER, M., ZWEIFEL, R. und VON ARX, G. (2021): From the comfort zone to crown dieback: Sequence of physiological stress thresholds in mature European beech trees across progressive drought. In: Science of the Total Environment 753: 141792.

WANG, D., WAN, B., LIU, J., SU, Y., GUO, Q., QUI, P. und WU, X. (2020): Estimating aboveground biomass of the mangrove forests on northeast Hainan Island in China using an upscaling method from field plots, UAV-LiDAR data and Sentinel-2 imagery. In: International Journal of Applied Earth Observation and Geoinformation 85: 101986.

WEBER, D., GINZLER, C., FLÜCKIGER, S. und ROSSET, C. (2018): Potenzial von Sentinel-2-Satellitendaten für die Anwendung im Waldbereich. In: Schweizerische Zeitschrift für Forstwesen 169(1): 26-34.

WEINMANN, M., EHMER, F. und WEIDNER, U. (2020): Analyse von multitemporalen Sentinel-2-Daten zur Klassifizierung von Landbedeckung und Landnutzung am Kaiserstuhl. In: 40. Wissenschaftlich-Technische Jahrestagung in der DGPF in Stuttgart 29: 422-436.

WELLBROCK, N., EICKENSCHEIDT, N., HILBRIG, L., DÜHNELT, P., HOLZHAUSEN, M., BAUER, A., DAMMANN, I., STRICH, S., ENGELS, F. und WAUER, A. (2018): Leitfaden und Dokumentation zur Waldzustandserhebung in Deutschland. Thünen Working Paper 84. Braunschweig: Thünen-Institut.

WOHLGEMUTH, T., KISTLER, M., AYMON, C., HAGEDORN, F., GESSLER, A., GOSSNER, M.M., QUELOZ, V., VÖGTLI, I., WASEM, U., VITASSE, Y. und RIGLING, A. (2020): Früher Laubfall der Buche während der Sommertrockenheit 2018: Resistenz oder Schwächesymptom? In: Schweizerische Zeitschrift für Forstwesen 171(5): 257-269.

WOLLSCHLÄGER, D. (2020): Grundlagen der Datenanalyse mit R. Eine anwendungsorientierte Einführung in R. Berlin: Springer, 5. Auflage.

ZAGAJEWSKI, B., TOMMERVIK, H., BJERKE, J.B., RACZKO, E., BOCHENEK, Z., KLOS, A., JAROCINSKA, A., LAVENDER, S. und ZIOLKOWSKI, D. (2017): Intraspecific Differences in Spectral Reflectance Curves as Indicators of Reduced Vitality in High-Arctic Plants. In: Remote Sensing 9(12): 1289-1308.

ZANG, C., ROTHE, A., WEIS, W. und PRETZSCH, H. (2011): Zur Baumarteneignung bei Klimawandel: Ableitung der Trockenstress-Anfälligkeit wichtiger Waldbaumarten aus Jahresringbreiten. In: Allgemeine Forst- und Jagdzeitung 182 (5/6): 98-112.

ZARCO-TEJADA, P.J., HORNERO, A., HERNÁNDEZ-CLEMENTE, R. und BECK, P.S.A. (2018): Understanding the temporal dimension of the red-edge spectral region for forest decline detection using high resolution hyperspectral and Sentinel-2a imagery. In: ISPRS Journal of Photogrammetry and Remote Sensing 137: 134-148.

Datenquellen

Administrative Grenzen: GADM (2021): https://gadm.org/download_country_v3.html (21.07.2021).

OpenStreetMap-Daten (OSM): Geofabrik (2018): OpenStreetMap-Daten für Niedersachsen: https://download.geofabrik.de/europe/germany/niedersachsen.html

Orthophotos: NUMIS. Das niedersächsische Umweltportal. Niedersächsisches Ministerium für Umwelt, Energie, Bauen und Klimaschutz (2021): https://numis.niedersachsen.de/trefferanzeige;jsessionid=91FA9B91E10E27675E86441647653690?cmd=doShowDocument&docuuid=87890b7a-5a8a-4100-8a1e-78ced663a5d4&plugid=/ingrid-group:iplug-csw-dsc-lgln (30.07.2021).

Tägliche Stationsmessungen der mittleren Lufttemperatur in 2 m Höhe in °C: DWD (Deutscher Wetterdienst) (2022): https://opendata.dwd.de/climate_environment/CDC/observations_germany/climate/daily/kl (10.01.2022).

Tägliche Stationsmessungen der Niederschlagshöhe in mm: DWD (2022a): https://opendata.dwd.de/climate_environment/CDC/observations_germany/climate/daily/more_precip (10.01.2022).

Tägliche Stationsmessungen des Maximums der Lufttemperatur in 2 m Höhe in °C: DWD (2021): https://opendata.dwd.de/climate_environment/CDC/observations_germany/climate/daily/kl (15.10.2021).

9 Anhang

Anhang 1: Sentinel-2 Satellitenbilder

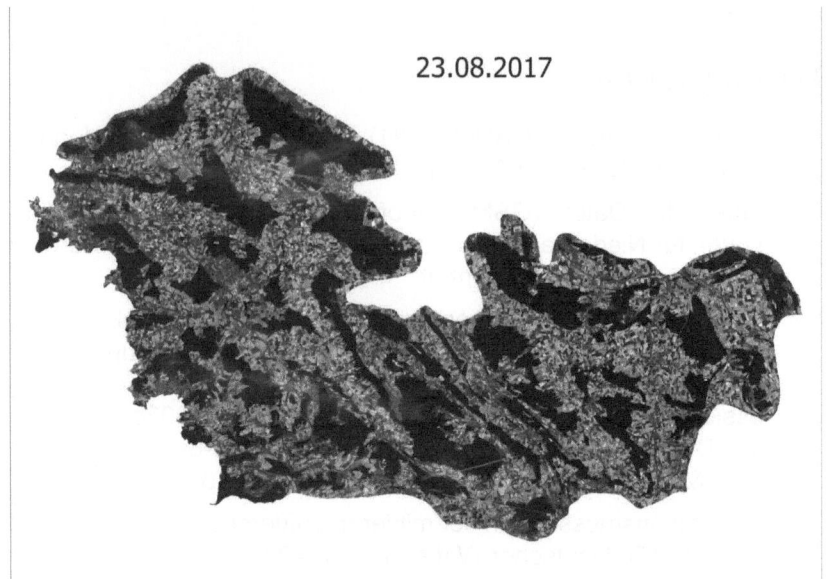

23.08.2019

24.07.2018

07.08.2020

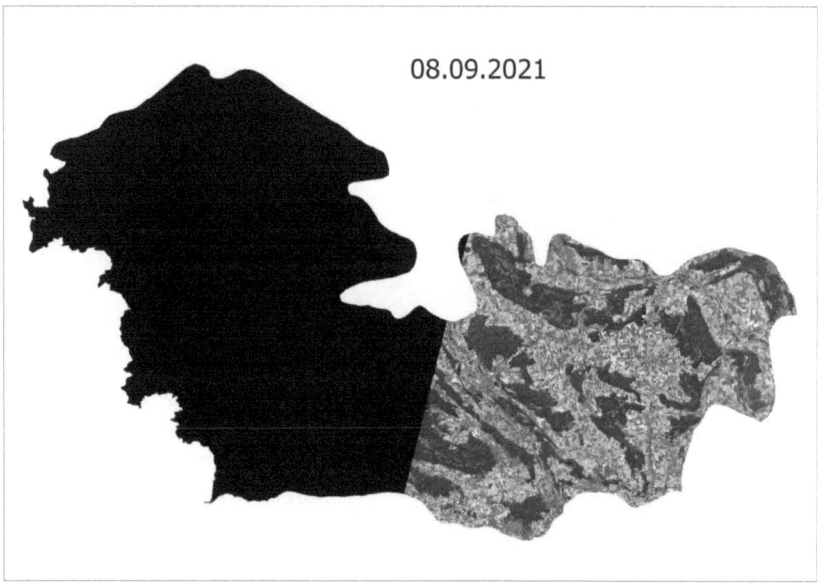

08.09.2021

Anhang 2: Liste der nicht verwendeten Vegetationsindizes

Bezeichnung	Akronym	Berechnung (Sentinel-2 Bänder)	Referenz
Chlorophyll Green	Clg	$Clg = \frac{B7}{B3} - 1$	GITELSON et al. 2005
Chlorophyll Red-Edge	Clr	$Clr = \frac{B7}{B5} - 1$	GITELSON et al. 2005
Enhanced Vegetation Index	EVI	$EVI = \frac{2,5 * (B8 - B4)}{(B8 + 6 * B4 - 7,5 * B2 + 1)}$	HUETE 2002
Green Normalized Difference Vegetation Index	GNDVI	$GNDVI = \frac{(B9 - B3)}{(B9 + B3)}$	GITELSON et al. 1996
Inverted Red-Edge Chlorophyll Index	IRECI	$IRECI = \frac{(B7 - B4)}{\left(\frac{B5}{B6}\right)}$	FRAMPTON et al. 2013
Green Leaf Are Index	LAI$_{green}$	$LAI_{green} = 6{,}753 * \frac{(B5-B4)}{(B5+B4)}$	FERNANDEZ-CARILLO et al. 2020
Normalized Difference Infrared Index	NDII	$NDII = \frac{(B8 - B11)}{(B8 + B11)}$	HARDINSKY et al. 1983
Normalized Difference Moisture Index	NDMI	$NDMI = \frac{(B8 - B11)}{(B8 + B11)}$	GAO 1996
Normalized Difference Red-Edge Index 1	NDRE1	$NDRE1 = \frac{(B6 - B5)}{(B6 + B5)}$	SIMS und GAMON 2002
Normalized Difference Red-Edge Index 2	NDRE2	$NDRE2 = \frac{(B8 - B5)}{(B8 + B5)}$	CROFT et al. 2017
Normalized Difference Red-Edge Index 3	NDRE3	$NDRE3 = \frac{(B9 - B7)}{(B9 + B7)}$	NAVARRO et al. 2017

Name	Abkürzung	Formel	Quelle
Normalized Difference Red-Edge Blue Index	NDREDI	$NDREDI = \dfrac{(B5 - B2)}{(B5 + B12)}$	Einzmann et al. 2017
Normalized Distance Red & SWIR	NDRS	$NDRS = \dfrac{(DRS - DRSmin)}{(DRSmax - DRSmin)}$ $DRS = \sqrt{(B4)^2 + (B12)^2}$	Huo et al. 2021
Normalized Difference Vegetation Index	NDVI	$NDVI = \dfrac{(B8 - B4)}{(B8 + B4)}$	Rouse et al. 1973
Normalized Difference Water Index	NDWI	$NDWI = \dfrac{(B8 - B11)}{(B8 + B11)}$	Gao 1996
Normalized Difference Water Index (8A)	NDWI8A	$NDWI8A = \dfrac{(B9 - B11)}{(B9 + B11)}$	McFeeters 1996
Near-Infrared reflectance of terrestrial vegetation	NIRv	$NIRv = \dfrac{(B8 - B4)}{(B8 + B4)} * B8$	Badgley et al. 2017
Ratio Drought Index	RDI	$RDI = \dfrac{B12}{B8A}$	Pinder und McLeod 1999
Soil Adjusted Vegetation Index	SAVI	$SAVI = \dfrac{(B8 - B4)}{(B8 + B4 + 0{,}428)} * (1 + 0{,}428)$	Huete 1988
Specific Leaf Area Vegetation Index	SLAVI	$SLAVI = \dfrac{B8}{(B4 + B12)}$	Lymburner et al. 2000

Anhang 3: Klassifizierung der Hangneigung

Klasse	Hangneigung
1	< 5°
2	5-15°
3	15-30°
4	30-45°
5	>45°

Anhang 4: Waldtypenverteilung im Unteren Weser-Leine-Bergland

Anhang 5: Waldflächen im Besitz der Niedersächsischen Landesforsten im Unteren Weser-Leine-Bergland

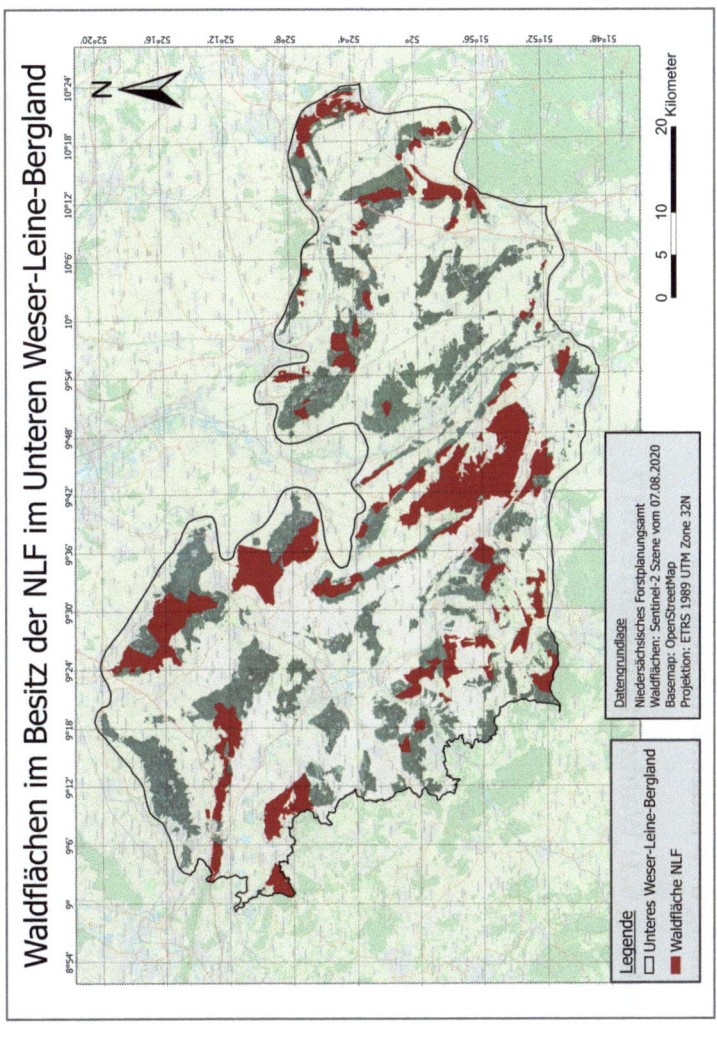

Anhang 6: Waldzustandskarten

Anhang 6.1: Waldzustandskarte 2017

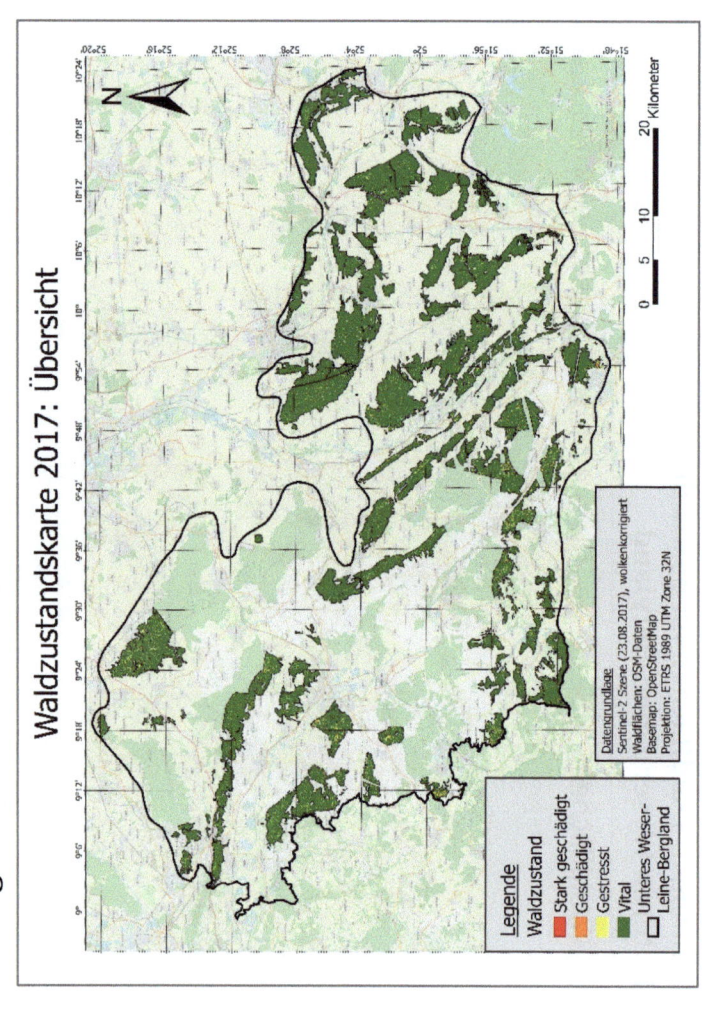

Anhang 6.2: Waldzustandskarte 2018

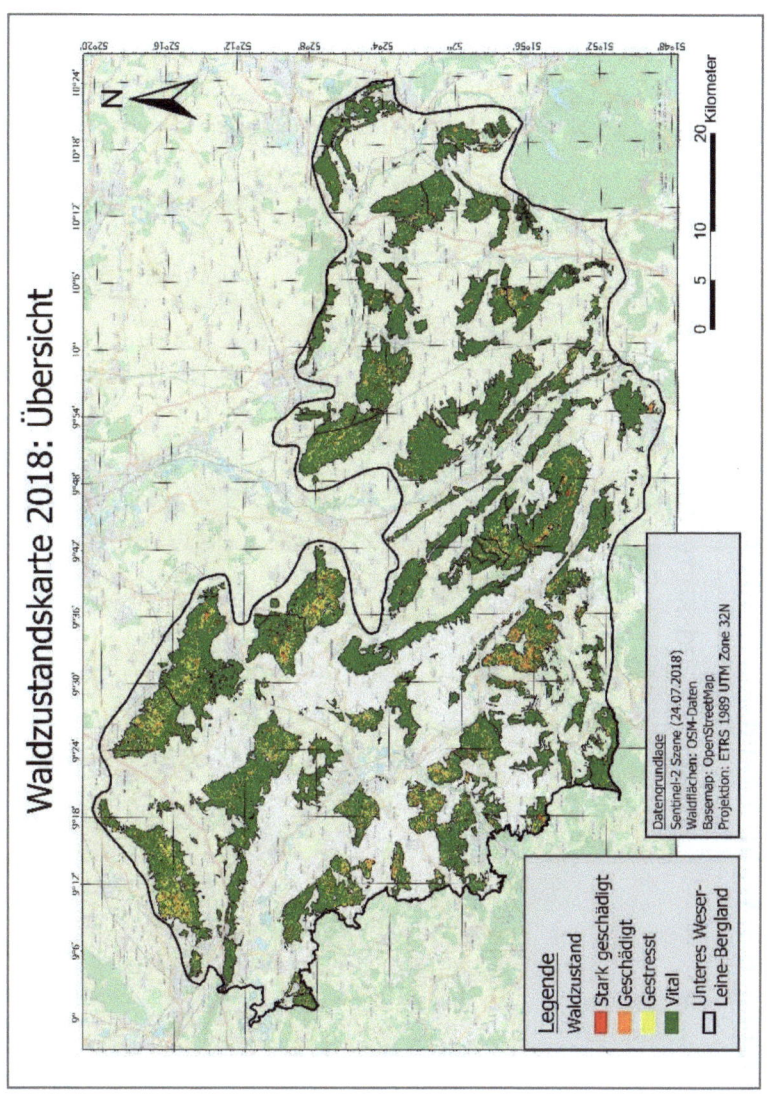

Anhang 6.3: Waldzustandskarte 2019

9 Anhang

Anhang 6.4: Waldzustandskarte 2020

Waldzustandskarte 2020: Übersicht

Legende
Waldzustand
- Stark geschädigt
- Geschädigt
- Gestresst
- Vital
- Unteres Weser-Leine-Bergland

Datengrundlage
Sentinel-2 Szene (07.08.2020), wolkenkorrigiert
Waldflächen: OSM-Daten
Basemap: OpenStreetMap
Projektion: ETRS 1989 UTM Zone 32N

Anhang 6.5: Waldzustandskarte 2021

Anhang 7: Vitalitätsveränderungskarten

Anhang 7.1: Vitalitätsveränderungskarte 2017-2019: Übersicht

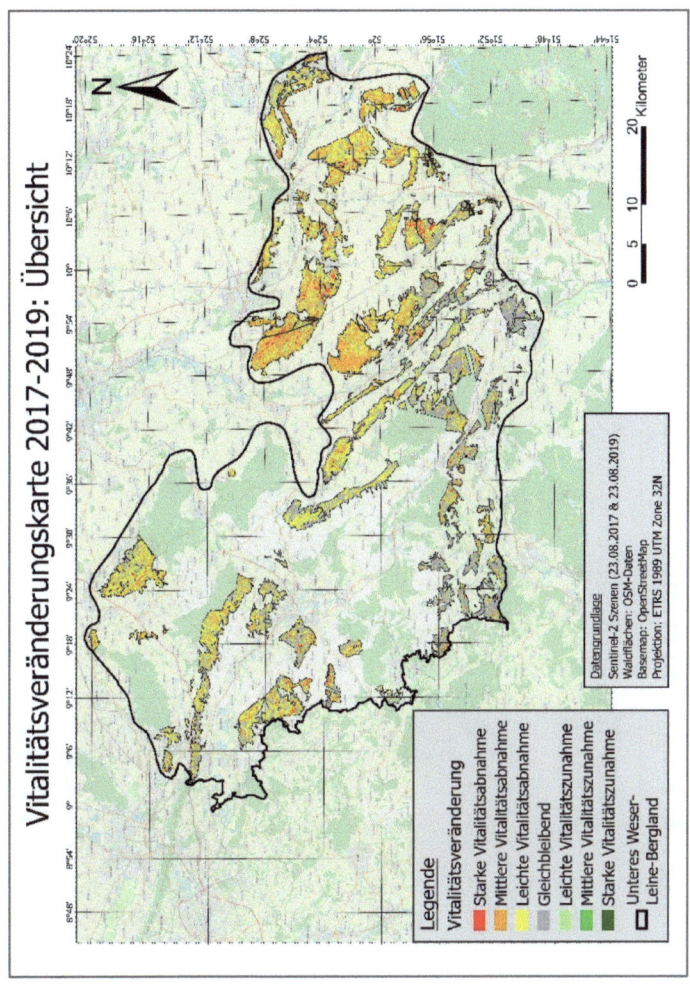

Anhang 7.2: Vitalitätsveränderungskarte 2019-2021

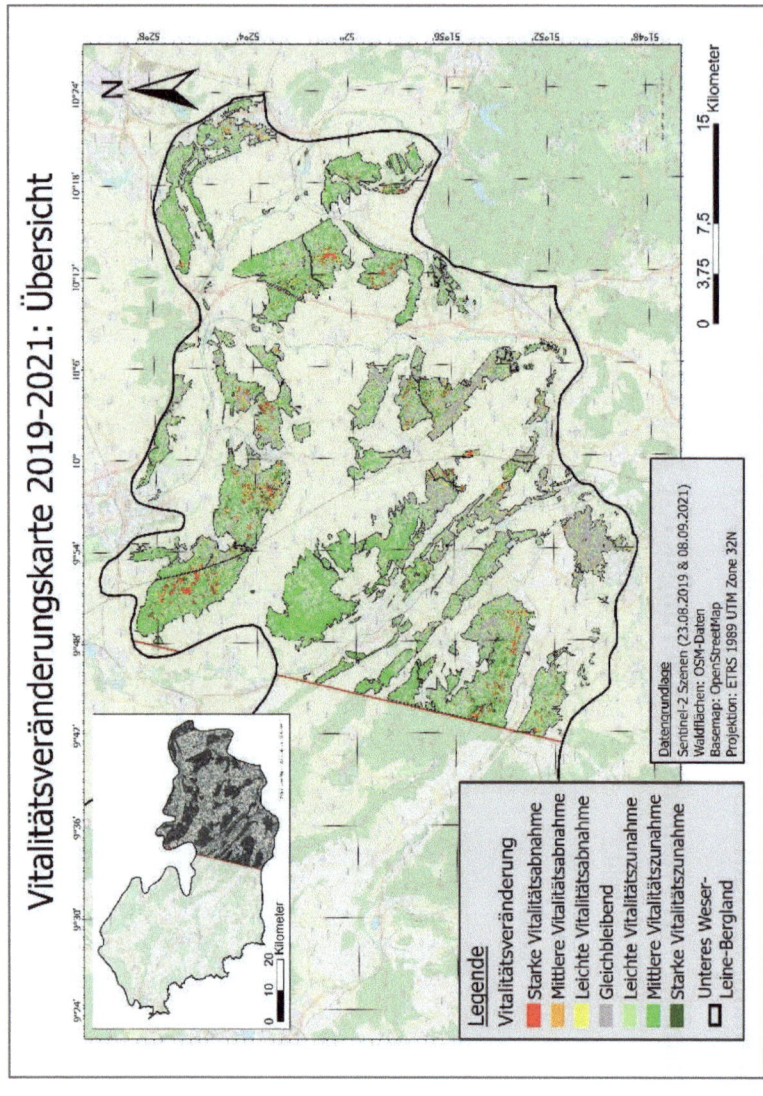

Anhang 7.3: Vitalitätsveränderungskarte 2017-2021

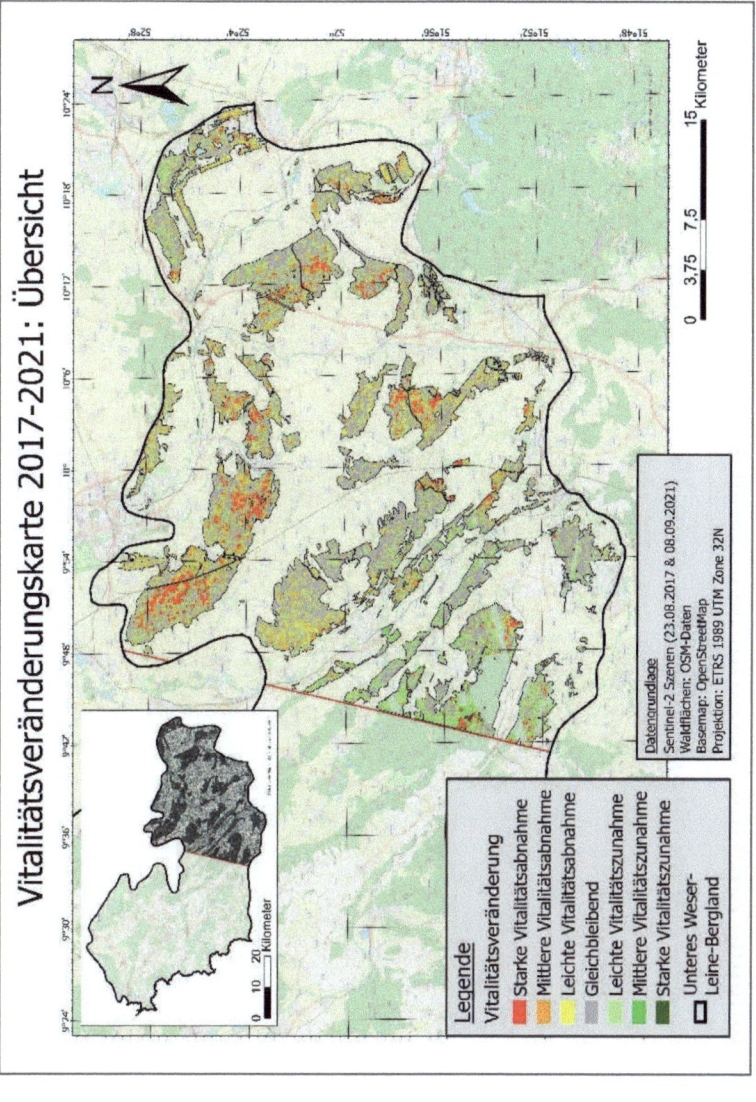

Abbildung 7.4: Vitalitätsveränderungskarte 2018-2020

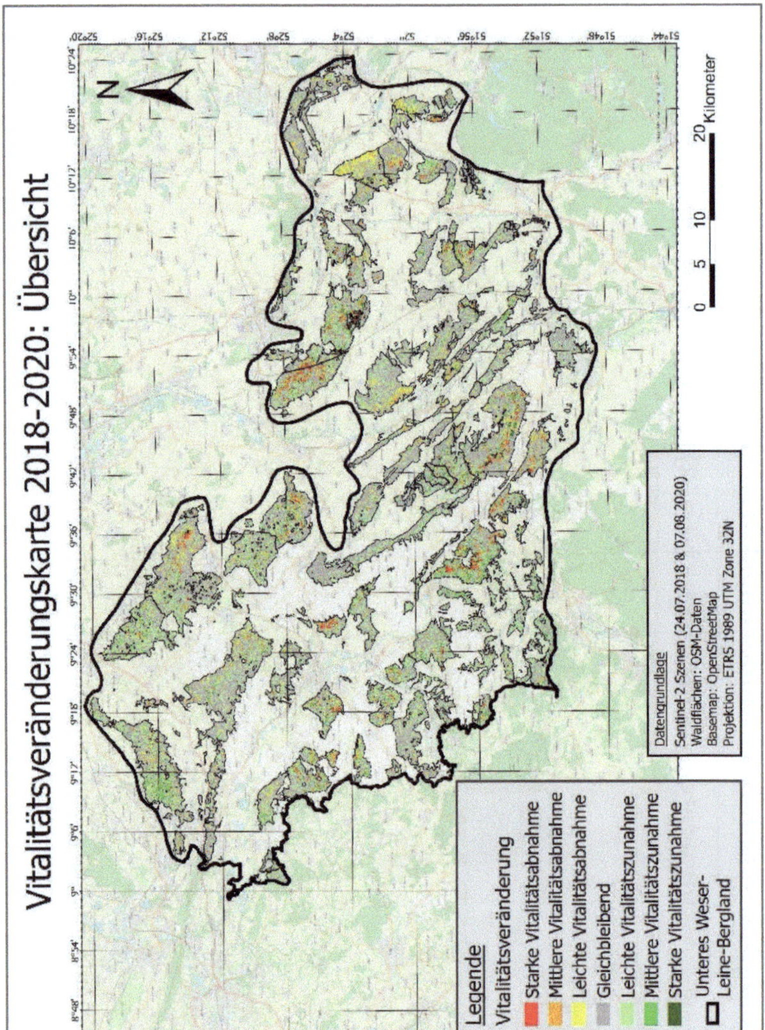

Anhang 7.5: Vitalitätsveränderungskarte 2020-2021

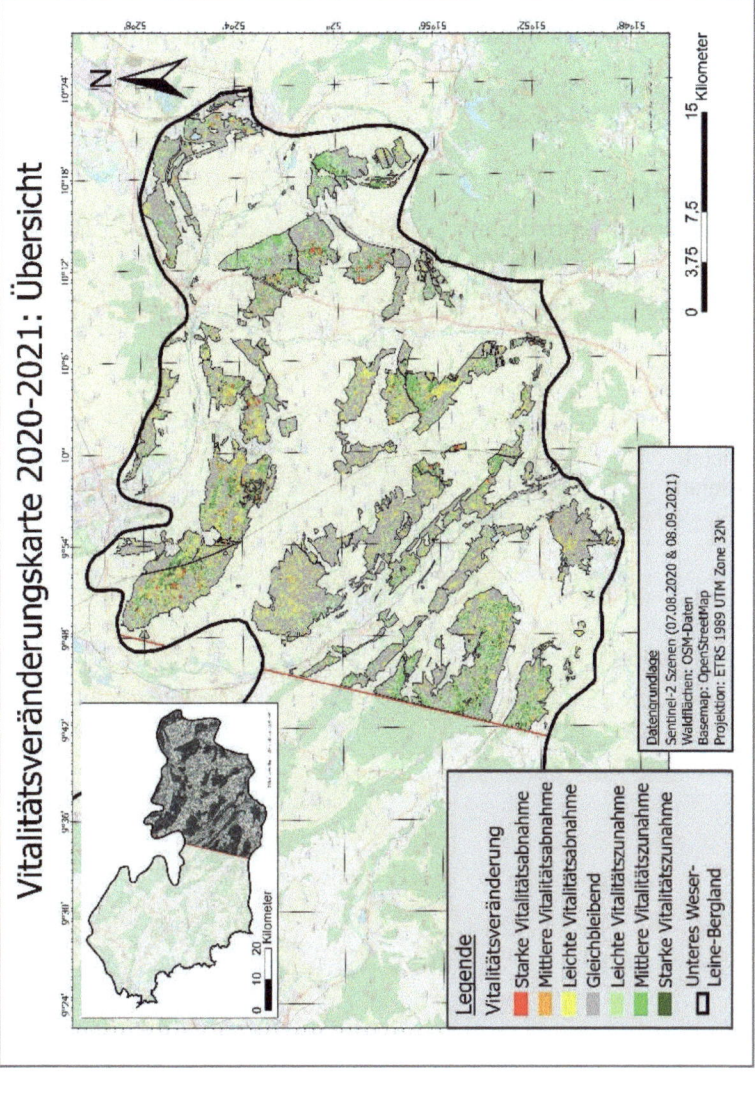

Anhang 8 Lagemaße der statistischen Datenauswertung

Anhang 8.1: Lagemaße der Vitalitätsveränderung 2017-2019 der gesamten Waldfläche der NLF

Waldtyp

Waldtyp	Absolute Häufigkeit	Arithmetisches Mittel	Standardabweichung	Median
Laubwald	802784	-6,32	6,22	-6,19
Nadelwald	135009	-12,22	11,84	-10,61

Baumart

Baumart	Absolute Häufigkeit	Arithmetisches Mittel	Standardabweichung	Median
Bergahorn	6311	-9,45	8,85	-8,4
Buche	129046	-6,46	6,94	-6,07
Douglasie	5783	-7,6	9,46	-6,36
Eiche	24212	-5,04	6,03	-5,24
Esche	3071	-7,73	5,45	-8,02
Fichte	88093	-12,69	12,51	-10,94
Kiefer	5083	-8,11	8,31	-6,57

Anhang 8.2: Lagemaße der Vitalitätsveränderung 2017-2019 der Buchenbestände nach Standortfaktor

Altersklassen

Altersklasse	Absolute Häufigkeit	Arithmetisches Mittel	Standardabweichung	Median	IQR
I	5308	-7,29	9,06	-6,16	11,01
II	14917	-5,99	6,92	-5,47	8,44
III	5785	-5,56	5,03	-5,24	6,24
IV	2557	-6,48	6,35	-6,16	8,58
V	6684	-5,88	6,06	-5,32	7,37
V	10082	-4,13	6,31	-4,14	8,98
VII	16996	-5,68	6,67	-5,31	8,63
VIII	18115	-8,01	6,66	-8,12	8,88
IX	14285	-8,11	6,58	-7,86	7,99
X	7711	-4,89	6,56	-3,80	9,18
XI	409	-9,60	4,28	-9,57	5,88

Exposition

Exposition	Absolute Häufigkeit	Arithmetisches Mittel	Standardabweichung	Median	IQR
Nord	12082	-6,28	7,15	-5,91	8,84
Nord-Ost	17381	-6,07	6,85	-5,43	9,05
Ost	9266	-5,63	6,02	-5,18	7,69
Süd-Ost	12212	-6,02	6,48	-5,88	8,43
Süd	18515	-7,21	6,66	-6,85	8,77
Süd-West	14696	-7,33	6,82	-7,47	8,78
West	8921	-5,83	6,73	-5,50	8,65
Nord-West	9776	-5,78	7,26	-5,25	8,72

Nährstoffzahl

Nährstoffzahl	Absolute Häufigkeit	Arithmetisches Mittel	Standardabweichung	Median	IQR
2	14	-14,76	5,00	-14,07	6,08
3	6544	-2,49	6,29	-1,60	7,02
4	42146	-6,11	6,81	-5,72	8,66
5	53225	-7,08	6,65	-6,82	8,57
6	891	-6,86	7,06	-5,91	8,84

Bodenfeuchte und Geländeform

Wasser-haus-haltszahl	Absolute Häufigkeit	Arithmetisches Mittel	Standardabweichung	Median	IQR
2	178	-4,56	5,12	-4,30	6,74
3	1580	-4,54	6,48	-3,99	6,77
4	3803	-4,48	6,42	-3,95	8,21
5	46	-5,56	3,81	-6,51	4,88
6	145	-8,11	5,62	-7,54	8,46
7	212	-5,80	3,89	-5,70	4,68
8	167	-3,64	3,96	-3,56	6,01
9	4674	-7,94	6,87	-7,38	8,71
10	893	-3,66	7,21	-2,49	9,86
13	706	-7,32	10,47	-5,21	8,50
14	1735	-7,06	6,45	-7,00	7,78
15	26	-2,96	3,91	-2,48	5,87
17	1584	-5,88	6,54	-4,63	7,25
18	7819	-5,22	6,64	-5,19	8,27
19	26770	-5,85	6,72	-5,27	8,40
20	1254	-8,73	6,78	-9,74	10,54
21	2578	-8,09	7,18	-8,02	10,68
22	5539	-5,82	5,34	-5,81	7,14
23	30458	-5,79	6,38	-5,72	8,55
24	3301	-7,88	6,41	-7,93	9,30
26	5775	-9,04	6,98	-9,18	8,94
27	201	-14,49	8,40	-12,95	10,89
28	2759	-13,74	6,81	-12,96	8,15
29	233	-11,65	6,89	-12,55	8,51

Bodenart und Lagerungsverhältnis

Substratzahl	Absolute Häufigkeit	Arithmetisches Mittel	Standardabweichung	Median	IQR
1.1	14	-14,76	5,00	-14,07	6,08
2.1	2694	0,52	4,65	0,71	6,02
2.2	2698	-4,26	6,15	-3,19	6,41
2.3	10548	-6,26	6,71	-5,91	8,85
2.4	3419	-9,68	5,35	-10,14	6,93
2.5	1782	-6,45	6,63	-6,21	8,29
3.1	3084	-7,50	6,23	-7,80	7,24
3.2	760	-6,41	4,75	-5,97	6,17
3.3	6653	-4,31	6,80	-3,92	8,69
3.4	2226	-5,62	8,16	-5,26	7,83
3.5	1463	-7,28	6,35	-7,25	8,57
4.1	1907	-13,16	7,15	-12,70	6,99
4.2	7493	-7,96	6,54	-8,04	8,22
4.3	17666	-8,22	6,51	-7,91	8,15
4.4	9606	-5,24	5,95	-5,17	7,74
4.5	340	-3,72	3,22	-3,88	3,90
4.7	75	-7,92	5,08	-8,05	6,98
4.8	1480	-9,67	5,38	-9,62	6,96
5.1	431	-10,50	6,77	-10,66	11,40
5.2	711	-5,01	4,59	-4,28	5,81
5.3	7611	-6,75	6,17	-6,08	8,15
5.6	3146	-5,79	6,20	-5,15	7,19
6.1	124	-0,28	4,58	0,76	2,84
6.2	3993	-1,96	5,40	-1,20	6,18
6.3	8993	-5,61	7,43	-4,82	8,83
7.1	482	-7,25	7,33	-6,49	9,29
7.2	282	-4,72	6,36	-3,89	5,94
7.3	1838	-5,61	6,21	-5,31	7,61
7.4	1256	-6,32	5,96	-6,39	7,68

Anhang 9: Prozentuale Verteilung der Waldzustands-Schadklassen für Laubwald und Nadelwald

2017	Stark geschädigt	Geschädigt	Gestresst	Vital
Laubwald	0,3%	2,5%	5,8%	91,4%
Nadelwald	0,1%	0,7%	2,4%	96,8%
Mittelwert	0,2%	1,6%	4,1%	94,1%

2018	Stark geschädigt	Geschädigt	Gestresst	Vital
Laubwald	1,3%	5,5%	7,1%	86,1%
Nadelwald	1,9%	14,5%	28,2%	55,4%
Mittelwert	1,6%	10,0%	17,7%	70,7%

2019	Stark geschädigt	Geschädigt	Gestresst	Vital
Laubwald	3,6%	17,8%	19,3%	59,3%
Nadelwald	4,1%	15,4%	19,5%	61,1%
Mittelwert	3,8%	16,6%	19,4%	60,2%

2020	Stark geschädigt	Geschädigt	Gestresst	Vital
Laubwald	1,4%	5,1%	7,2%	86,3%
Nadelwald	11,4%	17,8%	19,6%	51,3%
Mittelwert	6,4%	11,5%	13,4%	68,8%

2021	Stark geschädigt	Geschädigt	Gestresst	Vital
Laubwald	1,1%	3,7%	5,9%	89,3%
Nadelwald	11,6%	18,1%	11,0%	59,3%
Mittelwert	6,3%	10,9%	8,5%	74,3%

ERDSICHT - EINBLICKE IN GEOGRAPHISCHE UND GEOINFORMATIONSTECHNISCHE ARBEITSWEISEN

Schriftenreihe des Geographischen Instituts der Universität Göttingen,

Abteilung Kartographie, GIS und Fernerkundung

Herausgegeben von Prof. Dr. Martin Kappas

ISSN 1614-4716

1 *Claudia Sültmann*
  GIS- und Satellitenbildgestützte Landnutzungsklassifikation mit Change detection im Westen der Côte d'Ivoire
  ISBN 3-89821-356-0

2 *Katharina Feiden*
  GIS - gestützte Analyse der zeitlichen und räumlichen Verteilung der Niederschlagsjahressummen (1961–1990) in der Dominikanischen Republik
  Charakteristika und Trends
  ISBN 3-89821-368-4

3 *Nicole Erler*
  GIS- und fernerkundungsgestützte Bewertung von „Natural Hazards" im oberen Einzugsgebiet des Rio Yaque del Norte (Dominikanische Republik)
  ISBN 3-89821-409-5

4 *Martin Kappas, Frank Schöggl*
  Bodenerosion in der Dominikanischen Republik
  Eine vergleichende Studie zum Bodenabtrag auf Argrarflächen mit und ohne Erosionsschutzmassnahmen
  ISBN 3-89821-423-0

5 *Randy Thomsen*
  Change Detection – fernerkundungsgestützte Methoden zur Ableitung des Landnutzungswandels in den Tropen (Fallbeispiel Dominikanische Republik)
  ISBN 3-89821-433-8

6 *Sören Steinbach*
  Visualisierung und Quantifizierung von Überschwemmungsbereichen am Mittellauf der Elbe
  GIS-gestützte Modellierung von Überschwemmungen
  ISBN 3-89821-530-X

7 *Jobst Augustin*
Das Seegangsklima der Ostsee zwischen 1958 und 2002 auf Grundlage numerischer Daten
ISBN 3-89821-572-5

8 *Martin Kappas*
Naturraumpotential und Landnutzung im Oudalan – eine Fallstudie aus dem Sahel Burkina Fasos zur Anwendbarkeit von Fernerkundungsmethoden im regionalen Maßstab
ISBN 3-89821-664-0

9 *Ortwin Kessels*
Qualitätsanalyse verschiedener digitaler Geländemodelle und deren Eignung für die Prozessierung von Satellitenbilddaten in den Tropen
ISBN 3-89821-603-9

10 *Christian Knieper*
Remote Sensing Based Analysis of Land Cover and Land Cover Change in Central Sulawesi, Indonesia
ISBN 3-89821-646-2

11 *Mareike Lehrling*
Klimaentwicklung in Alaska - eine GIS-gestützte Erfassung und Analyse der raum-zeitlichen Entwicklung von Temperatur und Niederschlag
ISBN 3-89821-670-5

12 *Daniel Karthe*
Trinkwasser in Calcutta
Versorgungsproblematik einer indischen Megastadt
ISBN 3-89821-661-6

13 *Enrico Kalb*
Landnutzungsinterpretation und Erosionsmodellierung der Küstenregion von Nordost Bali, Indonesien
ISBN 3-89821-666-7

14 *Anke Gleitsmann*
Exploiting the Spatial Information in High Resolution Satellite Data and Utilising Multi-Source Data for Tropical Mountain Forest and Land Cover Mapping
ISBN 3-89821-727-2

15 *Arno Krause*
Einführung eines GIS für die Landwirtschaftsverwaltungen der BRD auf Grundlage EU-rechtlicher und nationaler Verordnungen
unter besonderer Berücksichtigung des Bundeslandes Mecklenburg-Vorpommern
ISBN 3-89821-738-8

16 *Pavel Propastin*
   Remote sensing based study on vegetation dynamics in dry lands of
   Kazakhstan
   ISBN 978-3-89821-823-8

17 *Matthias Stähle*
   Trinkwasser in Delhi
   Versorgungsproblematik einer indischen Megastadt
   ISBN 978-3-89821-827-6

18 *Roland Bauböck*
   Bioenergie im Landkreis Göttingen
   GIS-gestützte Biomassepotentialabschätzung anhand ausgewählter Kulturen,
   Triticale und Mais
   ISBN 978-3-89821-959-4

19 *Wahib Sahwan*
   Geomorphologische Untersuchungen mittels GIS- und
   Fernerkundungsverfahren unter Berücksichtigung hydrogeologischer
   Fragestellungen
   Fallbeispiele aus Nordwest Syrien
   ISBN 978-3-8382-0094-1

20 *Julia Krimkowski*
   Das Vordringen der Malaria nach Mitteleuropa im Zuge der
   Klimaerwärmung
   Fallbeispiel Deutschland
   ISBN 978-3-8382-0312-6

21 *Julia Kubanek*
   Comparison of GIS-based and High Resolution Satellite Imagery
   Population Modeling
   A Case Study for Istanbul
   ISBN 978-3-8382-0306-5

22 *Christine von Buttlar, Marianne Karpenstein-Machan, Roland Bauböck*
   Anbaukonzepte für Energiepflanzen in Zeiten des Klimawandels
   Beitrag zum Klimafolgenmanagement in der Metropolregion
   Hannover-Braunschweig-Göttingen-Wolfsburg
   ISBN 978-3-8382-0525-0

23 *Daniel Karthe, Sergey Chalov, Nikolay Kasimov, Martin Kappas (eds.)*
   Water and Environment in the Selenga-Baikal Basin: International
   Research Cooperation for an Ecoregion of Global Relevance
   ISBN 978-3-8382-0853-4

24 *Hoang Khanh Linh Nguyen*
   Detecting and Modeling the Changes of Land Use
   and Land Cover for Land Use Planning in Da Nang City, Vietnam
   ISBN 978-3-8382-1136-7

25 *Martin Kappas, Katharina Rorig, Laura Stangier, Daniel Wyss*
Waldmonitoring in Deutschland
ISBN 978-3-8382-1729-1

***ibidem**.eu*